Python 超好玩

Python+Pygame+20个精彩游戏剖析

余智豪　编著

清华大学出版社

北　京

内 容 简 介

本书是一本可以边玩边学，培养读者编程兴趣和爱好的参考书，指导 Python 从入门到实战的学习。本书展示了 20 个精彩游戏的工作原理和具体的编程步骤。书中的每一个案例都是编者精心挑选的一个相对独立并且完整的游戏程序，读者并不需要从头至尾地阅读本书，而是可以根据难易程度以及自己的编程能力和水平来选择某些章节进行自学。

本书既可以供大中专院校人工智能专业、计算机专业及相关专业师生参考，也可以供各类编程培训机构的师生、Python 爱好者和 Python 编程者阅读。读者可以到清华大学出版社官方网站下载本书的所有源代码。

图书在版编目(CIP)数据

Python 超好玩：Python＋Pygame＋20 个精彩游戏剖析/余智豪编著.—北京：清华大学出版社，2023.4

ISBN 978-7-302-63147-7

Ⅰ．①P… Ⅱ．①余… Ⅲ．①软件工具－程序设计 Ⅳ．①TP311.561

中国国家版本馆 CIP 数据核字(2023)第 053385 号

责任编辑：刘向威
封面设计：文 静
责任校对：徐俊伟
责任印制：丛怀宇

出版发行：清华大学出版社
    网 址：http://www.tup.com.cn，http://www.wqbook.com
    地 址：北京清华大学学研大厦 A 座   邮 编：100084
    社 总 机：010-83470000   邮 购：010-62786544
    投稿与读者服务：010-62776969，c-service@tup.tsinghua.edu.cn
    质量反馈：010-62772015，zhiliang@tup.tsinghua.edu.cn
    课件下载：http://www.tup.com.cn,010-83470236
印 装 者：三河市铭诚印务有限公司
经 销：全国新华书店
开 本：185mm×260mm 印 张：19   字 数：475 千字
版 次：2023 年 5 月第 1 版   印 次：2023 年 5 月第 1 次印刷
印 数：1～1500
定 价：79.00 元

产品编号：096823-01

前　言

　　亲爱的读者，本书是一本可以边玩边学，培养编程兴趣和爱好的参考书，指导 Python 从入门到实战的学习。本书在写作方式上以案例实战为主线进行编排，可以让小伙伴们通过书中各个典型游戏案例的编程，边玩边学、边学边练，逐步地提高并强化实战能力，从而轻松地掌握 Python 的编程知识。

　　众所周知，比尔·盖茨从 13 岁开始就学习编程，他后来创办了世界著名的微软公司。在欧美国家，编程早已进入中小学课堂，并且成为备受欢迎的课程之一。2017 年 7 月 20 日，我国国务院颁发了《新一代人工智能发展规划》（以下简称《发展规划》）。《发展规划》指出，要开发基于大数据智能的在线学习教育平台，还提出要完善人工智能领域学科布局，并设立人工智能专业等。《发展规划》强调："要实施全民智能教育项目，在中小学阶段设置人工智能相关课程，逐步推广编程教育，鼓励社会力量参与寓教于乐的编程教学软件、游戏的开发和推广"。

　　Python 语言是一种适合编程初学者的，功能强大的计算机语言。本书针对青少年读者的特点，力求寓教于乐、生动有趣、图文并茂、通俗易懂。全书分为 23 章。其中，第 1～3 章讲解 Python 编程的基础知识、Tkinter 图形化界面库和 Pygame 游戏开发平台等与游戏开发相关的知识；第 4～23 章为案例分析，每章都深入地剖析一个生动有趣的游戏程序，讲解其工作原理和具体的编程步骤，让读者在游戏编程过程中学习和掌握 Python 语言程序设计的专业技术知识。

　　本书的特色是，书中的每一个游戏案例都是编者精心挑选的一个相对独立并且完整的游戏程序。也就是说，读者并不需要从头至尾地阅读本书，而是可以根据难易程度以及自己的编程能力和水平来选择某些章节进行自学。

　　本书阐述的编程知识有易也有难，由浅入深，分别详细地介绍了猜数游戏、猜谜语游戏、看图猜成语游戏、井字棋游戏、剪刀石头布游戏、摘星星游戏、打地鼠游戏、弹球游戏、拼图游戏、贪吃蛇游戏、动物狂欢节游戏、打砖块游戏、连连看游戏、消消乐游戏、俄罗斯方块游戏、愤怒的小猫游戏、雷电战机游戏、推箱子游戏、黑白棋游戏和五子棋游戏共 20 个精彩游戏的玩法、设计思路、工作原理、关键技术和详细的程序设计步骤。通过这些生动有趣的游戏程序的编程实战，可以使读者逐渐吸收和领悟 Python 编程技术的精华。

　　为了便于读者自学，书中所有游戏案例的代码均控制在 500 行之内，因此适合不同年龄和层次的 Python 编程学习者阅读。本书既可以供大中专院校人工智能专业、计算机专业及相关专业师生参考，也可以供各类编程培训机构的师生、Python 爱好者和 Python 编程者阅读。读者可以到清华大学出版社官方网站下载本书的所有源代码。

本书由佛山科学技术学院余智豪老师编写。本书在构思、编写、编辑、审校的整个过程中,得到了佛山科学技术学院张德丰、周灵、崔如春、马莉、杨文茵、李娅等老师和相关领导及同事的大力支持和帮助,同时自始至终得到了亲人们的关心和呵护,更重要的是得到了清华大学出版社多位编辑的热情鼓励和专业指导,在此一并致以衷心的感谢!

　　由于编者水平有限,书中难免存在不足之处,恳请广大读者批评指正。

佛山科学技术学院 余智豪

2023 年 1 月

目　录

第 1 章

Python 编程基础

1.1　Python 语言概述

Python 语言不仅功能强大,而且非常适合编程初学者。Python 语言是一种跨平台、开源的、免费的、解释型的高级编程语言。它拥有丰富和强大的库,能够把用其他语言制作的各种模块轻松地联结在一起,所以 Python 常被称为"胶水"语言。由于 Python 语言易于使用和阅读,便于部署和发布,并且拥有众多独具特色和功能强大的库,因此越来越多的企业和个人都选择 Python 作为软件的开发工具。

Python 语言是一种开源软件,也就是说,任何人都可以随时访问 Python 的官方网站 http://www.python.org 免费下载和安装 Python 语言。Python 语言的标志如图 1-1 所示。在英语中,Python 的含义是"大蟒蛇"。

图 1-1　**Python 语言的标志**

Python 语言具有如下 10 个优点。

(1) 简单。Python 是一种代表简单主义思想的语言。阅读一个优雅的 Python 程序就像是在阅读一篇流畅的英文一样易懂。它使软件工程师能够专注于解决问题,而不是去钻研语言本身。

(2) 易学。Python 语言很容易学习,因为 Python 拥有大量通俗易懂的教材和参考书。

(3) 易读、易维护。Python 语言的编程风格清晰划一、强制缩进。

(4) 速度快。Python 的底层是用 C 语言编写的,很多标准库和第三方库也都是用 C 语言写的,运行速度非常快。

(5) 免费、开源。Python 是自由/开放源码软件之一。使用者可以自由地发布这个软件的拷贝,阅读它的源代码,对它做改动,把它的一部分用于新的自由软件中。

(6) 高级语言。Python 是一种高级语言,用 Python 语言编写程序时,不需考虑如何管理程序所使用的内存等底层细节。

(7) 可移植性。由于 Python 的开源本质,Python 已经被移植到各种操作系统上,包括各种版本的 Linux、Windows、macOS 等系统。

(8) 解释性。Python 语言编写的程序不需要编译成二进制代码,可以直接使用源代码运行程序。在计算机内部,Python 解释器会把源代码转换成称为字节码的中间形式,然后再把它翻译成计算机使用的机器语言并运行。这使得使用 Python 语言更加简单,也使得

Python 程序更加易于移植。

（9）面向对象。Python 语言是一种完全面向对象的语言。函数、模块、数字、字符串都是对象。并且完全支持继承、重载、派生、多继承，这有益于增强源代码的复用性。Python 语言支持重载运算符和动态类型。

（10）可扩展性、可扩充性。Python 语言本身被设计为可扩充的，并非所有的特性和功能都集成到语言核心之中。Python 提供了丰富的 API 和工具，以便软件工程师能够轻松地使用 C 语言或者 C++ 来编写扩充模块。Python 编译器本身也可以被集成到其他需要脚本语言的程序内。因此，人们把 Python 语言称为"胶水语言"（glue language）。

Python 的应用领域非常广泛，在科学计算和数据可视化、人工智能、Web 编程、图像处理、数据分析、网络爬虫和游戏设计等领域都能找到 Python 的身影。

Python 的应用主要包括以下 8 种。

（1）科学计算和数据可视化。在 Python 中，支持科学计算的模块很多，如 NumPy、SciPy、Matplotlib、OpenCV、Traits、TVTK、Mayavi 和 VPython 等。涉及的应用领域包括数值计算、符号计算、二维图表、三维图表、三维动画演示、图像处理和图形界面设计等。

（2）人工智能。Python 语言是目前公认的人工智能开发语言，许多开源的机器学习项目都是使用 Python 语言编写的，例如用于身份认证的人脸识别系统。人工智能系统使用 Python 语言编写起来非常容易，软件工程师甚至只要编写几行 Python 代码就可以轻松地实现。

（3）Web 编程。在 Web 编程领域，Python 拥有很多免费的 Web 服务器软件、免费的网页模板系统以及与 Web 服务器进行交互的库，可以用来搭建 Web 框架，快速实现 Web 开发。例如，我们经常使用的豆瓣网、知乎等平台都是用 Python 语言开发的。

（4）图像处理。在图像处理领域，Python 语言有 PIL、Tkinter 等图形库支持，能让编程者方便地进行图像处理。本书剖析的一些游戏案例就是用 Tkinter 图形库来实现的。

（5）数据分析。在数据分析领域，Python 是金融分析、量化交易等行业应用最广的语言，日常工作中复杂的 Excel 报表处理等事务都可以用 Python 轻易地完成。对于数据分析师来说，Python 语言是数据分析的利器。

（6）网络爬虫。在网络爬虫领域，Python 语言几乎处于霸主地位。Python 可以将互联网中的所有数据作为资源，通过自动化程序进行有针对性的数据采集以及处理。如果用 Python 来设计网络爬虫，则会比使用其他语言编程要简单得多。

（7）游戏设计。在游戏设计领域，Python 拥有功能强大的 Pygame 游戏开发平台，可以让软件工程师用更少的代码来描述游戏的运行逻辑。例如，大家都喜欢玩的俄罗斯方块游戏、飞机大战、愤怒的小鸟、植物大战僵尸等游戏都可以用 Pygame 来实现。

（8）数据库编程。在数据库编程领域，软件工程师可以通过遵循 Python DB-API（数据库应用程序编程接口）规范的模块与 Microsoft SQLServer、Oracle、Sybase、DB2、MySQL、SQLite 等数据库进行通信。Python 自带的 Gadfly 模块，能够提供一个完整的 SQL 数据库开发环境。

1.2 搭建 Python 的开发环境

工欲善其事，必先利其器。我们首先介绍如何在各种不同的操作系统中安装 Python。Python 分为 Python 2.x 和 Python 3.x 两个版本。但是这两个 Python 版本并不兼容，而且自 2020 年 1 月 1 日起,Python 2.x 已经不再得到官方的支持,即 Python 已不再提供 Python 2.x 错误修复或安全更新,因此本书仅探讨 Python 3.x。

1.2.1 在 Windows 操作系统中安装 Python

本节我们将首先介绍如何在 Windows 7 系统中安装 Python。如果你使用的是其他版本的 Windows 系统,其安装的过程也相似。

首先,如图 1-2 所示,请在网页浏览器中输入 Python 官方网站的下载网址,即 https://www.python.org/downloads/,打开下载网页。

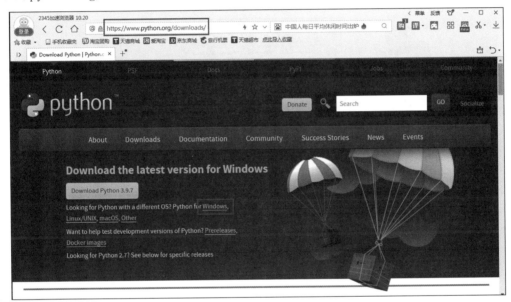

图 1-2　访问 Python 官方网站

接着,如图 1-3 所示,请浏览网页的说明,选择并下载适合自己所使用的操作系统的 Python 版本。

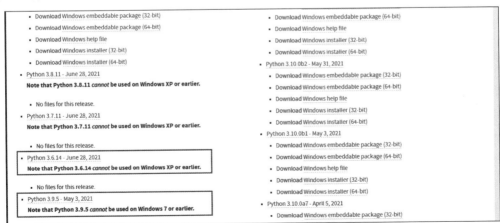

图 1-3　下载适合自己所使用的操作系统的 Python 版本

图 1-3 表明,Python 3.6.14 不能安装在 Windows XP 或更早的版本中,而 Python 3.9.5 则

不能安装在 Windows 7 或更早的版本中。

在这里，由于笔者所用的是 Windows 7 操作系统(64 位)，因此根据网站的有关说明，选择并下载 Python 3.8.10 的安装程序"python-3.8.10-amd64.exe"。

下载完成后，启动 Python 3.8.10(64 位)安装程序，将会出现如图 1-4 所示的安装向导界面。

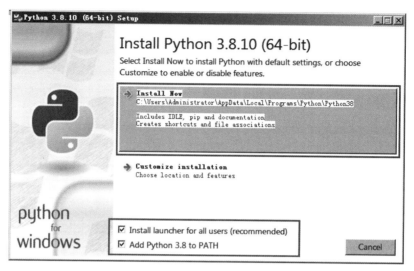

图 1-4　Python 3.8.10 的安装向导界面

请注意：在这一步，读者应该同时勾选图 1-4 中下方的"Install launcher for all users (recommended)"和"Add Python 3.8 to PATH"这两个选项。第 1 项的作用是确保让所有用户都能够使用 Python；第 2 项的作用是确保在命令行能够运行 Python。

然后，请单击图 1-4 中间的"Install Now"按钮，就可以启动安装过程。

Python 的整个安装过程很简单，大约需要几分钟，请耐心等待一下。安装完成 Python 3.8.10 后，只要单击"Close"按钮就可以退出 Python 的安装程序。

1.2.2　在 Linux 操作系统中安装 Python

请读者注意，作为一个功能完善的操作系统，在大多数最新版本的 Linux 操作系统中，都已经预先安装了 Python。也就是说，如果我们要在 Linux 系统中编写 Python 程序，那么几乎不需要任何安装步骤，也几乎不需要修改和设置 Linux 系统。

如果要验证我们目前正在使用的 Linux 系统是否已经安装了 Python，只要在终端窗口中执行"python3"(注意：头一个字母是小写 p)命令即可。此时，如果屏幕上出现了如图 1-5 所示的界面，则表明 Python 已经可以正常运行，不需要再另外安装 Python 了。

如果屏幕上并没有出现如图 1-5 所示的界面，或者需要重新安装 Python 时，则界面如图 1-6 所示，只要在 Linux 的终端窗口中执行命令"sudo apt-get install python3"即可。

1.2.3　在 macOS X 操作系统中安装 Python

在 macOS X 操作系统中安装 Python，最简单的方法就是使用 Homebrew 安装工具。Homebrew 可以让我们通过命令行快速安装、更新、删除软件包，其作用类似于 Linux 系统

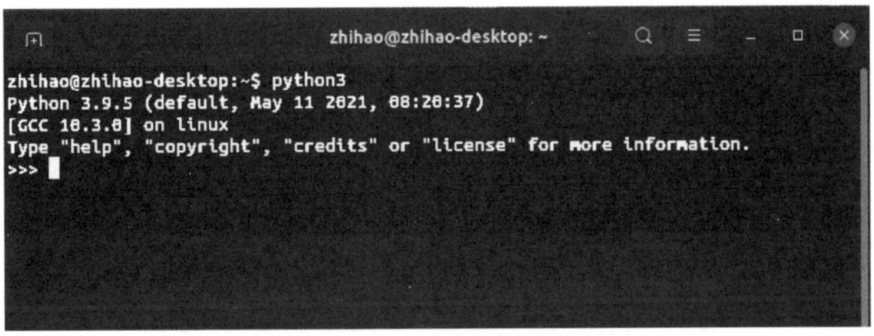

图 1-5 在 Linux 系统中启动 Python

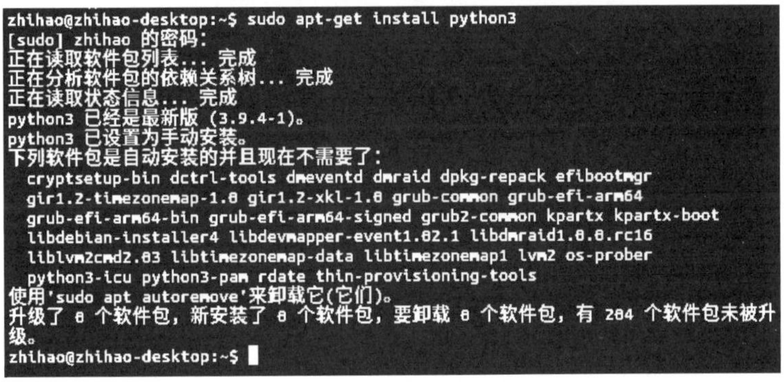

图 1-6 在 Linux 系统中安装 Python

下的 apt-get 命令。

要在 macOS X 中安装 Python3,只要在命令行输入"brew install python3"即可。

如果要查看当前的 macOS X 系统可以安装哪些版本的 Python,请执行命令 brew search python,这个命令会列出可以安装的全部 Python 版本。

如果你的 macOS X 操作系统没有安装工具 Homebrew,请直接从 Python 官方网站下载与 macOS X 操作系统相应的 Python 安装程序,然后双击运行并安装。

1.2.4 Python 的 IDLE 集成开发环境

IDLE(Integrated Development and Learning Environment)是 Python 自带的集成开发环境,它是一款图形化界面的开发工具,简单实用。IDLE 主要有以下 6 个特点。

(1)跨平台,在 Windows、Linux、macOS X 上都可以使用。

(2)智能缩进。

(3)代码着色。

(4)自动提示。

(5)可以设置断点、单步执行代码,便于调试程序。

(6)具有智能化菜单。

在 Windows 系统中,当我们完成 Python 安装时,就已经同时安装好了相应的集成开发环境 IDLE。

在 Windows 系统中启动 Python 集成开发环境 IDLE 的步骤很简单。如图 1-7 所示,请选择"开始"→"所有程序"→"IDLE(Python 3.8 64-bit)"命令,即可出现如图 1-8 所示的

Python IDLE 的工作界面。

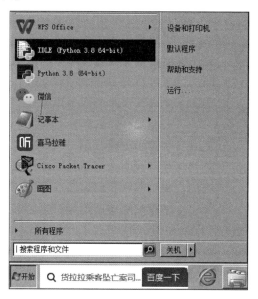

图 1-7　启动 Python 集成开发环境 IDLE

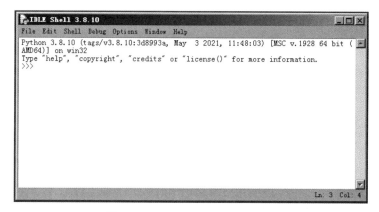

图 1-8　Python IDLE 的工作界面

此时,我们就可以在提示符>>>的后面直接输入 Python 命令并运行了。

注意:在 Linux 操作系统下,IDLE 编程环境需要使用"apt-get"命令单独安装。安装方法很简单,只要在 Linux 的终端界面中使用"sudo apt-get install idle"即可。

IDLE 安装完成后,只要在 Linux 的终端界面中输入"idle",即可启动 IDLE。

同样,在 Linux 操作系统的 IDLE 编程环境中,我们可以交互式地执行 Python 命令,即可以直接在提示符>>>的后面输入并且执行一条 Python 命令。

例如,在图 1-9 所示的 IDLE 编辑窗口中,在>>>提示符后面直接输入一行 Python 命令"print("Hello,Python")",并且按下 Enter 键,IDLE 就会立即执行这一行命令,并且在屏幕上显示命令运行的结果,即会在下一行输出"Hello,Python"。

在本例中,使用 Python 的输出函数 print()输出了"Hello,Python"这个字符串。

在计算机语言中,程序是一组预先设计好的代码,并且可以保存为文件。用 IDLE 编辑 Python 程序的具体步骤如下:

图 1-9　交互式地运行 Python 命令

（1）如图 1-7 所示，选择"开始"→"所有程序"→"IDLE（Python 3.8 64-bit）"命令，启动 IDLE。

（2）在图 1-10 所示的 IDLE 工作界面中，选择"File"→"New File"命令，即可打开新文件编辑窗口。

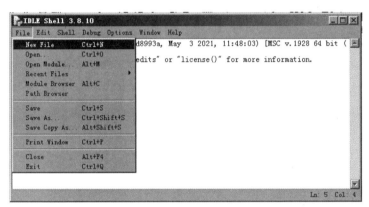

图 1-10　打开新文件编辑窗口

（3）如图 1-11 所示，请在文件编辑窗口输入 Python 源代码。在本例中，我们使用 print() 函数来输出辛弃疾写的四句宋词。请注意，因为每一句宋词都是一个字符串，所以在 Python 的 print() 函数的括号中，每一句宋词前后都需要使用英文单引号（或英文双引号）包围起来。

（4）如图 1-12 所示，这一步需要保存文件。请在文件编辑窗口中选择"File"→"Save As"命令，在指定的位置保存这个 Python 程序。在本例中，我们把这个 Python 程序文件命名为"众里寻他千百度.py"。请注意：Python 程序的扩展名规定为".py"。

（5）运行这个 Python 程序。如图 1-13 所示，请在文件编辑窗口中选择"Run"→"Run Module"命令，或者按功能键 F5，即可运行当前这个 Python 程序。

如果输入的这四行 Python 源代码完全正确，那么就会在 IDLE 主窗口中看到程序的运行结果。

如图 1-14 所示，在本例中，Python 程序的运行结果是在 IDLE 的主窗口中输出一首宋词，共分为四行，逐行地显示辛弃疾所写的"众里寻他千百度。蓦然回首，那人却在，灯火阑珊处"这四句宋词。

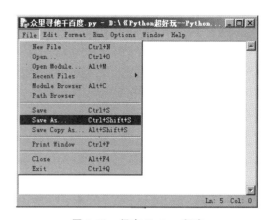

图 1-11　在文件编辑窗口输入 Python 源代码　　　　图 1-12　保存 Python 程序

图 1-13　运行 Python 程序

图 1-14　Python 程序的运行结果

对于 Python 的初学者来说，输入和调试程序时出现错误是很平常的事情，一点都不意外。源代码出错时，IDLE 会十分友好地给出与错误相关的提示信息。例如，在图 1-15 中，由于在输入第 1 行源代码时，我们不小心漏了用于配对的第 2 个单引号，在运行这个 Python 程序时就会出现出错提示信息"EOL while scanning string literal"（即找不到字符串结束位置的单引号）。此时，只要按提示信息补上单引号，程序就可以正常运行。

1.2.5　安装 PyCharm

PyCharm 是另一款著名的 Python IDE 开发工具。它可以帮助用户在使用 Python 语

图 1-15 源代码缺少配对的单引号时出错提示信息

言编程时提高工作效率,其功能比上一小节介绍的 Python 自带的 IDLE 更强大。PyCharm 具有调试、语法高亮、项目管理、代码跳转、智能提示、自动完成、单元测试和版本控制等功能,因此,深受广大 Python 软件工程师的喜爱。

注意:在安装 PyCharm 之前,必须先安装 Python。

PyCharm 的安装步骤如下:

(1) 如图 1-16 所示,请在浏览器中打开网址 http://www.jetbrains.com/pycharm,访问 PyCharm 的官方网站。

图 1-16 访问 PyCharm 官方网站

(2) 在图 1-16 中,单击 DOWNLOAD 按钮,屏幕上即会显示如图 1-17 所示的下载界面。

(3) 如图 1-17 所示,PyCharm 共有两个版本可供下载,一个是专业版(Professional),另一个是社区版(Community)。专业版可以使用 PyCharm 的全部功能,但是需要收费;而社区版可以满足 Python 开发所需的大多数功能,并且完全免费。

读者可以参照图 1-17 的提示信息下载并安装 PyCharm 的专业版或者社区版。

当我们第一次启动 PyCharm 代码编辑器时,屏幕上会出现如图 1-18 所示的 PyCharm 的授权协议界面,此时,请勾选"I confirm that I have read and accept the terms of this User Agreement",即同意 PyCharm 的授权协议。

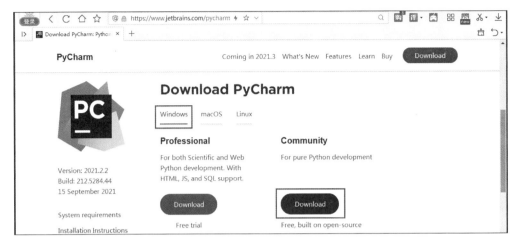

图 1-17　选择需要下载的 PyCharm 版本

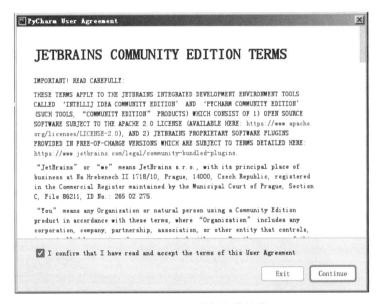

图 1-18　PyCharm 的授权协议界面

接着,单击 Continue 按钮,则会出现如图 1-19 所示的"是否愿意分享数据"界面。分享数据有助于官方以后改进 PyCharm 的性能。

在图 1-19 中,如果不同意分享数据,那么请单击 Don't Send 按钮;反之,如果同意分享数据,那么请单击 Send Anonymous Statistics 按钮。

接着,即可进入如图 1-20 所示的 PyCharm 的主窗口。

在图 1-20 所示的 PyCharm 主窗口中,左侧有 4 个菜单选项:Projects(项目)、Customize(配置)、Plugins(插件)、Learn PyCharm(学习 PyCharm)。

如果单击第 1 个菜单,即选择 Projects(项目),那么主窗口的右边会出现 3 个子菜单选项:New Projects(新项目)、Open(打开)和 Get from VCS(从不同版本中打开文件)。

接着,请单击"+"(New Projects),即新建一个项目,将会出现如图 1-21 所示的界面。

在图 1-21 所示的配置 PyCharm 新项目工作环境的界面中,可以在 Location 位置的输

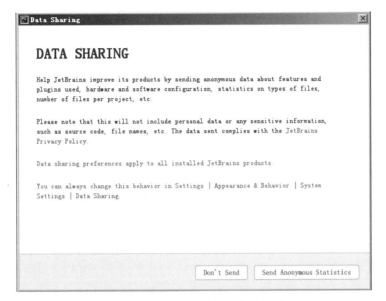

图 1-19　PyCharm 的分享数据界面

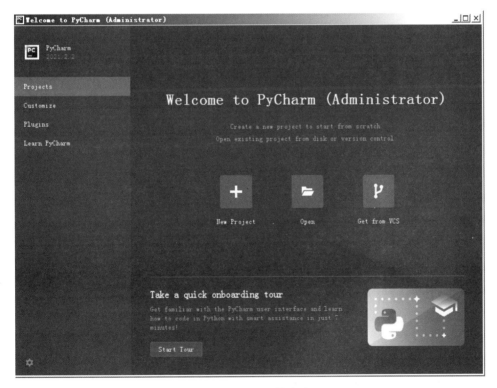

图 1-20　PyCharm 的主窗口

入框内填写项目文件保存的位置和项目名称。其他位置可以不修改,直接单击右下角的 Create 按钮,即可进入如图 1-22 所示的 PyCharm 项目编辑窗口。

在图 1-22 所示的项目编辑窗口中,第一行是当前的项目名称和当前编辑的文件名,即 "PythonProject-main. py";第二行是菜单栏,包括 File(文件)、Edit(编辑)、View(查看)、

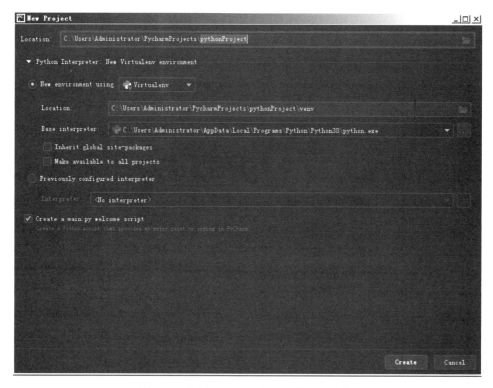

图 1-21　配置 PyCharm 新项目的工作环境

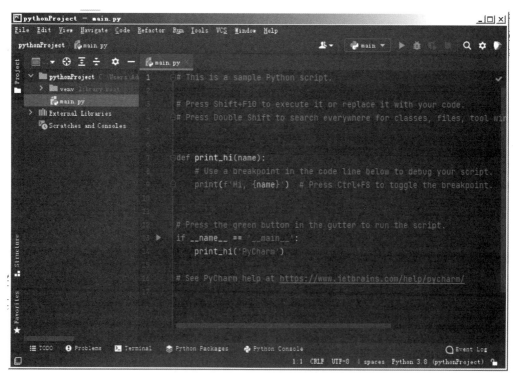

图 1-22　PyCharm 的项目编辑窗口

Navigate（导航）、Code（代码）、Refactor（重构）、Run（运行）、Tools（工具）、VCS（版本控制）、Window（窗口）和 Help（帮助）等选项。

在图 1-22 所示的窗口中，左侧区域是项目的文件结构，在本例中，当前项目的名称是 PythonProject，当前项目包含的 Python 程序文件只有一个，文件名是"main.py"；右侧区域展示当前正在编辑的程序"main.py"的源代码。

如果要运行"main.py"程序，请单击菜单栏的 Run 命令，接着继续选择"Run'main'"，运行这个程序。在图 1-23 的下方会出现程序运行的结果。

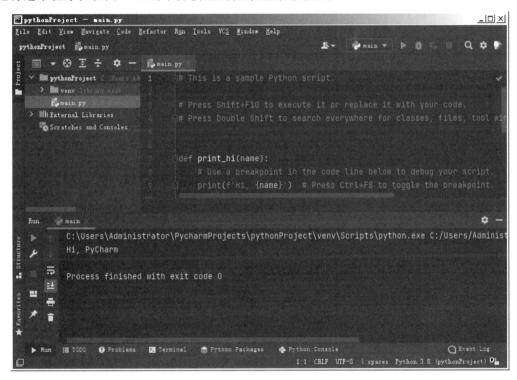

图 1-23　运行 main.py 程序的结果

图 1-23 的窗口下方是显示程序运行结果的区域，在本例中，运行当前的 Python 程序"main.py"的结果是显示"Hi,PyCharm"。

PyCharm 2021.2.2 的社区版默认的背景颜色是黑色的，即黑底白字，其效果不太理想。因此我们不妨把 PyCharm 的背景颜色修改为白色，即白底黑字。具体方法如下。

首先，请启动 PyCharm，然后选择"File"→"Settings"命令。

接着，请在弹出的 Settings 窗口中选择"Editor"→"Color Scheme"命令，在这里，PyCharm 共有 Classic Light、Darcula、Github、High contrast、IntelliJ Light、Monokai、Twilight 和 WarmNeon 等 8 种背景颜色可以选择。

然后，如图 1-24 所示，请选择"Classic Light"，并单击窗口右下方的 OK 按钮，即可把 PyCharm 的背景颜色指定为白色。

修改背景颜色为 Classic Light 之后的效果如图 1-25 所示。

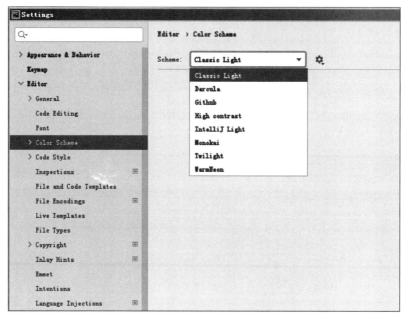

图 1-24　选择 PyCharm 的背景颜色

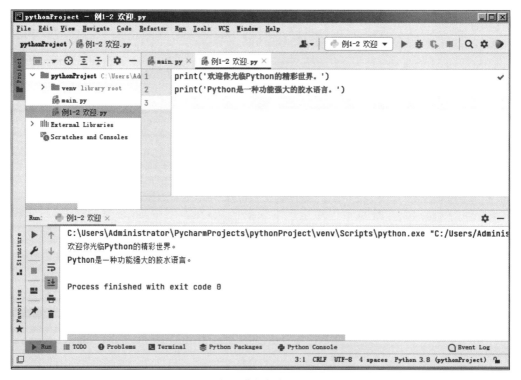

图 1-25　修改背景颜色之后的效果

1.2.6　在 Python 和 PyCharm 中安装外部库

如前所述,作为一种胶水语言,Python 语言的特点之一是拥有众多优秀的外部库(注:

这些外部库也称为模块）。只要导入这些外部库，就可以如虎添翼，显著提高 Python 的功能和编程的效率。

在 Python 中，只要事先导入某个库，就可以通过调用这个库实现其预先设计好的功能。这样，以往既繁琐又复杂的编程问题就可以迎刃而解，软件工程师不需要从头开始编程，从而节省了大量的时间。因此，Python 编程领域有句名言："人生苦短，我只用 Python"。

例如，Pillow 库是 Python 的一个用于图像处理的外部库，其中包含许多图像处理函数，可以用来裁剪图像、新建图像、调整图像大小、旋转图像等。

又如，Pygame 游戏库是 Python 的一个专门用于游戏开发的优秀外部库。也就是说，Pygame 游戏库是一个专门用来编写游戏程序的功能强大的游戏开发平台。只要在 Python 中导入 Pygame 游戏库，就可以轻松地使用其所有的函数，支持键盘事件检测、鼠标事件检测、图形的缩放与旋转、游戏角色的碰撞、声音的播放等。

Pygame 游戏库是免费的，并且可以运行在几乎所有的操作系统上。因此，Pygame 游戏库深受广大游戏设计师的青睐。本书的第 3 章将进一步介绍 Pygame 游戏库的编程知识。

在 Windows 系统的命令行方式下或 Linux 系统的命令行方式下，安装外部库的方法都很简单，只要在安装好 Python 之后，分别使用以下命令即可安装。

```
pip install 外部库名称
```

例如，要安装 Pillow 图像处理库，请在命令行方式下输入以下命令：

```
pip install pillow
```

又如，要安装 Pygame 游戏库，请在命令行方式下输入以下命令：

```
pip install pygame
```

之后，就可以使用 pip list 命令来检查 Python 已经安装了哪些外部模块及其版本，其结果如图 1-26 所示。

图 1-26　检查已经安装好的 Python 外部库

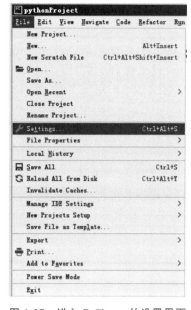

图 1-27　进入 PyCharm 的设置界面

在调试 Python 程序时，假如我们并不使用 Python 自带的 IDLE 集成开发环境来调试源代码，而是使用功能更加强大的 PyCharm 代码编辑器，那么在使用这些外部模块之前，我们也必须在 PyCharm 中逐一地安装这些外部库。

在这里，我们仅以在 PyCharm 中安装 Pillow 图像处理库为例，来说明安装某个外部库的方法，其他外部库的安装方法相似。

在 PyCharm 中安装 Pillow 外部库的过程如下。

进入设置界面，如图 1-27 所示。请在 PyCharm 的工作窗口中选择 File→Settings 命令。此时屏幕上就会打开如图 1-28 所示的设置界面，请选择 Project：PythonProject→Python Interpreter 命令，在窗口的右边就会列出当前 PyCharm 已经安装好的库。本例中，屏幕提示已经安装了 pip、pygame、setuptools 和 wheel 这 4 个库。

如果在图 1-27 中并没有列出我们需要使用的库，则需要单独安装这个库。在这里，需要安装 Pillow 库，请单击图 1-28 中的"＋"进入下一步。

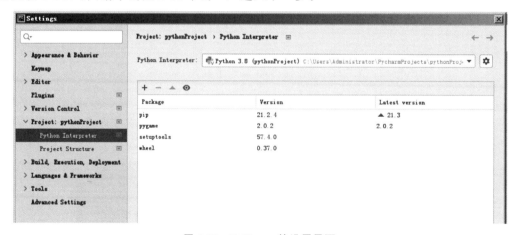

图 1-28　PyCharm 的设置界面

请在窗口左上角的输入框处输入 pillow，稍等片刻，窗口的右侧就会出现有关 Pillow 库的信息。在本例中，屏幕上提示可以安装图像处理库"Python Imaging Library（Fork）"，版本号为 8.3.2。

单击图 1-29 所示的窗口中左下角的按钮 Install Package，就可以开始安装 Pillow 库了。在这一步，需要耐心等待几分钟。最后，如果一切顺利，在屏幕上的下方就会出现绿色的安装成功的提示信息。

如图 1-30 所示，在图中的窗口右边的外部库列表中已经增加了 Pillow 图像处理库。

如果我们还需要在 PyCharm 中安装其他的 Python 外部库，则只要参考上述步骤进行安装即可。

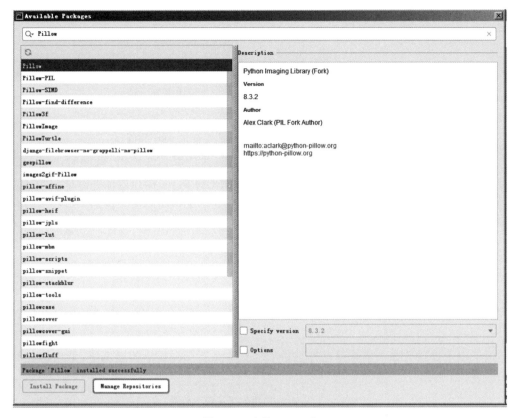

图 1-29　安装 pillow 库

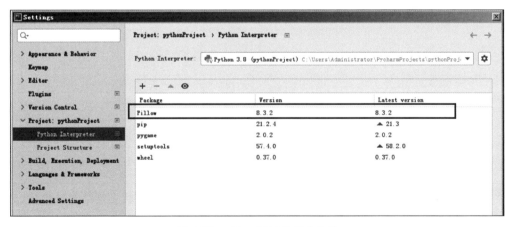

图 1-30　pillow 库已经成功安装

1.3　Python 的基本语句

1.3.1　赋值语句

在 Python 语言中,赋值语句由变量名、等号"＝"和运算表达式组成,其作用是把运算表达式的运算结果交给等号左边的变量保存。赋值语句的语法格式如下。

变量名 = 运算表达式

以下的语句都是将右边的运算表达式的运算结果赋给左边的变量的实例。

```
n = 100                 ♯ 将整数 100 赋给整数型变量 n
pi = 3.14159265         ♯ 将数值 3.14159265 赋给浮点型变量 pi
name = "happyboy"       ♯ 将字符串 happyboy 赋给字符串型变量 name
print(n)                ♯ 输出前面定义的整数型变量 n 的值
print(pi)               ♯ 输出前面定义的浮点型变量 pi 的值
print(name)             ♯ 输出前面定义的字符串型变量 name 的值
```

Python 的变量类型并不需要单独声明,当执行变量的赋值操作时,就同时声明了变量的类型。每个变量都保存在内存中,它们都包括变量的标识、名称和数据等信息。

在 Python 语言中,允许在同一行同时给多个变量赋予相同的值。例如:

```
a = b = c = d = 88
```

以上这一行代码的功能是将 a、b、c 和 d 这四个变量同时赋值为 88。

请读者注意:在 Python 语言中,等号"="并不是用来做比较运算的,而是用来给变量赋值的。等号的左边是变量的名称,而等号的右边则是给变量赋值的运算表达式。这个表达式既可以是不含运算符的单个数字或者单个字符串,也可以是包含"+"(加号)、"—"(减号)、" * "(乘号)、"/"(除号)、" ** "(乘方号)等运算符的算术表达式。

除了以上提到的算术运算符以外,Python 还提供了一些其他的运算符,常用的运算符汇总如表 1-1 所示。

表 1-1 Python 常用的运算符汇总表

运　算　符	功　能　描　述
＋	加法
—	减法
*	乘法
/	除法
％	取模(除法运算后仅取余数)
//	整除(除法运算后舍去小数)
**	求幂
and	逻辑与
or	逻辑或
not	逻辑非

取模运算(％)返回除法运算结果的余数,整除运算(//)返回除法运算结果的整数部分,而求幂(**)是求指数运算的结果。在 Python 语言中,当 n 为正整数时,m ** n 是指 n 个 m 相乘,即求 m^n。

1.3.2　复合赋值运算符与表达式

Python 语言也允许对代码进行简写,可以在同一行分别给多个变量赋予各自不同的值,例如:

```
n, pi, name = 100, 3.14159265, "happyboy"
```

以上这一行代码的功能是分别将 100 赋值给整数型变量,将字符串 3.14159265 赋值给浮点型变量 pi,并且将字符串 happyboy 赋值给字符串变量 name。

为了简化程序,提高编程的效率,Python 语言也允许在赋值运算符"="的前面加上其他运算符,这样就构成了复合赋值运算符。复合赋值运算符的功能是,对赋值运算符左、右两边的运算对象进行指定的运算,再将运算结果赋予左边的变量。

在 Python 语言中,共有 8 种赋值运算符。其具体功能和实例如表 1-2 所示。

表 1-2　Python 的 8 种赋值运算符

运　算　符	功　　能	实　　例
=	赋值运算符	c=a+b,表示将 a+b 的运算结果赋值给 c
+=	加法赋值运算符	b+=a 等效于 b=b+a
-=	减法赋值运算符	b-=a 等效于 b=b-a
*=	乘法赋值运算符	b*=a 等效于 b=b*a
/=	除法赋值运算符	b/=a 等效于 b=b/a
%=	取模赋值运算符	b%=a 等效于 b=b%a
**=	幂赋值运算符	b**=a 等效于 b=b**a
//=	取整除赋值运算符	b//=a 等效于 b=b//a

1.3.3　比较运算符

比较运算符用于比较两个值,结果可以得到一个逻辑值(又称为布尔值),即 True(真)或 False(假)。比较运算符包括"=="(等于)、"!="(不等于)、"<"(小于)、">"(大于)、"<="(小于或等于)和">="(大于或等于)。

比较运算使用比较运算符比较两个值,比较的结果是一个逻辑值。在计算机语言中,逻辑值只有两种可能的取值,要么取值为 True(真),要么取值为 False(假),除此以外不会再取其他值。

在 Python 语言中,当我们使用等于运算符"=="来比较两个数值是否相等时,如果等于运算符"=="两边的数值相等,那么得到的运算结果为 True(真);反之,如果等于运算符"=="两边的数值不相等,则得到的运算结果为 False(假)。

反之,当我们使用不等于运算符"!="来比较两个数值是否不相等时,如果不等于运算符"!="两边的数值不相等,那么得到的运算结果为 True(真);如果不等于运算符"!="两边的数值相等,则得到的运算结果为 False(假)。

同理,大于或等于运算符">="也可以用来比较两个数的大小。如果前者大于或者等于后者,则运算结果为 True(真);否则运算结果为 False(假)。

同理,小于运算符"<"用于比较两个数的大小。如果前者小于后者,则运算结果为 True(真);否则运算结果为 False(假)。

同理,小于或等于运算符"<="也可以用于比较两个数的大小。如果前者小于或者等于后者,则运算结果为 True(真);否则运算结果为 False(假)。

1.3.4　逻辑运算符

就像可以使用算术运算符把数字连接在一起组成算术表达式一样,我们也可以用逻辑运算符把逻辑值连接在一起组成逻辑表达式。Python 语言的逻辑运算符共有 3 个:"and"

（与）、"or"（或）、"not"（非）。逻辑表达式的运算结果也是逻辑值。

在 Python 语言中，逻辑运算符"and"表示"与"，其含义是"而且"。当"and"前后的两个逻辑值都同时为 True（真）时，运算结果为 True（真），否则运算结果为 False（假）。

例如：

```
>>> 3 = 3 and 4.1 > 3.9
True
>>> 3 = 3 and 4.1 < 3.9
False
>>> 1 = 3 and 4.1 < 3.9
False
```

在 Python 语言中，逻辑运算符"or"表示"或"，其含义是"或者"，只要"or"前后的两个逻辑值有一个为 True（真）时，则运算结果为 True（真）；否则，若两个逻辑值都为 False，则运算结果为 False（假）。

例如：

```
>>> 3 = 3 or 4.1 < 3.9
True
>>> 2 > 3 or 4.1 > 3.9
True
>>> 1 = 3 or 4.1 < 3.9
False
```

在 Python 语言中，逻辑运算符"not"表示"非"，其含义是"相反"，即取与逻辑运算符"not"后面的逻辑运算表达式的运算结果相反的逻辑值。

例如：

```
>>> not True
False
>>> not False
True
>>> not 3 > 2
False
>>> not 3.15 < 3.14
True
```

1.4 流程控制语句

1.4.1 if 条件语句

在 Python 语言中，if 条件语句用来判断给定的条件（比较运算表达式）是否满足，并根据条件判断的结果（真或假）决定是否执行指定的语句。

在计算机语言中，一般都有条件语句。条件语句可以给定一个判断条件，并在程序执行过程中判断该条件是否成立，再根据判断结果执行不同的操作，从而改变代码的执行顺序，实现更复杂的功能。

在 Python 语言中，if 条件语句是最简单的条件语句，其语法格式如下所示。

```
if 判断条件：
    执行语句组……
```

初学者请注意：在 if 判断条件后面要用英文冒号
":"结尾；执行语句组可以是单行的，也可以是多行
的，并且这些语句的每一行都需要缩进 4 个空格。

if 条件语句的程序流程如图 1-31 所示。

在图 1-31 所示的程序流程图中，当程序执行到条
件表达式时，要根据条件表达式的运算结果决定程序
执行的方向。当运算结果为 True（真）时，执行指定的
一组语句；否则将跳过去，并不会执行这组语句，而是
直接执行后面的语句。

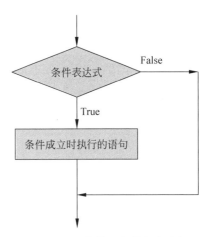

图 1-31　if 条件语句的程序流程

if 条件语句的示例程序如图 1-32 所示。

图 1-32 所示的是求某个数的绝对值的 Python 程序。

第 1 行，等待用户输入一个数，并且保存到字符串
变量 number 中；

第 2 行，将字符串型的变量 number 转换为浮点型，然后保存到变量 x 中；

第 3 行，判断变量 x 的数值是否小于零（负数）。如果是，则执行第 4 行求变量 x 的相反
数并且将运算结果存回到变量 x 中；否则不会执行第 4 行，而是直接跳到第 5 行；

第 5 行，输出提示信息"这个数的绝对值＝"和变量 x 的数值。

这个程序的运行示例如图 1-33 所示。

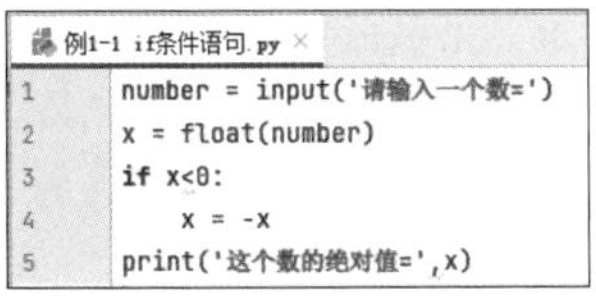

```python
number = input('请输入一个数=')
x = float(number)
if x<0:
    x = -x
print('这个数的绝对值=',x)
```

图 1-32　if 条件语句的示例程序　　　图 1-33　求绝对值程序的运行示例

1.4.2　if…else…条件语句

在 1.4.1 节中，我们介绍了 if 条件语句，但是 if 条件语句并不能够对不符合条件的情
况进行处理，所以 Python 又提供了另外一种条件语句——if…else…，这种条件语句的语法
格式如下所示。

```
if 判断条件:
    执行语句组 1……
else:
    执行语句组 2……
```

请注意：在 if 判断条件语句的最后要用英文
冒号":"结尾；执行语句组 1 既可以是单行的，也
可以是多行的，执行语句组 1 的每一行代码都必
须缩进四个空格；else 这一行的最后也要用英文
冒号":"结尾；同样，执行语句组 2 既可以是单行
的，也可以是多行的，并且执行语句组 2 的每一行
代码也必须缩进四个空格。

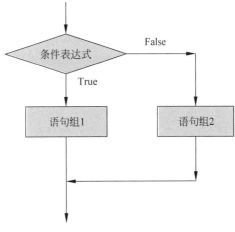

if…else…条件语句的程序流程如图 1-34 所示。

图 1-34　if…else…条件语句的程序流程

在 if…else…结构的条件语句中,当条件表达式的运算结果为 True(真)时,执行语句组 1;否则,当条件表达式的运算结果为 False(假)时,执行语句组 2。

if…else…条件语句的示例程序如图 1-35 所示。

图 1-35 所示的是判断某个数是负数还是正数或零的 Python 程序。

第 1 行,等待用户输入一个数,并且保存到字符串变量 number 中;

第 2 行,将字符串型的变量 number 转换为浮点型,然后保存到变量 x 中;

第 3 行,判断变量 x 是否小于零。如果小于零,则执行第 4 行;

第 4 行,输出"你输入的是一个负数";

第 5 行,是否满足与第 3 行相反的条件,即变量 x 是否大于或等于零。若是,则执行第 6 行;

第 6 行,输出"你输入的是一个正数或零"。

这个程序的运行结果如图 1-36 所示。

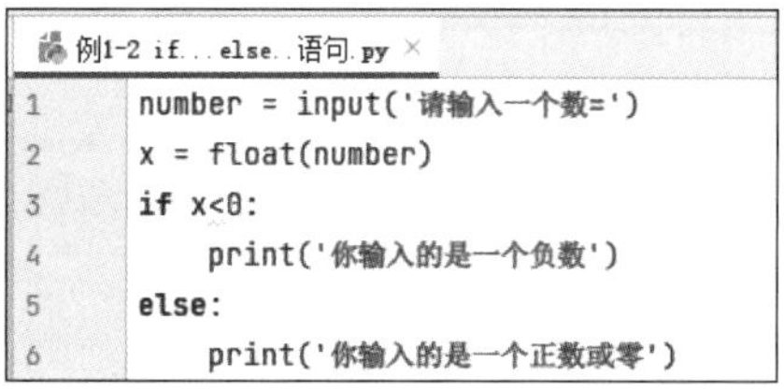

```
例1-2 if...else..语句.py ×
1   number = input('请输入一个数=')
2   x = float(number)
3   if x<0:
4       print('你输入的是一个负数')
5   else:
6       print('你输入的是一个正数或零')
```

```
例1-2 if...else..语句 ×
C:\Users\Administrator\Pyc
请输入一个数=-5
你输入的是一个负数
```

图 1-35　if…else…条件语句的示例程序 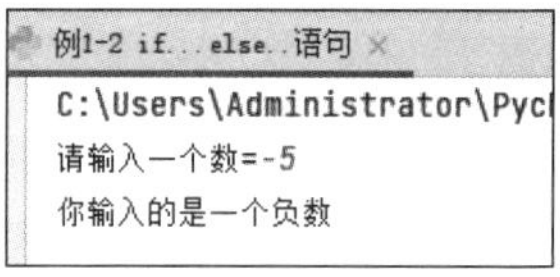　　图 1-36　if…else…条件语句示例程序的运行结果

1.4.3　if…elif…else 条件语句

在 Python 语言中,if 条件语句的功能十分强大,它可以对多个不同的条件进行判断,并执行各相应的语句组。

可以判断多个条件的语句是 if…elif…else 语句。其语法格式如下所示。

```
if 条件 1:
    语句组 1
elif 条件 2:
    语句组 2
……
else:
    语句组 n
```

请注意:在 if…elif…else 结构的多重条件语句中,在每一个条件表达式后面都要用英文冒号":"结尾;else 后面也要用英文冒号":"结尾;各语句组既可以是单行的,也可以是多行的,并且每一个语句组都必须缩进四个空格。

在 if…elif…else 结构的条件语句中,首先判断第 1 个条件是否成立。如果第 1 个条件成立,则执行语句组 1;否则,继续判断第 2 个条件是否成立。如果第 2 个条件成立,则执行语句组 2;以此类推,中间可以编写多个条件语句,如果以上所有条件都不成立,则执行 else 后面的语句组 n。

if…elif…else…条件语句的程序流程如图 1-37 所示。

我们可以用 if…elif…else…条件语句编写一个按成绩分类的程序:

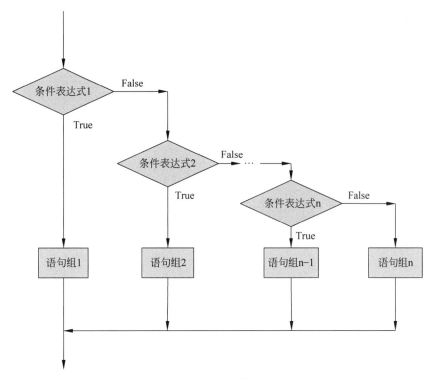

图 1-37　if…elif…else…条件语句的程序流程

如果成绩高于 100 分或者低于 0 分，判断为错误；

如果成绩为 90～100 分，判断为优；

如果成绩为 80～89 分，判断为良；

如果成绩为 70～79 分，判断为中；

如果成绩为 60～69 分，判断为合格；

如果成绩在 59 分以下，判断为不合格。

完整的 Python 成绩分类程序如图 1-38 所示。

1.4.4　while 循环语句

在 Python 语言中，while 语句用于循环执行程序，即在满足条件的情况下，反复地执行某一组语句。循环控制结构主要包括 while 循环语句和 for 循环语句。

while 循环语句的语法格式如下：

```
while 判断条件:
    语句组
```

在这里，同样需要注意冒号和缩进。

while 循环语句的程序流程如图 1-39 所示。

```
例1-3 成绩分类程序.py ×
1   number = input('请输入一个分数=')
2   x = int(number)
3   if x>100 or x<0:
4       print('你输入的分数错误！')
5   if x >= 90:
6       print('优')
7   elif x >= 80:
8       print('良')
9   elif x >= 70:
10      print('中')
11  elif x >= 60:
12      print('合格')
13  else:
14      print('不合格')
15
```

图 1-38　成绩分类程序

下面以计算前 100 个正整数之和的程序为例来介绍 while 循环的应用,程序如图 1-40 所示。

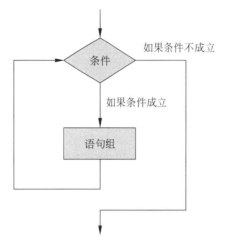

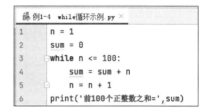

图 1-39　while 循环语句的程序流程　　图 1-40　计算前 100 个正整数之和的程序

在这个应用 while 循环的示例程序中:

第 1 行,定义一个初值为 1 的整数型变量 n,用于控制循环执行的次数;

第 2 行,定义一个初值为 0 的整数型求和变量 sum,用于保存求和运算的结果;

第 3 行,定义一个 while 循环,当变量 n 的值小于或等于 100 时,执行循环体,即第 4、5 行;

第 4 行,将求和变量 sum 和变量 n 的当前值相加,并且将结果保存到求和变量 sum 中;

第 5 行,将用于控制循环是否继续的变量 n 加 1,并且将结果保存到 n 中,然后跳回到第 3 行。再次检查变量 n 的值是否小于或等于 100。如果是,则重复执行循环体,即再次执行第 4、5 行;

第 6 行,当循环结束时执行这一行,即输出"前 100 个正整数之和＝"这个提示信息,并且输出求和变量 sum 的值。

这个程序的运行结果如图 1-41 所示。

如果 while 语句中的条件始终成立,则计算机将永远不会结束运行,将不断反复地执行循环。下面,我们以如图 1-42 所示的无限循环程序为例。

如图 1-43 所示,当运行这个程序时,计算机将会不断地执行循环,即会不停地输出"hello,Python!"。

1.4.5　for 循环语句

与 C、Java 等其他计算机语言相比,Python 语言的 for 语句有很大的不同。其他计算机语言中的 for 语句需要用循环控制变量来控制循环,而 Python 语言中的 for 循环语句则是通过循环遍历某一系列对象来构建循环的,循环结束的条件是对象遍历完成。

在 Python 语言中,for 循环语句的语法格式如下所示。

```
for 循环变量 in 遍历对象:
    循环体
```

图 1-43 执行无限循环程序的运行结果

图 1-41 计算前 100 个正整数之和的结果

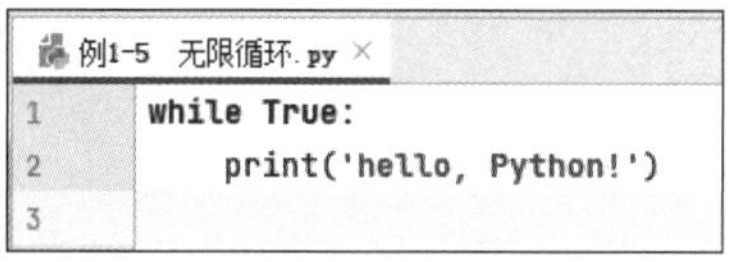

图 1-42 无限循环程序

上述语法格式的含义是遍历 for 语句中的遍历对象，每经过一次循环，循环变量就会从遍历对象中得到一个值，可以在循环体中处理它。在正常情况下，当遍历对象中的每一个值都访问过之后，就会自动退出 for 循环。

for 循环语句执行的程序流程如图 1-44 所示。

下面，我们以遍历某个字符串，并且逐个输出这个字符串中的每一个字母的 for 循环程序为例来说明 for 循环语句的基本使用方法。这个程序很简单，其源代码如图 1-45 所示。程序的运行结果如图 1-46 所示。

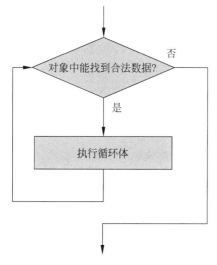

图 1-44 for 循环语句执行的程序流程

图 1-45 遍历并输出字符串中每个字母的程序

除了遍历字符串中的字母，我们也可以使用 for 循环语句来遍历一个单词表。示例程序也很简单，其源代码如图 1-47 所示。

这个遍历单词表的程序的运行结果如图 1-48 所示。

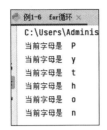

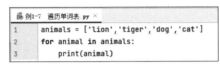

图 1-46 遍历并输出字符串中每个字母的程序的运行结果

图 1-47 遍历一个单词表的程序

图 1-48 遍历单词表程序的运行结果

1.4.6 使用 range() 函数的 for 循环语句

在 Python 语言中,我们还可以通过序列迭代的方式实现循环功能。在具体编程时,可以使用内置函数 range() 来实现。range() 函数可以产生一个整数列表,这样就可以完成控制循环的功能。

使用 range() 函数的 for 循环语句的语法格式如下。

```
for 索引变量 in range([起始数,]终止数[,步长]):
    循环体
```

在这里,range() 函数共有 3 个参数。其中,起始数是可选的参数,其默认值为 0;终止数是必需的参数,而步长也是可选的参数,其默认值为 1。当 range() 函数的括号中只有终止数这一个参数时,则以终止数减 1 作为终点,依次产生从 0 开始至终点为止的一个整数序列。

图 1-49 所示的程序通过序列索引迭代的方式循环输出列表中的每一种水果。

在图 1-49 所示的 for 循环程序中:

第 1 行,给出注释,即定义水果列表;

第 2 行,定义以四种水果为元素的列表对象 fruits;

第 3 行,给出注释,即使用 range() 函数遍历水果列表;

第 4 行,定义一个 for 循环,其中,以 index 作为索引值,并用 range() 函数依次产生 0、1、2、3 这 4 个索引值,遍历列表对象 fruits 中的每一个元素,即遍历每一种水果;

第 5 行,首先输出提示信息"当前水果是",然后紧接着以 index 作为索引值输出当前的列表元素 fruits[index],即当前的水果名称。

这个程序的运行结果如图 1-50 所示。

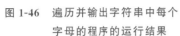

图 1-49 通过序列索引迭代的方式循环输出每一种水果　图 1-50 循环输出每一种水果的运行结果

1.4.7 break 命令

在 Python 语言中,break 命令的功能是直接终止当前的循环语句。在程序中只要遇到 break 命令,即使循环条件没有 False 条件或者循环并没有执行完毕,也会终止正在执行循环的语句,直接执行循环后面的语句。

在 Python 语言中,break 命令通常用在 while 循环语句或 for 循环语句中。使用 break 命令的循环语句的程序流程如图 1-51 所示。

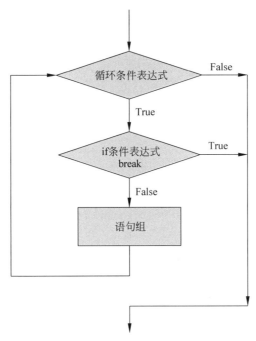

图 1-51 使用 break 命令的循环语句的程序流程

使用 break 命令的 for 循环示例程序的源代码如图 1-52 所示。

这个程序的运行结果如图 1-53 所示。

```python
for letter in 'Breakboard':    # 遍历字符串
    if letter == 'o':          # 如果找到字母"o"
        break                  # 则退出循环,不显示"o"后的字母
    print('当前字母是', letter)   # 输出当前字母
```

图 1-52 使用 break 命令的 for 循环程序　　图 1-53 使用 break 命令的 for 循环
程序的运行结果

1.4.8 continue 命令

在 Python 程序中,continue 命令的功能是跳出本次循环。请注意:continue 命令与 break 命令是有区别的。break 命令是直接退出整个循环,而 continue 命令是仅仅跳过当前

循环的剩余语句,然后又继续执行下一轮循环。

在 Python 程序中,continue 命令通常在 while 循环语句或 for 循环语句中使用。使用 continue 命令的循环语句的程序流程如图 1-54 所示。

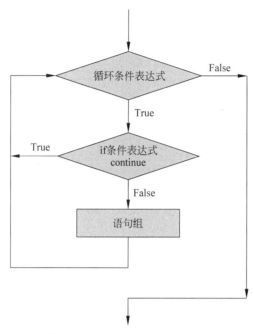

图 1-54　使用 continue 命令的循环语句的程序流程

使用 continue 命令的 for 循环示例程序的源代码如图 1-55 所示。

这个程序遍历并且输出字符串"Breakboard"中的每一个字母。当找到字母 o 时,由于有 continue 命令,程序直接跳到下一轮循环,即不输出字母 o,而是继续输出其他字母。这个程序的运行结果如图 1-56 所示。

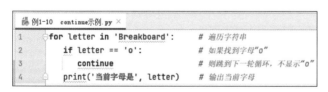

图 1-55　使用 continue 命令的 for 循环程序　　　**图 1-56　使用 continue 命令的 for 循环程序的运行结果**

1.5　函数

在 Python 语言中,函数是由具有独立功能的代码组成的一个模块。函数也称为子程序。

一个较大的程序通常分为若干个子程序,每一个子程序可以定义为一个函数,用来实现某些特定的功能。在所有的计算机语言中都有函数这个概念,函数可供重复调用。

函数是把实现特定功能的一段代码集合到一起,以便能够重复地使用这些代码的一种编程方法。同一个函数可以被调用任意多次,而不需要重复地复制和粘贴代码。而且,通过把大段代码隐藏到函数中,只要给函数起一个容易理解的名字来调用,就可以更好地组织和规划代码了。

在 Python 语言中,几乎所有的功能都可以通过一个个函数来实现。我们要善于利用函数,以避免重复地编写相同的代码,从而提高编程的效率。

在 Python 语言中,函数可以分为内置函数和自定义函数两大类。内置函数是指 Python 本身自带的函数,可以供程序员随时调用,前面介绍过的 input()和 print()就是内置函数;而自定义函数则是指程序员按照 Python 的语法规则自行编写的函数。

1.5.1 定义函数

在编写 Python 程序的过程中,我们可以将实现某个指定功能的一组语句提取出来,将其编写为函数。这样,在程序中就可以随时方便地调用这个函数来完成这个功能,并且这个函数还可以被多次调用,多次完成相同的功能。

使用函数来编写 Python 源代码,还可以使程序的结构更加清晰,更加容易维护。

在 Python 程序中,定义函数,就是创建一段具有某些特定功能的程序。

定义函数需要用 def 关键字来实现,其具体的语法格式如下:

```
def 函数名(参数名 1, 参数名 2, …, 参数名 n):
    实现特定功能的多行代码
    [return[返回值]]
```

其中,用[]括起来的为可选择部分,既可以使用,也可以省略。

在定义函数的语法格式中,各部分的含义如下。

(1) 函数名:函数名应紧跟在 def 的后面,其实就是一个符合 Python 语法的标识符。这个标识符不能与已有的变量名或函数名重复。请不要使用 a、b、c 等不便理解的标识符作为函数名,建议取一个与函数功能相对应的英文单词作为函数名。

(2) 参数名:定义该函数可以接收的多个参数,多个参数名之间用英文逗号","分隔。

(3) [return[返回值]]:return 用于设置该函数的返回值。一个函数既可以有返回值,也可以没有返回值,是否需要返回值根据实际情况而定。

请注意:在创建函数时,即使函数没有任何参数,函数名后面也必须紧接一对空的圆括号"()",并且圆括号后面也必须有冒号":",否则程序运行时将会出错。

在 Python 程序中,完整的函数是由函数名、参数和函数实现语句(函数体)组成的。在函数声明中,也要使用缩进以表示语句属于这个函数。如果函数有返回值,那么需要在函数中使用 return 返回计算的结果。

在 Python 中,定义函数的语法规则具体如下。

(1) 函数的代码块要以 def 开头,后接函数的名称和圆括号"()";

(2) 任何传入的参数和自变量都必须放在圆括号中间,圆括号之间用于定义参数;

(3) 建议在函数的第 1 行使用注释语句说明函数的功能和调用的参数;

(4) 函数的具体内容以英文冒号":"开始，下一行必须缩进；

(5) return 语句用于结束函数，并且可以返回一个值给调用方。不带任何表达式的 return 相当于返回一个 None。

1.5.2 调用函数

调用函数也就是执行函数。如果把创建的函数理解为一个具有某种用途的工具，那么调用函数就相当于使用该工具。

函数调用的基本语法格式如下所示：

```
变量名 = 函数名(参数值 1, 参数值 2, …,参数值 n)
```

其中，函数名指的是需要调用的函数的名称；各个参数值则是指原先定义函数时要求传入的每一个参数的数值。如果这个函数有返回值，我们就可以通过赋值符号"＝"前面指定的变量来接收这个返回值。

需要注意的是，如果定义函数时有若干个参数名，那么调用函数时就要传入同样多个对应的参数值，并且参数值的顺序必须和定义函数时指定的参数名完全一致。在调用函数时，即使这个函数没有任何参数，在函数名后面也必须写上圆括号"()"。

例1-11 计算直角三角形斜边边长.py

```
1   import math
2
3   # 计算直角三角形的斜边边长
4   def count_c(x,y):
5       z=math.sqrt(x*x+y*y)
6       return(z)
7
8   a=float(input('请输入第1条直角边的边长='))
9   b=float(input('请输入第2条直角边的边长='))
10  if a>0 and b>0:
11      c=count_c(a,b)
12      print('这个直角三角形的斜边边长=',c)
13  else:
14      print('对不起！直角边边长输入错误')
```

图 1-57 计算直角三角形斜边边长的程序

亲爱的读者，你还记得中学数学中的勾股定理吗？下面，我们就以已知直角三角形两条直角边的边长，利用其计算斜边边长的 Python 程序为例，来说明函数的定义和调用方法。这个程序的源代码如图 1-57 所示。

这个计算直角三角形斜边边长的程序每一行的代码说明如下。

第 1 行，导入 math 数学运算库；

第 2 行，这一行为空行(以下省略不再解释)；

第 3 行，为注释语句，说明本程序的功能；

第 4 行，定义一个名称为 count_c()的函数，这个函数带两个形式参数 x 和 y，用于传递直角三角形的两条直角边的边长；

第 5 行，调用 math 库的平方根函数 sqrt()计算斜边边长，并且将结果保存到变量 z 中；

第 6 行，函数结束，并且将计算结果即变量 z 的值返回调用方；

第 8 行，提示用户输入第 1 条直角边的边长，将其转换为浮点型数据并保存到变量 a；

第 9 行，提示用户输入第 2 条直角边的边长，将其转换为浮点型数据并保存到变量 b；

第 10 行，判断变量 a 和变量 b 是否都大于 0，如果是，执行第 11、12 行；

第 11 行，调用第 4 行自定义的 count_c()函数，并将变量 a 和变量 b 传递给 count_c()函数，这个函数会返回所求直角三角形的斜边边长保存到变量 c 中；

第 12 行，输出计算结果，即提示信息"这个直角三角形的斜边边长＝"和变量 c 的值；

第 13 行，判断前面的第 8 行或第 9 行的输入是否有错误。若有错误，则执行第 14 行；

第 14 行，输出提示信息"对不起！直角边边长输入错误"。

这个程序的运行示例如图 1-58 所示。

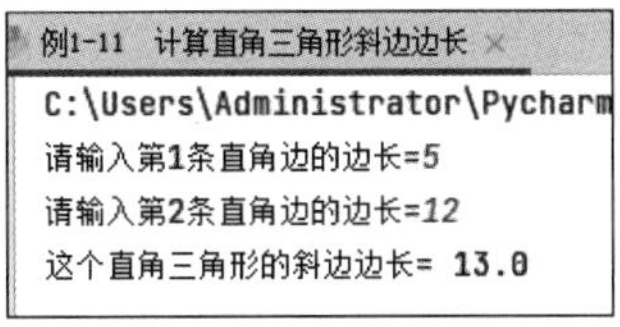

图 1-58　计算直角三角形斜边边长程序的运行示例

1.5.3　函数的参数

在前面的例子中,函数带有两个参数,用于存放计算斜边边长时所需的两条直角边的边长。我们把函数的参数称为形式参数(简称"形参"),每个函数包含的参数列表称为形参列表。形参列表中的参数可以是一个参数,也可以是多个参数,甚至可以不带参数。如果使用多个参数,每个参数的名字要用英文逗号隔开。

我们再以计算长方体的体积的程序为例,展示函数的参数的使用方法。这个程序使用了长、宽和高等 3 个参数。完整的源代码如图 1-59 所示。

这个程序每一行的源代码说明如下。

第 1 行,这一行是注释;

第 2 行,定义一个名字为"count_v()"的计算长方体体积的函数,这个函数需要传递长、宽、高共 3 个参数;

第 3 行,计算长方体的体积,并且将结果保存到变量 v 中;

第 4 行,将计算结果返回调用方;

第 6 行,提示用户输入"请输入长方体的长＝",将输入的数据转换为浮点型数据并保存到变量 a 中;

第 7 行,提示用户输入"请输入长方体的宽＝",将输入的数据转换为浮点型数据并保存到变量 b 中;

第 8 行,提示用户输入"请输入长方体的高＝",将输入的数据转换为浮点型数据并保存到变量 c 中;

第 9 行,判断变量 a、b、c 是否都大于 0,如果是,执行第 10、11 行;

第 10 行,调用第 2 行自定义的 count_v()函数,并将变量 a、变量 b 和变量 c 的取值传递给 count_v()函数,这个函数会返回所求的长方体的体积并保存到变量 v 中;

第 11 行,输出这个长方体的体积;

第 12 行,判断前面的第 6 行、第 7 行或第 8 行的输入是否有错误。若有错误,则执行第 13 行;

第 13 行,输出提示信息"对不起! 长方体的边长输入错误"。

这个程序的运行示例如图 1-60 所示。

当在 Python 程序中调用函数时,如果没有传递参数,就会使用默认参数。如图 1-61 所示的程序演示了使用默认参数的实例。

以上程序的运行示例如图 1-62 所示。

在这个输出三个同学的姓名和年龄的程序中,第 2~5 行定义了一个输出姓名及年龄的函数,其中年龄参数 age 指定了默认值为 18;在第 8~10 行则调用了这个自定义函数;第 8

```
例1-12  计算长方体的体积.py ×
1    # 计算长方体的体积
2    def count_v(x,y,z):
3        v = x*y*z
4        return(v)
5
6    a=float(input('请输入长方体的长='))
7    b=float(input('请输入长方体的宽='))
8    c=float(input('请输入长方体的高='))
9    if a>0 and b>0 and c>0:
10       v=count_v(a,b,c)
11       print('这个长方体的体积=',v)
12   else:
13       print('对不起! 长方体的边长输入错误')
```

图 1-59　计算长方体体积的程序

```
例1-12  计算长方体的体积 ×
C:\Users\Administrator\Pyc
请输入长方体的长=5
请输入长方体的宽=8
请输入长方体的高=10
这个长方体的体积= 400.0
```

图 1-60　计算长方体体积的程序的运行示例

```
例1-13  使用默认值的函数.py ×
1    # 定义函数printinfo()。参数age的默认值为18
2    def printinfo(name,age=18):
3        # 打印姓名和年龄
4        print('姓名=',name,'年龄=',age)
5        return
6
7    print('以下输出三个同学的资料: ')
8    printinfo(name='小明')
9    printinfo(name='小芳',age=17)
10   printinfo(name='小强',age=15)
```

图 1-61　使用默认值的函数的程序

```
例1-13  使用默认值的函数 ×
C:\Users\Administrator\Pyc
以下输出三个同学的资料:
姓名= 小明 年龄= 18
姓名= 小芳 年龄= 17
姓名= 小强 年龄= 15
```

图 1-62　使用默认值的函数程序的运行结果

行调用函数时仅仅传递了姓名为"小明"这个参数,但是并没有传递年龄参数,因此调用函数时年龄参数 age 会使用默认值,即实际输出结果为"姓名＝小明 年龄＝18";第 9 行调用函数时同时传递了姓名参数 name 为"小芳"和年龄参数 age 为"17",因此调用函数时实际输出结果为"姓名＝小芳 年龄＝17";同理,第 10 行实际输出结果为"姓名＝小强 年龄＝15"。

1.5.4　函数的返回值

有返回值的函数的结尾处必须有一个 return 语句。以下是 Python 中有返回值的函数定义的一般格式:

```
def 函数名称(参数 1,参数 2,…, 参数 n)
    语句 1
    语句 2
    ⋮
    语句 n
    return 表达式
```

跟在关键词 return 之后的表达式的值将返回到调用该函数的程序所在的位置。它可以是任意数值、变量或具有值的表达式。

下面,以调用一个计算 3 个数的平均值的函数的程序为例来说明返回值的用法。完整的 Python 程序如图 1-63 所示。

```
例1-14  计算3个数的平均值.py ×
1    # 计算3个数的平均值
2
3    def average(x,y,z):
4        n = (x+y+z)/3
5        return n
6
7    number1 = float(input('请输入第1个数='))
8    number2 = float(input('请输入第2个数='))
9    number3 = float(input('请输入第3个数='))
10   ave = average(number1,number2,number3)
11   print('这3个数的平均值=',ave)
```

图 1-63　计算 3 个数的平均值的函数

在这个程序中,第 3~5 行定义了一个计算 x、y 和 z 这 3 个参数的平均值的函数 average(),将计算结果保存到变量 n 中,并且用 return n 将结果返回调用方;

第 7~9 行,提示用户输入这 3 个数;

第 10 行,调用平均值函数 average(),接收函数的返回值并保存到变量 ave 中;

第 11 行,输出变量 ave 的值。

1.6 类的定义与调用

为了使代码的编写更加方便和简洁,Python 语言引入了类的概念。

一般来说,我们可以使用 class 语句来创建一个类,class 之后为类的名称(通常首字母大写)并以冒号结尾。

例如,以下程序创建了一个车票类,并且定义了打印车票信息的方法 printinfo。

```
class Ticket():
    def __init__(self,checi,fstation,tstation,fdate,ftime,ttime):
        self.checi = checi
        self.fstation = fstation
        self.tstation = tstation
        self.fdate = fdate
        self.ftime = ftime
        self.ttime = ttime
    def printinfo(self):
        print("车次:",self.checi)
        print("出发站:", self.fstation)
        print("到达站:", self.tstation)
        print("出发日期:", self.fdate)
        print("出发时间:", self.ftime)
        print("到达时间:", self.ttime)
```

在类中可以定义所使用的方法。类的方法与普通的函数相似,只有一个区别——它们必须有额外的第一个参数,按照惯例,这个参数的名称是 self。

在类中,init()方法是一种特殊的方法,被称为类的初始化方法,当启动这个类的实例时就会自动调用该方法。

在类中,self 代表类的实例,self 在定义类的方法时是必须有的,只是在调用时不必传入相应的参数。

以下是类的对象的创建示例,在这里,创建了 t1 和 t2 两个车票对象,并且定义了这两个对象的六个属性,即车次、出发站、到达站、出发日期、出发时间和到达时间。

```
#创建 t1 车票对象并赋值
t1 = Ticket("G11","xian","beijing",'2022-01-20','13:00','18:00')
#创建 t2 车票对象并赋值
t2 = Ticket("T11","xian","beijing",'2022-01-21','13:00','19:00')
```

然后,就可以使用"类名.方法"来调用对象的属性了,例如:

```
t1.printinfo()
t2.printinfo()
```

以上代码可以输出 t1 和 t2 这两张车票的详细信息。

1.7 列表、元组和字典

1.7.1 列表的基本概念

在 Python 语言中,列表是包含多个数据项的对象。列表是可变的,这意味着它们的取值可以在程序运行中随时改变。

列表是动态数据结构,也就是说在列表中可以添加元素或删除元素。我们可以在程序中通过索引、切片来处理列表中的元素。

列表由中括号"["和"]"标识,中括号中可以包含多个数据项,这些数据项称为列表中的元素,元素之间要用英文逗号","隔开(注:不能用中文逗号)。定义列表的语法格式如下:

列表名 = [元素 1,元素 2, …,元素 n]

例如,以下语句定义了一个有 5 个偶数元素的列表:

even_numbers = [2,4,6,8,10]

在列表中元素的数据类型不限,可以是整数、浮点数,也可以是字符串。例如,以下语句定义了一个包含 5 个元素的字符串列表:

nams = ['alice','john','molly','kelly','steven']

列表里面也可以容纳不同类型的元素,例如:

teacher = ['alice',28,6380.5]

以上这个列表包含了一个字符串、一个整数和一个浮点数。

我们可以使用 print()函数输出整个列表的所有元素,只要用圆括号将列表名包围起来即可。例如,图 1-64 所示的程序定义并且输出了三个列表。

这个程序很简单,第 1、3、5 行定义列表,第 2、4、6 行则输出相应的列表,运行结果如图 1-65 所示。

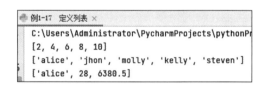

```
例1-17 定义列表.py ×
1   even_numbers = [2,4,6,8,10]
2   print(even_numbers)
3   names = ['alice','jhon','molly','kelly','steven']
4   print(names)
5   teacher = ['alice',28,6380.5]
6   print(teacher)
```

图 1-64　定义列表的程序

```
例1-17 定义列表 ×
C:\Users\Administrator\PycharmProjects\pythonPr
[2, 4, 6, 8, 10]
['alice', 'jhon', 'molly', 'kelly', 'steven']
['alice', 28, 6380.5]
```

图 1-65　定义列表程序的运行结果

1.7.2 索引

访问列表中的某个元素的方法是使用索引。列表中每个元素都有一个指定其在列表中的位置的索引值。索引值从 0 开始,即第 1 个元素的索引值为 0,第 2 个元素的索引值为 1,第 3 个元素的索引值为 2,以此类推。最后一个元素的索引值比列表中的元素数量少 1。

如图 1-66 所示的程序输出列表中的第 1 个(索引值为 0)、第 3 个(索引值为 2)和第 5 个元素(索引值为 4)。这个程序的运行结果如图 1-67 所示。

```
例1-18 访问列表中的元素.py ×
1   names = ['alice','jhon','molly','kelly','steven']
2   print(names[0],names[2],names[4])
```

图 1-66 访问列表中指定位置的元素

```
例1-18 访问列表中的元素 ×
C:\Users\Administrator\Pyc
alice molly steven
```

图 1-67 访问列表中元素的程序的运行结果

如图 1-68 所示的程序使用循环遍历输出列表中的每一个元素的值,这个循环程序的运行结果如图 1-69 所示。

```
例1-19 用循环输出列表的每个元素.py ×
1   names = ['alice','jhon','molly','kelly','steven']
2   index = 0
3   while index < 5:
4       print(names[index])
5       index = index + 1
```

图 1-68 用循环输出列表中每一个元素的程序

```
例1-19 用循环输出列表的每个元素 ×
C:\Users\Administrator\Pycha
alice
jhon
molly
kelly
steven
```

图 1-69 用循环输出列表中每一个元素的结果

在 Python 语言中,有一个名为 len()的内置函数,可以返回一个列表的长度,即列表中元素的数量。例如,以下两行代码输出的结果是列表 names 中元素的数量,其结果为 5。

```
names = ['alice','jhon','molly','kelly','steven']
print(len(names))
```

我们也可以利用 len()函数来遍历列表中的元素,源代码如图 1-70 所示。

```
例1-20 用len()函数遍历列表中的元素.py ×
1   names = ['alice','jhon','molly','kelly','steven']
2   index = 0
3   while index < len(names):
4       print(names[index])
5       index = index + 1
```

图 1-70 用 len()函数遍历列表中的元素

1.7.3 改变列表中元素的值

我们也可以使用赋值语句"列表名[索引值]=表达式"来改变列表中指定索引值的元素的值,程序如图 1-71 所示。

这个程序改变了列表中第 1 个和第 3 个元素的值,其运行的结果如图 1-72 所示。

```
例1-21 改变列表中的元素.py ×
1   even_numbers = [2,4,6,8,10]
2   print(even_numbers)
3   even_numbers[0] = 12
4   even_numbers[2] = 16
5   print(even_numbers)
```

图 1-71 改变列表中的元素

```
例1-21 改变列表中的元素 ×
C:\Users\Administrator\Pych
[2, 4, 6, 8, 10]
[12, 4, 16, 8, 10]
```

图 1-72 改变列表中元素的值的结果

1.7.4 连接列表

我们可以用运算符"+"将两个列表连接在一起,其示例如图 1-73 的程序所示。运行结果如图 1-74 所示。

```
例1-22 连接列表.py ×
1   list1 = [1,2,3,4]
2   list2 = [5,6,7,8]
3   list3 = list1 + list2
4   print(list3)
```

图 1-73 连接列表程序

```
例1-22 连接列表 ×
C:\Users\Administrator\Pycha
[1, 2, 3, 4, 5, 6, 7, 8]
```

图 1-74 连接列表程序的运行结果

同理,对于元素为字符串的两个列表也可以进行连接运算。示例程序如图 1-75 所示,其运行结果如图 1-76 所示。

```
例1-23 连接字符串列表.py ×
1   names1 = ['alice','jhon','molly']
2   names2 = ['kelly','steven']
3   names3 = names1 + names2
4   print(names3)
```

图 1-75 连接元素为字符串的列表

```
例1-23 连接字符串列表 ×
C:\Users\Administrator\PycharmProjects\pythonPr
['alice', 'jhon', 'molly', 'kelly', 'steven']
```

图 1-76 连接元素为字符串的列表的运行结果

1.7.5 列表切片

列表切片是指从一个列表中取出一组元素。通过从一个列表中截取切片,我们可以从列表中得到一组元素。列表切片语句的语法格式如下:

列表名[起点:终点]

其中,起点是指切片第 1 个元素的索引值,终点则是指标记切片结尾的索引值。这个表达式返回一个列表,它包含了从起点开始直到(但不包括)终点的元素的副本。

如图 1-77 所示是列表切片的一个示例程序。这个程序使用表达式"days[1:5]"从一个星期列表的七天当中截取第 2 天(索引值为 1)至第 6 天(索引值为 5)这 5 个工作日,并且将结果保存到列表 work_days 中,然后输出列表 work_days。其运行结果如图 1-78 所示。

```
例1-24 列表切片.py ×
1   days = ['Sunday','Monday','Tuesday','Wednesday',
2           'Thursday','Friday','Saturday']
3   work_days = days[1:5]
4   print(work_days)
```

图 1-77 列表切片示例程序

```
例1-24 列表切片 ×
C:\Users\Administrator\PycharmProjects\pythonProject\venv\
['Monday', 'Tuesday', 'Wednesday', 'Thursday', 'Friday']
```

图 1-78 列表切片示例程序的运行结果

1.7.6 在列表中查找元素

在 Python 语言中,我们可以使用 in 操作符在列表中查找某个元素,其查找表达式的语法格式如下:

项目 in 列表名

其中,项目是需要查找的元素。如果能够在列表中找到这个项目,则这个表达式的运算结果为逻辑值 True(真);否则,如果不能在列表中找到这个项目,则这个表达式的运算结果为逻辑值 False(假)。

使用 in 操作符在列表中查找一个元素的示例程序如图 1-79 所示。

在这个从列表查找元素的程序中:

第 1、2 行,定义了包含一个星期七天的列表 days;

第 3 行,定义字符串变量 day1,取值为"Friday";

第 4～7 行,判断 day1(即"Friday")是否属于列表 days 中的一个元素。如果是,执行第 5 行,即显示"找到了 Friday";否则执行第 7 行,即显示"没有找到 Friday";

第 9 行,定义字符串变量 day2,取值为"Holiday";

第 10～13 行,判断 day2(即"Holiday")是否属于列表 days 中的一个元素。如果是,执行第 11 行,即显示"找到了 Holiday";否则执行第 13 行,即显示"没有找到 Holiday"。

这个程序的运行结果如图 1-80 所示。

```python
days = ['Sunday', 'Monday', 'Tuesday', 'Wednesday',
        'Thursday', 'Friday', 'Saturday']
day1 = 'Friday'
if day1 in days:
    print('找到了', day1)
else:
    print('没有找到', day1)

day2 = 'Holiday'
if day2 in days:
    print('找到了', day2)
else:
    print('没有找到', day2)
```

图 1-79　使用 in 操作符在列表中查找一个元素　　　图 1-80　查找元素程序的结果

1.7.7　元组

元组的结构非常像列表,也是一个序列。元组与列表的主要区别是元组中的元素是不能修改的。这意味着一旦创建了一个元组,它就不能改变。当创建一个元组时,需要用一对英文圆括号"("和")"将元组的所有元素括起来,示例程序如图 1-81 所示。

```python
even_numbers = (2,4,6,8,10)
print(even_numbers)
names = ('alice','jhon','molly','kelly','steven')
print(names)
teacher = ('alice',28,6380.5)
print(teacher)
```

图 1-81　创建元组

这个程序也很简单,第 1、3、5 行定义元组,第 2、4、6 行则输出相应的元组,运行结果如

图 1-82 所示。

```
例1-26 创建元组 ×
C:\Users\Administrator\PycharmProjects\pythonPro
(2, 4, 6, 8, 10)
('alice', 'jhon', 'molly', 'kelly', 'steven')
('alice', 28, 6380.5)
```

图 1-82　创建元组程序的运行结果

事实上,除了那些会改变列表内容的操作之外,元组支持所有与列表相同的操作。这些操作包括索引、内置函数、切片、in 操作符等。

1.7.8　字典

在 Python 语言中,字典(dict)是一种可变的容器,可以保存任意类型的对象,如字符串、数字、元组等。字典也被称为关联数组。

字典是由键(key)与其对应值(value)成对地组成的。字典中的每一个键与其对应值之间用冒号分隔,每一个键与其对应值组成一对,每一对之间用逗号分隔,整个字典包括在一对英文花括号"{"和"}"中。基本语法如下:

dict = {key1:value1, key2:value2, key3:value3, … }

注意:字典中的元素是无序的。在字典中,键(key)必须唯一,可以通过键找到对应的值(value)。例如,我们可以用如图 1-83 所示的程序定义和访问字典中的元素。

```
例1-27 定义字典.py ×
1  dict = {"name":"kelly","sex":"女","telephone":"0818-12345678"}
2  print(dict["name"],dict["sex"])
```

图 1-83　定义和访问字典中的元素

这个程序的运行结果如图 1-84 所示。

```
例1-27 定义字典 ×
C:\Users\Administrator\Pyc
kelly 女
```

图 1-84　定义和访问字典中的元素的结果

我们可以直接用赋值语句修改字典中某个键(key)对应的值,示例程序如图 1-85 所示。

```
例1-28 更新字典中的值.py ×
1  dict = {"name":"kelly","sex":"女","telephone":"0818-12345678"}
2  print("修改前:",dict)
3  dict["name"]="小芳"
4  print("修改后:",dict)
```

图 1-85　更新字典中的值

这个程序第 1 行定义了一个有 name、sex 和 telephone 等 3 个键及其对应值的字典;第 2 行输出修改前的字典;第 3 行修改字典中键 name 的对应值为"小芳";第 4 行输出修改后的字典。这个程序的运行结果如图 1-86 所示。

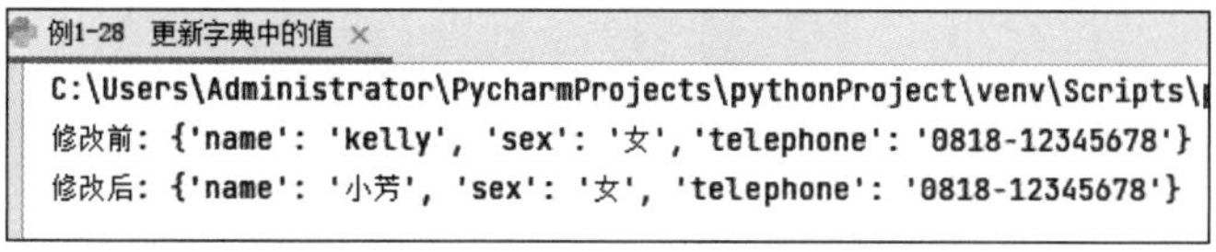

```
例1-28 更新字典中的值 ×
C:\Users\Administrator\PycharmProjects\pythonProject\venv\Scripts\
修改前: {'name': 'kelly', 'sex': '女','telephone': '0818-12345678'}
修改后: {'name': '小芳', 'sex': '女', 'telephone': '0818-12345678'}
```

图 1-86　更新字典中的值的运行结果

1.8　小结与练习

在本章中我们首先介绍了 Python 语言的优点、安装方法,引入了 IDLE 和 PyCharm 这两种集成开发环境,然后依次简要地介绍了 Python 的基础知识,包括基本语句、流程控制语句、函数、类、列表、元组和字典等。

请根据你所掌握的知识,编写并调试实现以下功能的 Python 程序:

(1) 使用循环语句计算:

$1+3+5+\cdots+999=?$

(2) 使用循环语句把以下唐诗重复输出 10 次:

静夜思

李白

床前明月光,

疑是地上霜。

举头望明月,

低头思故乡。

(3) 列表遍历操作:

定义一个包含 10 种动物名称的列表,然后检查列表中是否包含 tiger 这种动物。

第 2 章

Tkinter图形化界面库

2.1　Tkinter 图形化界面库简介

Tkinter 是 Python 的标准图形用户界面（Graphical User Interface，GUI）库，使用 Tkinter 库可以快速创建 GUI 应用程序。因为 Tkinter 库已经内置在 Python 安装包中，所以只要安装好 Python 就能使用 Tkinter 库。如果需要设计简单的图形界面，使用 Tkinter 库就能够应付自如。

图形用户界面是采用图形方式显示的计算机操作用户界面。与早期计算机使用的键盘的命令行界面相比，图形界面对于用户来说在视觉上更为直观，更容易接受。例如，Windows 系统自带的扫雷游戏和扑克牌游戏都属于图形化界面程序。

图形用户界面是一种人与计算机交互的界面显示方式，允许用户使用鼠标等输入设备操纵屏幕上的按钮或菜单选项，以选择命令、调用文件、启动程序或执行其他一些日常任务。与通过键盘输入文本或字符命令来完成例行任务的字符界面相比，图形用户界面有许多优点。图形用户界面由窗口、图形、文本、按钮、下拉菜单、对话框等控件及其相应的控制机制构成。

在 Tkinter 库中，提供了多种常用控件，控件也称为组件。简要说明如表 2-1 所示。

表 2-1　Tkinter 常用控件

控　件	简　要　说　明
Button	按钮控件，用于在窗口中显示按钮
Canvas	画布控件，用于显示图形元素，如线条、文本、图形
CheckButton	复选框控件，用于在窗口中提供复选框
Entry	输入控件，用于输入文本
Frame	框架控件，在屏幕上显示一个矩形区域，用来作为容器
Label	标签控件，用于显示文本和位图
Listbox	列表框控件，用于显示一个字符串列表
Menu	菜单控件，用于显示菜单栏、下拉菜单和弹出菜单
Menubutton	菜单按钮控件，用于显示菜单项
Message	消息控件，用于显示多行文本
RadioButton	单选按钮控件，用于显示一个单选按钮
Scale	范围控件，定义一个滑动条，以帮助用户设置数值

续表

控　件	简　要　说　明
Scrollbar	滚动条控件,定义一个滑动条
Text	文本控件,定义一个文本框
Toplevel	此控件与 Frame 控件类似,可以作为其他控件的容器
Spinbox	输入控件,与 Entry 类似,但是可以指定输入范围值
PanedWindow	窗口布局管理控件,可以包含一个或多个子控件
LabelFrame	容器控件,常用于复杂的窗口布局
tkmessagebox	消息框控件,用于显示应用程序的消息框

在 Tkinter 库的控件中,还提供了相应的属性和方法,其中标准属性是所有控件所拥有的共同属性,例如大小、字体和颜色。Tkinter 控件的标准属性如表 2-2 所示。

表 2-2　Tkinter 控件的标准属性

属　性	描　述
dimension	控件大小
color	控件颜色
font	控件字体
anchor	锚点,即光标停靠的位置
relief	控件样式
bitmap	位图
cursor	光标

2.2　按钮控件、标签控件和框架控件

在 Python 中,按钮控件(Button)用于创建按钮,按钮内可以显示文字或图片。而标签控件(Label)则用于在窗口中显示文字。

图 2-1 是在窗口中创建一个标签和一个按钮的 Python 程序。

```
import tkinter
root = tkinter.Tk()
label=tkinter.Label(root,text="\n 落花有意, 流水无情! \n\n")
label.pack()
button1=tkinter.Button(root,text="按钮")
button1.pack(side=tkinter.BOTTOM)
root.mainloop()
```

图 2-1　在窗口中创建一个按钮

第 1 行,导入 Tkinter 库;

第 2 行,创建名称为 root 的窗口;

第 3 行,在窗口 root 中创建名称为 label 的标签,标签的文字为"落花有意,流水无情!"其中"\n"代表换行;

第 4 行,调用 pack()方法显示 label 标签;

第 5 行,创建一个名称为 button1 的按钮,按钮的文字为"按钮";

第 6 行,调用 pack()方法显示按钮 button1,按钮靠窗口的底部对齐;

第 7 行,调用 mainloop()方法进入主循环,不停地显示所有控件。

这个程序的运行效果如图 2-2 所示。

当执行以上程序时,单击其中的"按钮",计算机并没有任何反应,原因是这个程序中尚未指定单击"按钮"时相应执行的代码。因此,我们把这个程序改进为如图 2-3 所示。

图 2-2　在窗口中创建一个按钮
　　　　程序运行的效果

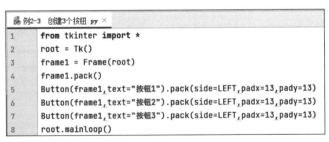

图 2-3　在窗口中创建一个"关闭"按钮

```
import tkinter
root = tkinter.Tk()
label=tkinter.Label(root,text="\n 落花有意，流水无情！ \n\n")
label.pack()
button1=tkinter.Button(root,text="关闭",command=root.quit)
button1.pack(side=tkinter.BOTTOM)
root.mainloop()
```

这个程序与前面的程序相比,仅仅修改了第 5 行代码,在括号中把按钮显示的文字改为"关闭",并且加入了命令"command=root. quit",即在单击这个按钮时关闭窗口 root。

修改后的程序的运行效果如图 2-4 所示,此时单击"关闭"按钮即可关闭窗口。

框架控件(Frame)是屏幕上的一个矩形区域,用来作为容器。把 Frame 控件与 pack()方法配合,可以在框架控件中指定控件的位置,即在将控件放置在框架控件 Frame 内之前,规划控件在框架中的位置。用户创建了一个父框架控件 frame 后,就可以把其他子控件依次放入其中。

使用 pack()方法时,控件的对齐方式由 side 属性指定,可以是 TOP(向上对齐)、BOTTOM(向下对齐)、LEFT(向左对齐)或 RIGHT(向右对齐)。而控件之间的距离可以由 padx(水平方向)和 pady(竖直方向)属性来定义。

在窗口中创建 3 个按钮的示例程序如图 2-5 所示。

图 2-4　"关闭"按钮程序
　　　　的运行效果

```
from tkinter import *
root = Tk()
frame1 = Frame(root)
frame1.pack()
Button(frame1,text="按钮1").pack(side=LEFT,padx=13,pady=13)
Button(frame1,text="按钮2").pack(side=LEFT,padx=13,pady=13)
Button(frame1,text="按钮3").pack(side=LEFT,padx=13,pady=13)
root.mainloop()
```

图 2-5　在窗口中创建 3 个按钮

第 1 行,导入 Tkinter 库;

第 2 行,创建名称为 root 的窗口;

第 3 行,在窗口 root 中创建名称为 frame1 的框架控件;

第 4 行,调用 pack()方法显示 frame1;

第 5 行,创建一个文字为"按钮 1"的按钮,靠左对齐,控件之间水平方向的距离为 13 个像素,控件之间竖直方向的距离为 13 个像素；

第 6 行,创建一个文字为"按钮 2"的按钮,靠左对齐,控件之间水平方向的距离为 13 个像素,控件之间竖直方向的距离为 13 个像素；

第 7 行,创建一个文字为"按钮 3"的按钮,靠左对齐,控件之间水平方向的距离为 13 个像素,控件之间竖直方向的距离为 13 个像素；

第 8 行,调用 mainloop()方法进入主循环,不停地显示所有控件。

这个创建 3 个按钮的程序的运行效果如图 2-6 所示。

图 2-6　创建 3 个按钮的程序的运行效果

2.3　输入控件

输入控件(Entry)是一个可以让用户输入文本的矩形区域,即填空栏。输入控件用于在图形化界面中获得用户输入的信息。一般情况下,在图形化界面中可以有一个或多个输入控件,用户可以单击某个输入控件来填写其中的文本。

输入控件的属性为 textvariable,即文本。此属性为用户输入的文字,或者是要显示在输入控件中的文字。

获取输入控件中的文本的方法为 get(),用这个方法可以读取输入控件内的文字。

下面以一个简易计算器程序为例,介绍 Entry 控件的使用方法。完整的代码如图 2-7 所示。

```
例2-4  简易计算器.py ×
1    from tkinter import *
2    win = Tk()
3    frame = Frame(win)
4
5    def calc():
6        result = "= " + str(eval(expression.get()))
7        label.config(text = result)
8
9    label = Label(frame)
10   entry = Entry(frame)
11   expression = StringVar()
12   entry["textvariable"] = expression
13   button1 = Button(frame,text="等于",command=calc)
14   entry.focus()
15   frame.pack()
16   entry.pack()
17   label.pack(side=LEFT)
18   button1.pack(side=RIGHT)
19   frame.mainloop()
```

图 2-7　简易计算器程序

第 1 行,导入 Tkinter 库；

第 2 行,创建窗口 win；

第 3 行,在窗口 win 中创建框架 frame;

第 5 行,定义函数 calc(),第 6、7 行都是这个函数包含的代码;

第 6 行,根据用户输入的表达式进行计算,并且将计算结果转换为字符串,保存到字符串变量 result 中;

第 7 行,将计算结果显示在标签控件 label 上;

第 9 行,在框架 frame 上创建一个标签控件 label;

第 10 行,在框架 frame 上创建一个输入控件 entry;

第 11 行,读取用户输入的表达式;

第 12 行,将用户输入的表达式显示在 entry 控件上;

第 13 行,创建一个"等于"按钮 button1,当用户单击这个按钮时即会调用 calc()函数显示计算结果;

第 14 行,将 entry 控件设置为焦点,让用户在这里输入计算公式;

第 15 行,调用 pack()方法显示框架 frame;

第 16 行,调用 pack()方法显示 entry 控件;

第 17 行,调用 pack()方法显示标签控件 label,并且向左对齐;

第 18 行,调用 pack()方法显示按钮控件 button1,并且向右对齐;

第 19 行,调用 mainloop()方法进入主循环,不停地显示所有控件。

这个程序的运行示例如图 2-8 所示。在文本框中输入需要计算的公式,然后单击"等于"按钮,即可根据用户输入的公式进行计算,并输出结果。

图 2-8　简易计算器程序的运行示例

2.4　Radiobutton 控件

单选按钮控件(Radiobutton)用于创建一个单选按钮。为了让一组单选按钮可以执行相同的功能,必须设置这组单选按钮的 variable 属性为相同的值,value 属性则是各单选按钮的数值。

如图 2-9 所示,这个程序是一个有四种动物可供选择的程序,窗口中有四个单选按钮供用户选择,并且用一个标签返回用户选择的结果。

第 1 行,导入 Tkinter 库;

第 2 行,创建窗口 win;

第 4 行,定义一个列表,共包含四种动物;

第 6 行,定义一个 YourSelection()函数,这个函数包含第 7、8 行代码;

第 7 行,获取用户的选择,并将用户选择的结果放到字符串变量 choice 中;

第 8 行,将用户选择的结果送到标签 label 中显示;

第 10 行,创建一个整数型变量 var;

第11、12行，显示第1种动物的名称。当用户单击相应的单选按钮时，则会调用YourSelection()函数，显示用户选择的动物名称，即"elephant"（大象）；

第13、14行，显示第2种动物的名称。当用户单击相应的单选按钮时，则会调用YourSelection()函数，显示用户选择的动物名称，即"lion"（狮子）；

第15、16行，显示第3种动物的名称。当用户单击相应的单选按钮时，则会调用YourSelection()函数，显示用户选择的动物名称，即"tiger"（老虎）；

第17、18行，显示第4种动物的名称。当用户单击相应的单选按钮时，则会调用YourSelection()函数，显示用户选择的动物名称，即"leopard"（猎豹）；

第20行，创建一个标签label；

第21行，显示标签label；

第22行，调用mainloop()方法进入主循环，不停地显示所有控件。

这个程序的运行效果如图2-10所示。

```
例2-5 Radiobutton控件.py ×
1   from tkinter import *
2   win = Tk()
3
4   animals = ["elephant","lion","tiger","leopard"]
5
6   def YourSelection():
7       choice = "Your choice is: " + animals[var.get()]
8       label.config(text = choice)
9
10  var = IntVar()
11  Radiobutton(win,text=animals[0],variable=var,
12  value=0,command=YourSelection).pack(anchor=W)
13  Radiobutton(win,text=animals[1],variable=var,
14  value=1,command=YourSelection).pack(anchor=W)
15  Radiobutton(win,text=animals[2],variable=var,
16  value=2,command=YourSelection).pack(anchor=W)
17  Radiobutton(win,text=animals[3],variable=var,
18  value=3,command=YourSelection).pack(anchor=W)
19
20  label = Label(win)
21  label.pack()
22  win.mainloop()
```

图2-9 单选按钮程序　　　　　图2-10 单选按钮程序的运行效果

2.5 绘图控件

绘图控件（Canvas）又称为画布，用于绘制与显示图形，如线条、三角形、矩形、多边形、椭圆等。请注意：Python的绘图控件的坐标系与数学中的平面直角坐标系不一样。如图2-11所示，在Python的绘图控件的平面坐标系中，只有一个象限，左上角为原点。在画布上点的位置用(x,y)表示，其中，横坐标x从左向右递增，纵坐标y则从上向下递增。

绘制线条的示例程序如图2-12所示。

第1行，导入Tkinter库；

第2行，创建一个名称为win的窗口；

第 3 行,定义一个绘图控件(画布);

第 4 行,在画布上绘制一条折线,起点坐标为(20,20),折点坐标为(80,80),终点坐标为(320,100),线条的宽度为 3,颜色为红色;

第 5 行,显示画布;

第 6 行,调用 mainloop()方法进入主循环,不停地显示所有控件。

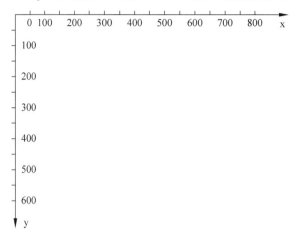

图 2-11　绘图控件的坐标系

```
例2-6  绘制线条.py ×
1    from tkinter import *
2    win = Tk()
3    canvas = Canvas(win)
4    canvas.create_line(20,20,80,80,320,100,width=3,fill="red")
5    canvas.pack()
6    win.mainloop()
```

图 2-12　绘制线条

绘制折线程序的运行效果如图 2-13 所示。

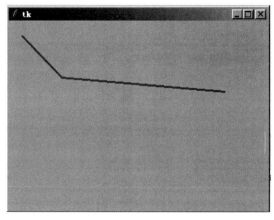

图 2-13　绘制折线程序的运行效果

绘制三角形的示例程序如图 2-14 所示。这个程序的运行效果如图 2-15 所示。

第 1 行,导入 Tkinter 库;

```
例2-7 绘制三角形.py ×
1    from tkinter import *
2    win = Tk()
3    canvas = Canvas(win)
4    canvas.create_polygon(200,20,80,100,320,100,outline="blue",
5    splinesteps=1,fill="green")
6    canvas.pack()
7    win.mainloop()
```

图 2-14　绘制三角形

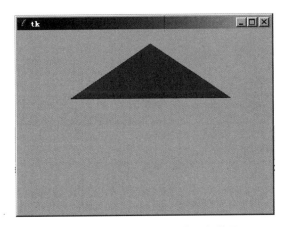

图 2-15　绘制三角形程序的运行效果

第 2 行,创建一个名称为 win 的窗口;

第 3 行,定义一个绘图控件(画布);

第 4、5 行,绘制一个三角形,3 个顶点的坐标分别为(200,20)、(80,100)和(320,100),线条为蓝色,线条宽度为 1,填充颜色为绿色;

第 6 行,显示画布;

第 7 行,调用 mainloop()方法进入主循环,不停地显示所有控件。

绘制椭圆的示例程序如图 2-16 所示。

```
例2-8 绘制椭圆.py ×
1    from tkinter import *
2    win = Tk()
3    canvas = Canvas(win)
4    canvas.create_oval(80,80,350,250,outline="blue",fill="green")
5    canvas.pack()
6    win.mainloop()
```

图 2-16　绘制椭圆

第 1 行,导入 Tkinter 库;

第 2 行,创建一个名称为 win 的窗口;

第 3 行,定义一个绘图控件(画布);

第 4 行,绘制一个椭圆,椭圆所在的矩形区域左上角的坐标为(80,80),椭圆所在的矩形区域右下角的坐标为(350,250),线条为蓝色,填充颜色为绿色;

第 5 行,显示画布;

第 6 行,调用 mainloop()方法进入主循环,不停地显示所有控件。

绘制椭圆程序的运行效果如图 2-17 所示。

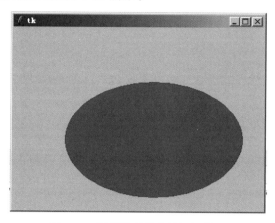

图 2-17 绘制椭圆程序的运行效果

如果要绘制一个圆形,则只要将以上程序的第 4 行代码中的椭圆所在的矩形区域定义为正方形区域即可。完整的绘制圆形的示例程序如图 2-18 所示,其中,正方形区域左上角的坐标为(80,80),正方形区域右下角的坐标为(200,200)。绘制圆形程序的运行效果如图 2-19 所示。

```python
例2-9 绘制圆形.py ×
1    from tkinter import *
2    win = Tk()
3    canvas = Canvas(win)
4    canvas.create_oval(80,80,200,200,outline="blue",fill="green")
5    canvas.pack()
6    win.mainloop()
```

图 2-18 绘制圆形

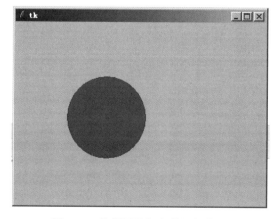

图 2-19 绘制圆形程序的运行效果

绘制矩形的示例程序如图 2-20 所示。

第 1 行,导入 Tkinter 库;

第 2 行,创建一个名称为 win 的窗口;

```
例2-10 绘制矩形.py ×
1    from tkinter import *
2    win = Tk()
3    canvas = Canvas(win)
4    canvas.create_rectangle(80,80,320,200,outline="blue",fill="red")
5    canvas.pack()
6    win.mainloop()
```

图 2-20　绘制矩形

第 3 行,定义一个绘图控件(画布);

第 4 行,绘制一个矩形,矩形左上角的坐标为(80,80),矩形右下角的坐标为(320,200),线条为蓝色,填充颜色为红色;

第 5 行,显示画布;

第 6 行,调用 mainloop()方法进入主循环,不停地显示所有控件。

绘制矩形程序的运行效果如图 2-21 所示。

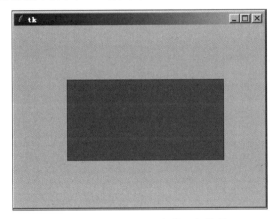

图 2-21　绘制矩形程序的运行效果

2.6　Tkinter 的事件

本书共剖析 20 个 Python 的游戏程序,而游戏中角色的动作主要是通过键盘事件或鼠标事件来触发的。事件(Event)是指程序运行过程中发生的事件,例如,用户敲击键盘上的某个按键、单击鼠标、移动鼠标等。对于键盘事件和鼠标事件,游戏程序需要作出响应。

Tkinter 库提供的控件通常都有自己可以识别的事件,例如,当某个按钮被单击时会执行特定的操作;又如,当一个输入控件成为焦点,而用户又在键盘上输入了某些按键时,用户输入的内容就会显示在输入控件内。

Python 的键盘事件如表 2-3 所示。

表 2-3　键盘事件

事 件 名 称	说　明
KeyPress	当按下键盘上的某个按键时触发
KeyRelease	当释放键盘上的某个按键时触发

Python 的鼠标事件如表 2-4 所示。

表 2-4 鼠标事件

事 件 名 称	说 明
ButtonPress	当按下鼠标的某个键时触发
ButtonRelease	当释放鼠标的某个键时触发
Motion	当用鼠标拖动某个控件时触发
Enter	当鼠标指针移进某个控件时触发
Leave	当鼠标指针移出某个控件时触发
MouseWheel	当鼠标滚轮滚动时触发

在 Python 程序中,我们可以创建事件处理函数,并且令这个处理函数绑定事件来执行相应的操作。例如,响应键盘事件 KeyPress 的示例程序如图 2-22 所示。

第 1 行,导入 Tkinter 库;

第 2 行,创建一个名称为 printkey()的函数,这个函数仅包含第 3 行代码;

第 3 行,显示你按下了某个键;

第 5 行,创建窗口 root;

第 6 行,在窗口 root 中创建一个输入控件 entry;

第 7 行,绑定键盘事件 KeyPress,当触发键盘事件时调用 printkey()函数;

第 8 行,调用 pack()方法显示 entry 控件;

第 9 行,调用 mainloop()方法进入主循环,不停地显示所有控件。

这个程序的运行效果如图 2-23 所示。

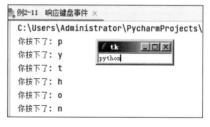

图 2-22 响应键盘事件   图 2-23 响应键盘事件程序的运行效果

响应鼠标事件的示例程序如图 2-24 和图 2-25 所示。(注:本程序较长,故分为两张图)

第 1 行,导入 Tkinter 库;

第 2～5 行,定义单击鼠标左键的处理函数,用标签 label1 显示"你单击了鼠标左键",用标签 label2 显示当前鼠标指针的 x 坐标,用标签 label3 显示当前鼠标指针的 y 坐标;

第 7～10 行,定义单击鼠标右键的处理函数,用标签 label1 显示"你单击了鼠标右键",用标签 label2 显示当前鼠标指针的 x 坐标,用标签 label3 显示当前鼠标指针的 y 坐标;

第 12 行,创建一个名称为 win 的窗口;

第 13 行,创建一个宽度为 400,高度为 300 的框架 frame;

第 14 行,绑定单击鼠标左键的事件,当单击鼠标左键时调用 leftbutton()函数;

第 15 行,绑定单击鼠标右键的事件,当单击鼠标右键时调用 rightbutton()函数;

```
例2-12 响应鼠标事件.py ×
1    from tkinter import *
2    def leftbutton(event):
3        label1["text"]="你单击了鼠标左键"
4        label2["text"]="x = " + str(event.x)
5        label3["text"]="y = " + str(event.y)
6
7    def rightbutton(event):
8        label1["text"]="你单击了鼠标右键"
9        label2["text"]="x = " + str(event.x)
10       label3["text"]="y = " + str(event.y)
11
12   win = Tk()
13   frame=Frame(win,width=400,height=300)
14   frame.bind("<Button-1>",leftbutton)
15   frame.bind("<Button-3>",rightbutton)
```

图 2-24 响应鼠标事件程序

```
16
17   label1 = Label(frame,text='你没有单击鼠标')
18   label1.place(x=20,y=40)
19   label2 = Label(frame,text=' ')
20   label2.place(x=20,y=60)
21   label3 = Label(frame,text=' ')
22   label3.place(x=20,y=80)
23
24   frame.pack(side=TOP)
25   win.mainloop()
```

图 2-25 响应鼠标事件程序(续)

第 17、18 行,创建标签 label1,初始值为"你没有单击鼠标",位置为(20,40);

第 19、20 行,创建标签 label2,初始值为空白,位置为(20,60);

第 21、22 行,创建标签 label3,初始值为空白,位置为(20,80);

第 24 行,显示框架 frame,并向上对齐;

第 25 行,调用 mainloop()方法进入主循环,不停地显示所有控件。

响应鼠标事件程序的运行效果如图 2-26 所示。

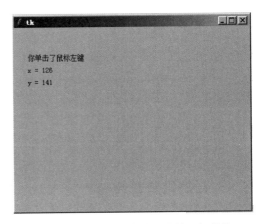

图 2-26 响应鼠标事件程序的运行效果

2.7 用 Tkinter 显示图片

在设计游戏程序时,我们除了需要响应键盘事件和鼠标事件外,也需要在游戏画面中显示各种游戏角色的图片。

在 Tkinter 窗口中,可以利用标签控件的图像属性来显示图片,示例程序如图 2-27 所示。

```
例2-13 显示图片.py ×
1    import tkinter as tk
2
3    win = tk.Tk()
4    win.geometry("400x280")
5    photo = tk.PhotoImage(file="bird.png")
6    imageLabel = tk.Label(win, image=photo)
7    imageLabel.pack(side=tk.LEFT)
8
9    win.mainloop()
10
```

图 2-27 利用标签控件显示图片的程序

第1行,导入 Tkinter 图形界面库;

第3行,创建窗口 win;

第4行,设置窗口的大小为 400×280;

第5行,加载小鸟图片 bird.png;

第6行,把小鸟图片 bird.png 导入到 win 窗口的标签控件 imageLabel 中;

第7行,用 pack() 方法设置标签控件 imageLabel 的对齐方式为靠左对齐;

第9行,调用 mainloop() 方法进入主循环,不停地显示 Tkinter 窗口中的所有控件。

这个程序的运行效果如图 2-28 所示。

图 2-28　利用标签控件显示图片的效果

2.8　几何布局管理器

Tkinter 几何布局管理器用于组织和管理父控件中子控件的布局方式。Tkinter 提供了 3 种不同风格的几何布局管理器,即 pack、grid 和 place。

2.8.1　pack 几何布局管理器

pack 几何布局管理器采用块的方式组织控件,根据子控件创建生成的顺序将其放在快速生成的界面中。

如果调用子控件的方法是 pack(),则该子控件在其父控件中采用 pack 布局:

```
pack(option = value, …)
```

pack() 方法提供了如表 2-5 所示的若干参数选项。

表 2-5　pack() 方法提供的参数选项

选　　　项	描　　　述	取 值 范 围
side	停靠在父控件的哪一侧	top、bottom、left、right
anchor	停靠位置,对应于东、南、西、北、西北、西南、东南、东北、中央	e、s、w、n、nw、sw、se、ne、center
fill	填充空间	x、y、both、none
expand	扩展空间	0 或 1

续表

选　项	描　述	取 值 范 围
ipadx、ipady	控件内部在 x/y 方向上填充的空间大小	单位为 c(厘米)、m(毫米)、i(英寸)、p(打印机的点数)
padx、pady	控件外部在 x/y 方向上填充的空间大小	单位为 c(厘米)、m(毫米)、i(英寸)、p(打印机的点数)

例如,在图 2-27 所示的显示图片程序中,第 7 行用 pack()方法设置标签控件 imageLabel 的对齐方式为靠左对齐,即 pack()方法括号中的参数设置为 side＝tk.LEFT,因此小鸟图片在窗口的左侧显示。

2.8.2　grid 几何布局管理器

grid 几何布局管理器采用表格结构组织控件。子控件的位置由行/列确定的单元格决定,子控件可以跨越多行/列。在每一列中,列宽由这一列中最宽的单元格确定。grid 几何布局管理器适合表现表格形式的布局,可以实现复杂的界面,因此被广泛地采用。

如果调用子控件的方法是 grid(),则该子控件在其父控件中采用 grid 布局:

grid(option = value, …)

grid()方法提供了如表 2-6 所示的若干参数选项。

表 2-6　grid()方法提供的参数选项

选　项	描　述	取 值 范 围
sticky	控件紧贴所在单元格的某一边角,对应于东、南、西、北、西北、西南、东南、东北、中央	e、s、w、n、nw、sw、se、ne、center
row	单元格行号	从 0 开始的整数
column	单元格列号	从 0 开始的整数
rowspan	行跨度	从 0 开始的整数
columnspan	列跨度	从 0 开始的整数
ipadx、ipady	控件内部在 x/y 方向上填充的空间大小	单位为 c(厘米)、m(毫米)、i(英寸)、p(打印机的点数)
padx、pady	控件外部在 x/y 方向上填充的空间大小	单位为 c(厘米)、m(毫米)、i(英寸)、p(打印机的点数)

grid 几何布局管理器有两个重要的参数,一个是 row,另一个是 column,用来指定把子控件放置到什么位置。如果不指定 row,则会把子控件放置到第 1 个可用的行上;如果不指定 column,则放置到第 0 列。

应用 grid 几何布局管理器的示例程序如图 2-29 所示。

应用 grid 几何布局管理器的运行效果如图 2-30 所示。

```
例2-14 grid几何布局管理器.py ×
1    from tkinter import *
2    win = Tk()
3    win.geometry('200x200+280+280')
4    win.title('grid几何布局管理器示例')
5
6    L1=Button(win,text='红',width=8,bg='red')
7    L2=Button(win,text='黄',width=8,bg='yellow')
8    L3=Button(win,text='蓝',width=8,bg='blue')
9    L4=Button(win,text='绿',width=8,bg='green')
10
11   L1.grid(row=0,column=0)     #按钮放置在第0行第0列
12   L2.grid(row=0,column=1)     #按钮放置在第0行第1列
13   L3.grid(row=1,column=0)     #按钮放置在第1行第0列
14   L4.grid(row=1,column=1)     #按钮放置在第1行第1列
15
16   win.mainloop()
17
```

图 2-29　应用 grid 几何布局管理器的示例程序

图 2-30　应用 grid 几何布局管理器的运行效果

2.8.3　place 几何布局管理器

place 几何布局管理器允许直接指定控件的大小和位置。place 几何布局管理器的优点是可以精确地控制控件的位置，不足之处是改变窗口大小时，子控件不能灵活地改变大小。

如果调用子控件的方法是 place()，则该子控件在其父控件中采用 place 布局：

place(option = value, …)

place()方法提供了如表 2-7 所示的若干参数选项。

表 2-7　place()方法提供的参数选项

选　　项	描　　述	取 值 范 围
x，y	把控件放置到绝对坐标(x，y)处	从 0 开始的整数
relx，rely	把控件放置到相对坐标(x，y)处	0～1.0
height，width	高度和宽度	单位为像素
anchor	对齐方式，对应东、南、西、北、西北、西南、东南、东北、中央	e、s、w、n、nw、sw、se、ne、center

应用 place 几何布局管理器的示例程序如图 2-31 所示。

应用 place 几何布局管理器的运行效果如图 2-32 所示。

```
例2-15 place几何布局管理器.py ×

1    import tkinter
2    win = tkinter.Tk()
3    win.geometry('200x100+280+280')          #指定窗口的宽度和高度
4    win.title('place几何布局管理器示例')
5
6    L1=tkinter.Label(win,text='用户名',width=6)      #创建标签控件1
7    E1=tkinter.Entry(win,width=20)                  #创建输入控件1
8    L2=tkinter.Label(win,text='密码',width=6)        #创建标签控件2
9    E2=tkinter.Entry(win,width=20,show="*")          #创建输入控件2
10   B1=tkinter.Button(win,text='登录',width=8)       #创建按钮控件1
11   B2=tkinter.Button(win,text='取消',width=8)       #创建按钮控件2
12
13   L1.place(x=1,y=1)        #把标签控件1放置到绝对坐标为(1,1)处
14   E1.place(x=45,y=1)       #把输入控件1放置到绝对坐标为(45,1)处
15   L2.place(x=1,y=20)       #把标签控件2放置到绝对坐标为(1,20)处
16   E2.place(x=45,y=20)      #把输入控件2放置到绝对坐标为(45,20)处
17   B1.place(x=40,y=40)      #把按钮控件1放置到绝对坐标为(40,40)处
18   B2.place(x=110,y=40)     #把按钮控件2放置到绝对坐标为(110,40)处
19
20   win.mainloop()
21
```

图 2-31　应用 place 几何布局管理器的示例程序

图 2-32　应用 place 几何布局管理器的运行效果

2.9　小结与练习

本章首先介绍了 Tkinter 图形化界面库，然后逐一分析了按钮控件、标签控件、输入控件、框架控件、单选按钮控件、绘图控件、键盘事件、鼠标事件、显示图片和几何布局管理器等编程知识，并给出了各个常用控件编程的示例程序。

请根据你所掌握的知识，编写并调试实现以下功能的 Python 程序。

（1）请用 Tkinter 图形化界面设计一个简易的乘法运算程序。窗口中有 2 个输入栏、1 个"计算"按钮和一个标签。在第 1 个输入栏中填写被乘数，在第 2 个输入栏中填写乘数。当单击"计算"按钮时，会执行乘法运算并在标签处显示运算结果。

（2）在窗口中创建 2 个按钮，第 1 个按钮的文字为"正方形"，第 2 个按钮的文字为"圆"。当按下第 1 个按钮时，在窗口中显示一个绿色的正方形；当按下第 2 个按钮时，在窗口中显示一个红色的圆。

第 **3** 章

Pygame游戏开发平台

3.1 Pygame 游戏开发平台简介

能吸引游戏玩家目光的,往往是动画类的游戏。如果需要设计配有动画和声音的游戏,可以通过专门为 Python 设计的 Pygame 游戏开发平台来编程实现。Pygame 游戏库的标志如图 3-1 所示。Pygame 的官方网站是 www.pygame.org。

图 3-1　Pygame 游戏库的标志

绝大多数的计算机游戏,其本质都是在窗口中绘制图形,检查游戏中的角色之间的碰撞情况,监测来自键盘或鼠标的事件,并根据各种预先设定的游戏规则作出响应,决定下一步的游戏动画的绘制方法和播放声音(例如爆炸声)等。

准确地说,Pygame 游戏库是一个功能强大的 Python 游戏开发平台,它提供了许多实用的游戏开发工具。借助 Pygame 游戏库,在屏幕上显示背景图片、显示游戏角色的动画、以及监听鼠标或键盘的事件、播放声音等功能,都可以轻松地实现。

Pygame 游戏库是一个跨平台的 Python 库,专为开发电子游戏而设计。它建立在 SDL (Simple DirectMedia Layer)的基础上,允许实时研发电子游戏而不被低级语言束缚,可以让开发者把精力集中在游戏架构的设计上。

Pygame 游戏库的主要模块如下:

(1) Pygame 初始化函数。Pygame 游戏库会自动导入其他的 Pygame 相关模块。Pygame 游戏库包括 surface 函数,可以返回一个新的 surface 对象。初始化函数 init() 是 Pygame 游戏的核心,必须在进入游戏的主循环之前调用。初始化函数 init() 会自动初始化其他相关模块。

(2) Pygame.locals 模块。Pygame.locals 模块包括在 Pygame 库作用域内使用的名称

（变量），包括事件类型、按键和视频模式等的名称。

（3）Pygame.display 模块。Pygame.display 模块包括处理 Pygame 显示方式的函数，可以选择普通窗口模式和全屏模式。Pygame.display 中一些常用的方法如下：

flip：更新显示。

update：更新屏幕上显示的图形时需要使用 update。

set_mode：设定显示的类型和尺寸。

set_caption：设定 Pygame 窗口的标题。

get_surface：调用 flip 和 blit 方法前返回一个可用于画图的表面（surface）对象。

（4）Pygame.font 模块。Pygame.font 模块包括 font 字体处理函数，用于设定文字的字体。

（5）Pygame.sprite 模块。Pygame.sprite 即游戏精灵，被 group 对象用作 sprite 对象的容器。调用 group 对象的 update 对象时，会自动调用所有 sprite 对象的 update 方法。

（6）Pygame.mouse 模块。Pygame.mouse 模块用于隐藏鼠标符号，或者获取鼠标位置。

（7）Pygame.event 模块。Pygame.event 模块用于响应事件，包括移动鼠标、单击鼠标按钮事件、按下某个键和释放某个键等事件。

（8）Pygame.image 模块。Pygame.image 模块用于处理保存在 GIF、PNG 或者 JPEG 文件内的图像。

3.2 安装 Pygame

在 Windows 系统中安装 Pygame 的方法很简单，只要在 DOS 命令行中输入以下命令即可：

```
pip install pygame
```

Pygame 的安装过程如图 3-2 所示。

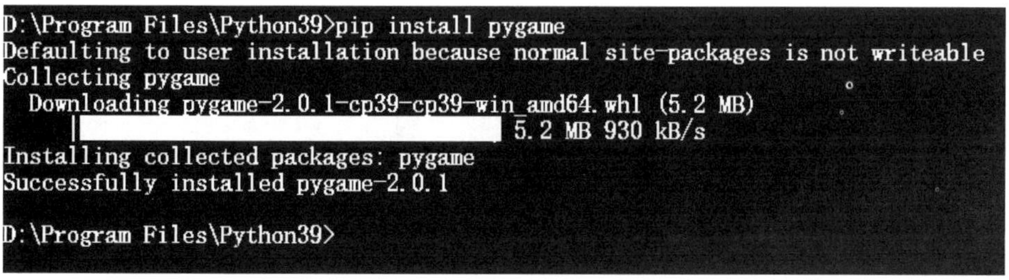

```
D:\Program Files\Python39>pip install pygame
Defaulting to user installation because normal site-packages is not writeable
Collecting pygame
  Downloading pygame-2.0.1-cp39-cp39-win_amd64.whl (5.2 MB)
     |                              | 5.2 MB 930 kB/s
Installing collected packages: pygame
Successfully installed pygame-2.0.1

D:\Program Files\Python39>
```

图 3-2　Pygame 的安装过程

3.3 用 Pygame 绘制几何图形

推出 Pygame 游戏开发平台的目的是让游戏角色的图形和动画的创建变得更容易。对于大多数游戏而言，设计者主要的精力往往花在响应玩家的输入以及对游戏角色的图案的刷新绘制上。游戏程序不断地执行循环，在每一个循环中都会在屏幕上重新绘制游戏角色的图案。

在 Pygame 游戏库中,表面(surface)是屏幕上可以进行绘图的区域,Pygame 的图片导入就是通过调用 pygame.image.load()函数来实现的,这一操作将会返回一个可用的表面对象。尽管图片源文件的格式可能各不相同,但是表面对象能够把这些差异隐藏、封装起来。我们可以对表面对象进行绘制、填充、变形以及复制等多种操作。

在 Pygame 游戏库中包含了一系列用于处理基本图形的函数,使我们可以轻松地绘制圆形、长方形、多边形等几何图形。当我们绘制图形时,可以定义线条的粗细,还可以对图形指定填充的颜色。

在 Pygame 游戏库中绘制图形之前,必须使用 pygame.display.get_surface()函数创建游戏主窗口所对应的表面。接着,可以使用 surface.fill()函数向表面填充背景颜色。

在表面上绘制圆形使用 pygame.draw.circle()函数,这个函数包括五个参数:(1)绘制圆形对应的表面的名称。(2)圆形线条的颜色,如红色(255,0,0)。(3)圆心的横坐标和纵坐标。(4)圆的半径。(5)线条的宽度,如果取值为 0 表示填充。

绘制圆形的典型示例代码如下:

```
pygame.draw.circle(screen,(255,0,0),(100,100),30,0)
```

以上 Python 代码的功能是在名称为 screen 的表面对象上绘制一个圆形。线条的颜色为(255,0,0),即红色;圆心的横坐标和纵坐标分别为 100 和 100,半径为 30,并用红色填充整个圆形。

一个用 Pygame 库绘制圆形的完整的 Python 程序如图 3-3 所示。

```python
import pygame
import sys
from pygame.locals import *
from random import randint
pygame.init()

awindow=pygame.display.set_mode((400,300))
pygame.display.set_caption("Hello Pygame")
surface=pygame.display.get_surface()

clock=pygame.time.Clock()

while True:
    clock.tick(30)
    for event in pygame.event.get():
        if event.type==QUIT:
            pygame.quit()
            quit()
    surface.fill((255,255,255))
    r=randint(0,255)
    g=randint(0,255)
    b=randint(0,255)
    color=pygame.Color(r,g,b)
    pygame.draw.circle(surface,color,(200,160),80,0)
    pygame.display.update()
```

图 3-3 绘制圆形的 Python 程序

第 1 行,导入 Pygame 库;

第 2 行,导入 sys 库,这个库包含本例所需的 quit()方法;

第 3 行,导入 Pygame 库的相关模块;

第 4 行,导入 random 库,用于产生随机数;

第 5 行,对 Pygame 库进行初始化;

第 7 行,定义窗口的高度和宽度为 400×300;

第 8 行,设置窗口的标题为"Hello Pygame";

第 9 行,定义表面对象,用于让后面的代码在表面上绘制图形;

第 11 行,对时钟进行初始化;

第 13 行,创建一个永远运行的循环;

第 14 行,设置时钟的触发间隔为每秒 30 次;

第 15 行,检测键盘和鼠标事件;

第 16~18 行,判断事件是否为关闭窗口事件,如果是,则退出程序;

第 19 行,填充表面为白色;

第 20~23 行,生成一个随机的颜色,并将颜色值保存到变量 color 中;

第 24 行,绘制一个圆心位于坐标(200,160),半径为 80 的圆,并且填充颜色 color;

第 25 行,更新表面,即对表面重新进行绘制。

执行第 25 行后跳回到第 13 行,重复执行循环。

以上程序的运行结果如图 3-4 所示,将循环地绘制各种不同颜色的圆形。

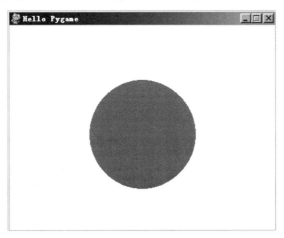

图 3-4 绘制圆形程序的运行结果

如果要绘制长方形,则需要使用 pygame. draw. rect()函数。pygame. draw. rect()函数包含四个参数:表面对象名称、线条的颜色、长方形左上角的横坐标和纵坐标、长方形的长和宽。绘制长方形的典型示例代码如下:

```
pygame.draw.rect(screen,(255,0,0),(250,150,300,200),0)
```

以上 Python 代码的功能是在名称为 screen 的表面对象上绘制一个长方形,线条的颜色为(255,0,0),即红色;长方形左上角的横坐标和纵坐标分别为 250 和 150;长和宽分别为 300 和 200;并用红色填充整个长方形。

用 Pygame 库绘制长方形的完整的 Python 程序如图 3-5 所示。

绘制长方形的程序.py

```
1  import pygame
2  import sys
3  from pygame.locals import *
4  from random import randint
5  pygame.init()
6
7  screen = pygame.display.set_mode((600,600))
8  pygame.display.set_caption("Hello Pygame")
9  surface=pygame.display.get_surface()
10
11 clock=pygame.time.Clock()
12
13 while True:
14     clock.tick(30)
15     for event in pygame.event.get():
16         if event.type==QUIT:
17             pygame.quit()
18             quit()
19     surface.fill((255,255,255))
20     r=randint(0,255)
21     g=randint(0,255)
22     b=randint(0,255)
23     color=pygame.Color(r,g,b)
24     position_width_height = (randint(0,500),randint(0,500),randint(0,500),randint(0,500))
25     pygame.draw.rect(screen, color, position_width_height, 0)
26     pygame.display.update()
```

图 3-5 绘制长方形的程序

第 1 行，导入 Pygame 库；

第 2 行，导入 sys 库，这个库包含本例所需的 quit()方法；

第 3 行，导入 Pygame 库的相关模块；

第 4 行，导入 random 库，用于产生随机数；

第 5 行，对 Pygame 库进行初始化；

第 7 行，定义窗口的高度和宽度为 600×600；

第 8 行，设置窗口的标题为“Hello Pygame”；

第 9 行，定义表面对象，用于让后面的代码在表面上绘制图形；

第 11 行，对时钟进行初始化；

第 13 行，创建一个永远保持运行状态的循环；

第 14 行，设置时钟的触发间隔为每秒 30 次；

第 15 行，检测键盘和鼠标事件；

第 16～18 行，判断事件是否为关闭窗口事件。如果是，则退出程序；

第 19 行，填充表面为白色；

第 20～23 行，生成一个随机的颜色，并将颜色值保存到变量 color 中；

第 24 行，随机地生成长方形左上角的坐标、宽度和高度，并将各参数保存到变量 position_width_height 中；

第 25 行，绘制长方形，并填充颜色 color；

第 26 行，更新表面，即对表面进行重新绘制。

第 26 行语句执行后，跳回到第 13 行，重复执行循环。

以上程序的运行结果如图 3-6 所示,会不停地在窗口中的不同位置上绘制大小不等、颜色各异的长方形。

图 3-6　绘制长方形程序的运行结果

3.4　用 Pygame 显示文字

除了可以使用 Pygame 游戏库在屏幕上绘制图形以外,我们也可以使用 Pygame 游戏库在窗口中指定的位置上显示文字。

要将文字正确地放到表面上显示,需要使用 pygame.font.Font()函数创建一个字体对象,然后使用字体对象的 font.render()函数将文字渲染为图形,最后使用 blit()函数显示渲染生成的图形。

用 Pygame 游戏库显示文字的示例程序如图 3-7 所示。

第 1 行,导入 Pygame 库;

第 2 行,导入 Pygame 库的相关模块;

第 4 行,初始化 Pygame 库;

第 6 行,创建一个 400×300 的窗口;

第 7 行,设置窗口的标题为"Hello Pygame";

第 8 行,创建一个表面对象;

第 9 行,将表面对象的背景填充为白色;

第 11 行,创建一个字体对象,字体为默认字体 None,并将字体大小设置为 36;

```
用pygame模块显示文字.py ×
1    import pygame
2    from pygame.locals import *
3
4    pygame.init()
5
6    screen = pygame.display.set_mode((400,300))
7    pygame.display.set_caption("Hello Pygame")
8    surface=pygame.display.get_surface()
9    surface.fill((255,255,255))
10
11   font=pygame.font.Font(None,36)
12   text1=font.render("Welcome to Pygame",1,(100,121,200))
13   screen.blit(text1,(100,100))
14   pygame.display.update()
15
```

图 3-7　用 Pygame 游戏库显示文字

第 12 行,将要显示的文字指定为"Welcome to Pygame",将文字颜色的 RBG 代码指定为(100,121,200),即浅蓝色,然后渲染为图形;

第 13 行,使用 blit()函数将图形绘制到窗口中坐标为(100,100)的位置上;

第 14 行,更新表面,即对表面进行重新绘制。

以上程序的运行结果如图 3-8 所示,在窗口中显示浅蓝色的文字"Welcome to Pygame"。

图 3-8　在窗口中显示文字的效果

3.5　用 Pygame 显示图片

在使用 Pygame 游戏库在窗口中显示图片之前,首先需要用 pygame.image.load()函数导入图片。这个函数可以支持 jpg、png、gif、bmp、pcx、tif、tga 等多种格式的图片。

例如,导入一个名称为 space.png 的图片,其 Python 代码如下:

photo = pygame.image.load("space.png").convert_alpha()

convert_alpha()方法使用透明的方法来绘制前景对象,当我们需要导入一个有透明(alpha)通道的图像文件时(如 PNG 或 TGA 格式的图片文件),就需要使用 convert_alpha()方法。当然,普通格式的图片也可以使用这个方法,用了也不会产生什么副作用。

图片导入完成之后，可以使用 Surface 对象的 blit()函数显示图片。命令格式如下：

```
screen.blit(photo,(x,y))
```

第一个参数是导入完成的图片文件名，第二个参数是图片左上角的坐标。

用 Pygame 游戏库显示图片的示例程序如图 3-9 所示。

```
用pygame模块显示图片.py ×
1   import sys, random, math, pygame
2   from pygame.locals import *
3
4   pygame.init()
5   screen = pygame.display.set_mode((400,400))
6   pygame.display.set_caption("Star Space")
7
8   space = pygame.image.load("space.jpg").convert_alpha()
9
10  while True:
11      for event in pygame.event.get():
12          if event.type == QUIT:
13              pygame.quit()
14              quit()
15
16      screen.blit(space,(0,0))
17      pygame.display.update()
18
```

图 3-9　用 Pygame 游戏库显示图片

第 1 行，导入 Pygame、sys、math 和 random 等库；

第 2 行，导入 Pygame 库的相关库；

第 4 行，初始化 Pygame 库；

第 5 行，创建一个大小为 800×800 的窗口；

第 6 行，设置窗口的标题为"Star Space"；

第 8 行，导入文件名为"space.jpg"（夜空）的图片文件；

第 10 行，创建一个永远保持运行状态的循环；

第 11 行，检测键盘和鼠标事件；

第 12～14 行，判断事件是否为关闭窗口事件。如果是，则退出程序；

第 16 行，使用 blit()函数显示图形；

第 17 行，更新表面，即对表面进行重新绘制。

第 17 行语句执行后跳到第 10 行，重复执行循环。

以上显示图片程序的运行效果如图 3-10 所示。

如果要同时显示多幅图片，方法很简单。只要首先使用 pygame.image.load()函数分别导入这些图片，然后再分别使用 blit()函数逐一显示图片即可。

图 3-10　显示图片程序的运行效果

例如，我们需要同时在窗口中显示 spring.jpg（春天）和 bird.png（可爱的小鸟）这两幅图片，则 Python 程序如图 3-11 所示。

```
同时显示两幅图片.py ×
1    import pygame
2    from pygame.locals import *
3
4    pygame.init()
5    screen = pygame.display.set_mode((600,400))
6    background = pygame.image.load("spring.jpg").convert_alpha()
7    target = pygame.image.load("bird.png").convert_alpha()
8    screen.blit(background,(0,0))
9    screen.blit(target,(150,150))
10
11   while True:
12       for event in pygame.event.get():
13           if event.type == QUIT:
14               pygame.quit()
15               quit()
16
17       pygame.display.update()
18
```

图 3-11　同时显示两幅图片的程序

第 1 行，导入 Pygame 库；

第 2 行，导入 Pygame 的相关模块；

第 4 行，初始化 Pygame 库；

第 5 行，创建一个大小为 600×400 的窗口；

第 6 行，导入文件名为"spring.jpg"（春天）的图片文件用作背景；

第 7 行，导入文件名为"bird.png"（可爱的小鸟）的图片文件；

第 8 行，显示背景图片；

第 9 行，在坐标(150,150)处显示可爱的小鸟图片；

第 11 行，执行一个永不停止的循环，不停地更新画面；

第 12～15 行，检测鼠标事件，如果是点击右上角的关闭按钮，则退出程序；

第 17 行，刷新屏幕。

同时显示两幅图片程序的运行效果如图 3-12 所示。

如果需要旋转图形，可以使用旋转函数 pygame.transform.rotate(photo,angle)来实现。这个旋转函数需要两个参数，第 1 个参数 photo 是图片，第 2 个参数 angle 是旋转的角度。旋转的角度以角度制为单位，即每旋转一圈的角度为 360°。

我们仍以 spring.jpg（春天）作为背景图片，令 bird.png（可爱的小鸟）图形作顺时针旋转。实现这一旋转效果的 Python 程序如图 3-13 所示。

第 1 行，导入 Pygame 库和 time 计时库；

第 3 行，初始化 Pygame 库；

第 4 行，创建一个大小为 600×400 的窗口；

第 5 行，导入文件名为"spring.jpg"（春天）的图片文件用作背景；

第 6 行，导入文件名为"bird.png"（可爱的小鸟）的图片文件；

图 3-12　同时显示两幅图片程序的运行效果

```
旋转图形.py ×
1    import pygame,time
2
3    pygame.init()
4    screen = pygame.display.set_mode((600,400))
5    background = pygame.image.load("spring.jpg").convert_alpha()
6    bird = pygame.image.load("bird.png").convert_alpha()
7
8    angle = 0
9    while True:
10       angle = angle - 10
11       rotate_bird = pygame.transform.rotate(bird, angle)
12       screen.blit(background, (0, 0))
13       screen.blit(rotate_bird, (150, 150))
14       pygame.display.update()
15       time.sleep(0.1)
16
```

图 3-13　实现让可爱的小鸟图形顺时针旋转的程序

第 8 行,设置旋转角度变量 angle 的初值为 0;

第 9 行,定义一个永不停止的循环,循环体包括第 10~15 行的所有代码;

第 10 行,以 10 为单位递减角度变量 angle 的值,即每执行一次循环就令小鸟图形顺时针旋转 $10°$;

第 11 行,根据角度变量 angle 的当前值旋转小鸟图形;

第 12 行,显示背景图片;

第 13 行,显示旋转之后的小鸟图形;

第 14 行,更新画面;

第 15 行,延时 0.1s,然后跳回到第 9 行,不停地重复执行循环。

3.6　用 Pygame 检测键盘事件

我们可以使用 pygame.event.get()函数来检测键盘的当前状态是否改变,当用户按下每一个按键时,Python 都会产生一个类型为 KEYDOWN 的事件。此时,可以通过 event.key 来获取此按键的键盘编码,也可以用 event.unicode 来获取此按键对应的字符。

检测键盘事件的示例程序如图 3-14 所示。这个程序可以用方向键控制小鸟的移动,即通过监测键盘的事件,用四个方向键来改变小鸟在图中的位置。当按下退出键 Esc 时,结束程序。

```
检测键盘事件移动图片的程序.py ×
1    import pygame, sys
2    pygame.init()
3
4    x=300
5    y=300
6    d=20
7    surface = pygame.display.set_mode((600,600))
8    pygame.display.set_caption('Pygame Keyboard')
9    background = pygame.image.load("spring.jpg").convert_alpha()
10   bird = pygame.image.load("bird.png").convert_alpha()
11
12   while True:
13       for event in pygame.event.get():
14           if event.type == pygame.KEYDOWN:
15               print(event.key)
16               if event.key == pygame.K_LEFT:
17                   x = x-d
18               if event.key == pygame.K_RIGHT:
19                   x = x+d
20               if event.key == pygame.K_UP:
21                   y = y-d
22               if event.key == pygame.K_DOWN:
23                   y = y+d
24               if event.key == pygame.K_ESCAPE:
25                   pygame.quit()
26                   sys.exit()
27       position = (x,y)
28       surface.blit(background,(0,0))
29       surface.blit(bird,(position))
30       pygame.display.update()
31
```

图 3-14　检测键盘事件的示例程序

第 1 行,语句导入 Pygame 和 sys 库;

第 2 行,初始化 Pygame 库;

第 4 行,定义小鸟初始位置的横坐标 x;

第 5 行,定义小鸟初始位置的纵坐标 y;

第 6 行,定义小鸟移动一步的距离 d;

第 7 行,创建一个表面对象,窗口大小为 600×600;

第 8 行,设置窗口标题为"Pygame Keyboard";

第 9 行,导入背景图片 spring.jpg;

第 10 行,导入小鸟图片 bird.png;

第 12 行,创建一个永远保持运行状态的循环;

第 13 行,检测 Pygame 键盘或鼠标事件;

第 14 行,判断事件的类型是否为按下了某个键的事件。如果是,则执行第 15～26 行的所有语句;

第 15 行,显示这个按键对应的编码;

第 16、17 行,判断用户是否按下了向左的方向键"←"(编码为 1073741904)。如果是,则将小鸟左移 1 步;

第 18、19 行,判断用户是否按下了向右的方向键"→"(编码为 1073741903)。如果是,则将小鸟右移 1 步;

第 20、21 行,判断用户是否按下了向上的方向键"↑"(编码为 1073741906)。如果是,则将小鸟上移 1 步;

第 22、23 行,判断用户是否按下了向下的方向键"↓"(编码为 1073741905)。如果是,则将小鸟下移 1 步;

第 24、26 行,判断用户是否按下了退出键"Esc"(编码为 27)。如果是,则结束程序;

第 27 行,更新小鸟的位置坐标;

第 28 行,显示背景图片;

第 29 行,显示小鸟图片;

第 30 行,刷新表面对象,即重新显示表面上的所有控件。

第 30 行的语句执行后,将跳回第 12 行语句,重复执行循环。

以上示例程序运行的效果如图 3-15 所示。运行这个检测键盘事件程序以后,每当用户按下某个按键时,在图 3-15 所示 IDLE 主窗口中就会显示这个按键对应的键盘编码。例如:按"←"键会显示"1073741904",按"→"键会显示"1073741903",按"↑"键会显示"1073741906",按"↓"键会显示"1073741905"。

图 3-15　显示按键所对应的编码

如果用户按下的是方向键,窗口中的小鸟就会随着方向键所指的方向移动,如图 3-16 所示;如果按下其他按键则仅仅显示键盘编码,而小鸟不会移动,如图 3-16 所示;如果按下 Esc 键则结束程序。

图 3-16 用方向键控制小鸟移动的结果

3.7 用 Pygame 检测鼠标事件

我们也可以使用 pygame.event.get()函数来检测鼠标的当前状态是否改变。每当用户移动鼠标或者单击鼠标时,都会触发一个 MOUSEMOTION 或 MOUSEDOWN 事件。此时,我们可以通过 pygame.mouse.get_pos()函数来获得当前鼠标指针的坐标,同时也可以用 pygame.mouse.get_press()函数来获得当前单击了鼠标的哪一个按键。

检测鼠标事件的示例程序如图 3-17 所示。这个程序显示一个会跟随鼠标移动的小鸟图形,即在主循环中不断检测鼠标指针的位置坐标,并且用这个坐标确定小鸟的位置。

```python
import pygame
import sys
from pygame.locals import *

pygame.init()

screen = pygame.display.set_mode((600,600))
pygame.display.set_caption("Hello Pygame")
surface = pygame.display.get_surface()
background = pygame.image.load("spring.jpg").convert_alpha()
bird = pygame.image.load("bird.png").convert_alpha()

while True:
    for event in pygame.event.get():
        position_mouse_x,position_mouse_y = pygame.mouse.get_pos()
        position = (position_mouse_x,position_mouse_y)
        screen.blit(background,(0,0))
        screen.blit(bird,(position))
        left_button,mid_button,right_button = pygame.mouse.get_pressed()
        if right_button:
            pygame.quit()
            sys.exit()
    pygame.display.update()
```

图 3-17 跟随鼠标移动的图形程序

第 1 行,导入 Pygame 库;

第 2 行,导入 sys 库;

第 3 行,导入 Pygame 库的相关模块;

第 5 行,初始化 Pygame 库;

第 7 行,定义一个名字为 screen,大小为 600×600 的窗口;

第 8 行,设置窗口的标题为"Hello Pygame";

第 9 行,创建一个表面对象 surface;

第 10 行,导入背景图片 spring.jpg;

第 11 行,导入小鸟图片 bird.png;

第 13 行,创建一个永不停止的循环;

第 14 行,检测是否有键盘或鼠标事件。如果有,则执行第 15～22 行的语句,否则不执行这几行语句;

第 15 行,获取当前鼠标指针位置的坐标;

第 16 行,设置小鸟的位置坐标为当前鼠标指针位置的坐标;

第 17 行,显示背景图片;

第 18 行,显示小鸟图片;

第 19 行,检测鼠标的按钮事件;

第 20～22 行,判断是否单击了鼠标右键。如果是,则退出程序;

第 23 行,刷新屏幕,重新显示所有控件。

第 23 行语句执行后,将跳回第 13 行语句,重新执行循环。

以上检测鼠标事件的示例程序运行时,用户移动鼠标指针,小鸟就会跟随鼠标移动;如果单击了鼠标右键,就会退出程序。

3.8 用 Pygame 播放音乐和声音

在计算机系统中,常用的音乐和声音文件有 WAV 格式和 MP3 格式。

WAV 文件是在 PC 机平台上很常见的、最经典的多媒体音频文件,最早于 1991 年 8 月出现在 Windows 3.1 操作系统上,文件扩展名为 WAV,是 WaveForm 的简写,也称为波形文件,可直接存储声音波形,还原的波形曲线十分逼真。WAV 文件格式简称 WAV 格式,是一种存储声音波形的数字音频格式,是由微软公司和 IBM 联合设计的,经过了多次修订,可用于 Windows、Macintosh、Linux 等多种操作系统。WAV 支持多种音频数字、采样频率和声道。标准格式化的 WAV 文件和 CD 格式一样,也是 44.1kHz 的取样频率,使用 16 位量化数字,因此声音文件质量和 CD 相差无几。WAV 的特点是真实记录自然声波形,基本无数据压缩,但是数据量大。

一般来说,由 WAV 文件还原而成的声音的音质取决于声卡的采样频率。采样频率越高,音质就越好,但开销就越大,WAV 文件也就越大。但 WAV 文件有一个致命的缺点,就是它所占用的磁盘空间太大(每分钟的音乐大约需要 12MB 的磁盘空间)。

MP3 是一种音频压缩技术，其全称是动态影像专家压缩标准音频层面 3（Moving Picture Experts Group Audio Layer 3），简称为 MP3。它用来大幅降低音频数据量。1991 年，位于德国埃尔朗根的研究组织 Fraunhofer-Gesellschaft 的一组工程师发明了 MP3 技术并进行了标准化。

MP3 利用人耳对高频声音信号不敏感的特性，将时域波形信号转换成频域信号，并划分成多个频段，对不同的频段使用不同的压缩率，对高频使用大压缩比（甚至忽略信号），对低频信号使用小压缩比，保证信号不失真。这样一来就相当于抛弃人耳基本听不到的高频声音，只保留能听到的低频部分，从而将声音用 1∶10 甚至 1∶12 的压缩率压缩。对于大多数用户而言，压缩后的音频与原始音频相比，音质并没有明显的下降。

在 Pygame 中，我们可以使用混音器库的 pygame.mixer.Sound() 函数导入 WAV 格式的声音文件，然后在混音器的某个通道 pygame.mixer.Channel(n) 中播放声音。也就是说，可以同一时间在多个不同的通道上播放声音。

同时播放两个 WAV 格式的声音文件的 Python 程序如图 3-19 所示。在这里，我们需要事先准备好 music1.wav 和 music2.wav 两个声音文件。

```
播放WAV声音文件.py ×
1    import pygame.mixer
2    from time import sleep
3
4    pygame.mixer.init(48000,-16,1,1024)
5
6    sound1 = pygame.mixer.Sound("music1.wav")
7    channelA=pygame.mixer.Channel(1)
8    channelA.play(sound1)
9
10   sound2 = pygame.mixer.Sound("music2.wav")
11   channelB=pygame.mixer.Channel(2)
12   channelB.play(sound2)
13
14   sleep(30)
15
```

图 3-19　同时播放两个 WAV 格式的声音文件

第 1 行，导入 pygame.mixer 混音器库；

第 2 行，导入 time 计时库；

第 4 行，初始化混音器，设置采样频率为 48kHz，16 位精度；

第 6 行，导入名称为 music1.wav 的声音文件；

第 7 行，创建第 1 个声音通道；

第 8 行，在声音通道 1 上播放 music1.wav 声音文件；

第 10 行，导入名称为 music2.wav 的声音文件；

第 11 行，创建第 2 个声音通道；

第 12 行，在声音通道 2 上播放 music2.wav 声音文件；

第 14 行，延时 30s，等待声音播放完毕。

如果要播放 MP3 格式的音乐文件，则首先要用 pygame.mixer.music.load() 函数导入 MP3 格式文件，然后就可以使用 pygame.mixer.music.play() 函数播放这个文件了。

播放 MP3 格式的音乐文件的示例程序如图 3-20 所示。在这里，我们也需要事先准备好一个名称为 music.mp3 的音乐文件。

播放MP3声音文件.py

```
1 import time
2 import pygame
3 pygame.mixer.init()
4 filename='music.mp3'
5 track = pygame.mixer.music.load(filename)
6 pygame.mixer.music.play()
7 time.sleep(60)
8 pygame.mixer.music.stop()
9
```

图 3-20 播放 MP3 格式的声音文件

第 1 行，导入 time 计时库；

第 2 行，导入 Pygame 库；

第 3 行，初始化混音器；

第 4 行，指定 mp3 音乐文件名为 music.mp3；

第 5 行，导入 mp3 音乐文件；

第 6 行，播放 mp3 音乐文件；

第 7 行，延时 60s；

第 8 行，停止播放音乐。

3.9 小结与练习

本章探讨了专门针对 Python 的 Pygame 游戏开发平台，包括使用 Pygame 显示文字、作图、检测键盘事件和鼠标事件以及播放声音等编程知识和程序实例。

(1) 请用 Pygame 在窗体中显示蓝色的文字“人生苦短，我用 Python!”

(2) 请用 Pygame 在窗体中画一个红色的五角星。

(3) 请用 Pygame 实现一只飞鸟在天空背景前面从左向右飞翔的动画。

(4) 请用 Pygame 播放一首你喜欢的歌曲(注：mp3 格式文件)。

第 **4** 章

设计猜数游戏

 亲爱的读者,本书前三章简要介绍了用 Python 语言编程所需要的基础知识。从本章起,我们将理论联系实际,从易到难、由浅入深地逐步介绍 20 个精彩游戏的详细的设计过程。

还等什么呢? 让我们马上出发,一起探索超好玩的 Python 游戏编程世界吧!

4.1 猜数游戏的玩法

首先,让我们一起来设计一个简单的游戏——猜数。

在这个猜数游戏程序中,首先由计算机随机地产生一个位于 1~999 之间的正整数,接着让游戏玩家通过键盘输入他(她)所猜的数。如果游戏玩家所猜的数比正确的答案大,则计算机会提示"Your answer is too large,please try again",即你所猜的数过大了,请再猜一次;反之,如果游戏玩家所猜的数比正确的答案小,则计算机会提示"Your answer is too small,please try again",即你所猜的数过小了,请再猜一次;然后让游戏玩家继续猜下去,直到猜中这个数。此时计算机会提示"Your answer is correct,very good",即你的答案正确,很好! 能在 10 次内猜出答案的都是游戏高手啊!

4.2 猜数游戏的设计思路

猜数游戏的设计思路如图 4-1 所示。

在这个简单的猜数游戏程序中,我们需要掌握并灵活运用以下的编程知识:

1. 随机生成一个 1~999 之间的正整数;

2. 提供与玩家交互的方式,让玩家可以通过键盘输入所猜的数;

3. 比较玩家输入的数与正确答案的大小,并输出比较的结果;

4. 如果玩家未猜对答案,跳回第 2 步,让玩家继续猜。

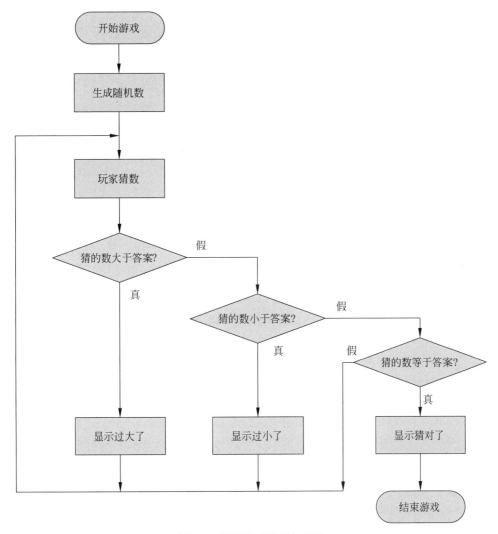

图 4-1　猜数游戏的设计思路

4.3　random 随机数库

如上所述,猜数游戏的第一个步骤就是要随机生成一个 1～999 之间的正整数。我们可以使用 random 库来产生一个随机数。

在 Python 语言中,库也称为模块,是预先编写好的一组实现某些特定功能的代码。在调用库之前需要使用 import 语句来导入库。import 语句必须放在 Python 程序的最前面。

使用 import 语句导入随机数库后,即可通过以下命令产生从第一个数 start 起至最后一个数 end 之间的一个随机的正整数:

```
n = random.randint(start,end)
```

例如,如果需要产生 10 个随机的位于 1～100 之间的正整数,使用如图 4-2 所示的 Python 程序即可。在这里,使用 for 循环语句,并用变量 i 作为循环的计数变量。

第 1 行,使用 import random 命令导入 random 库;

第 3 行,用一个 for 循环命令重复地执行循环体(即第 4、5 行),共 10 次;

第 4 行,生成一个位于 1～100 之间的随机的正整数,并且把结果保存到变量 random_number 中;

第 5 行,输出这个随机的正整数 random_number。

以上程序的运行结果如图 4-3 所示。

图 4-2 产生 10 个随机的位于 1～100 之间的正整数　　图 4-3 产生 10 个随机数程序的运行结果

4.4 猜数游戏程序的详细设计步骤

在 4.3 节中,我们学习了使用 random 库产生一个随机数的方法。在本节中,我们继续学习如何编写猜数游戏程序。

完整的 Python 猜数游戏程序如图 4-4 所示。

图 4-4 猜一个 1～999 之间的正整数游戏程序

第 1 行,导入 random 随机数库;

第 3 行,定义了一个整数型计数变量 i,初值为 0,用来记录游戏玩家已猜的次数;

第 4 行,随机地产生一个位于 1～999 之间的正整数,并且保存到变量 random_number 中;

第 5 行,定义一个永不终止的循环,让游戏玩家不断重复地猜数;

第 6 行,将整型变量 i 的当前值加 1,即每执行 1 次循环,将变量 i 的计数值加 1;

第 7 行,显示这是玩家第几次猜数;

第 8 行,提示"Please enter answer"并等待游戏玩家通过键盘输入所猜的数,然后保存到变量 answer 中;

第 9、10 行,判断游戏玩家所输入的数(answer)是否大于答案(random_number)。如果是,则显示"Your answer is too large,please try again."

第 11、12 行,判断游戏玩家所输入的数(answer)是否小于答案(random_number)。如果是,则显示"Your answer is too small,please try again."

第 13、14 行,用双等号"=="判断游戏玩家所输入的数(answer)是否等于答案(random_number)。如果是,则显示"Your answer is correct, very good!"

第 16 行,显示"Please try to guess another number."(请猜另一个数。)

第 18 行,将记录次数的变量 i 重置为 0;

第 19 行,生成另一个位于 1～999 之间的新的随机数,并且保存到变量 random_number 中。

当第 19 行语句执行完之后,将跳回到第 5 行,重复执行循环,即通过循环让游戏玩家再次猜数,并且根据有关的提示信息猜出正确的答案。

猜数游戏程序的运行示例如图 4-5 所示。

图 4-5　猜数游戏程序的运行示例

当我们玩这个猜数游戏程序时,为了尽快找到正确的答案,可以采用折半区间法,即根据游戏程序的提示信息逐步缩小所猜的数所在的取值范围,直到猜中答案为止。

在图 4-5 所示的示例中,第 1 次折半,填写 1～999 的中间数 500,结果屏幕显示"Your answer is too large,please try again",即这次猜得过大了,正确的答案应位于 1～500 之间;

第 2 次折半,填写 1～500 的中间数 250,结果屏幕显示"Your answer is too small,please try again",即这次猜得过小了,正确的答案应位于 250～500 之间;

第 3 次折半,填写 250～500 的中间数 375,结果屏幕显示"Your answer is too large,please try again",即这次猜得过大了,正确的答案应位于 250～375 之间;

······

以此类推,玩家可以每次都用折半区间法将所猜数所在的区间缩小一半,直到猜出正确的答案为止。

4.5　小结与练习

本章详细地剖析了猜数游戏程序的工作原理和设计步骤。

请参照本章给出的示例程序编写实现以下功能的 Python 程序:

(1) 产生 5 个随机的位于 100～200 之间的正整数。

(2) 计算机随机产生一个位于 1～9999 之间的正整数,让玩家猜出这个数,每猜 1 次就给出过大了或过小了的提示,直到猜对为止。请问最快多少次可以猜出答案?

第 **5** 章

设计猜谜语游戏

5.1 猜谜语游戏的玩法

亲爱的读者,相信你小时候一定玩过猜谜语游戏吧？每逢传统佳节——元宵节(即农历正月十五),神州大地都有闹元宵、猜灯谜的习俗。经常玩猜谜语游戏,可以提高玩家的想象力,乐趣无穷。

猜谜语游戏的玩法很简单,首先由谜语的出题者给出一个谜面,然后让答题者根据谜面猜出答案。如果猜不对,就让玩家继续猜,直到猜出正确答案为止。

5.2 猜谜语游戏的设计思路

猜谜语游戏的设计思路如图 5-1 所示。

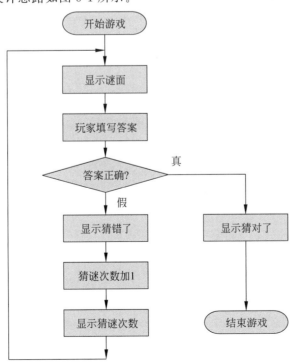

图 5-1 猜谜语游戏的设计思路

　　首先在屏幕上显示谜面,让玩家猜测并填写答案。如果玩家猜错了,则显示"很遗憾!猜错了",将猜谜次数加1,并显示当前已猜的次数,然后让玩家继续猜;如果玩家猜对了,则显示"猜对了! 你真棒!"并且结束游戏。

5.3　猜谜语游戏程序的详细设计步骤

　　最简单的仅有一个谜面的猜谜语游戏程序如图 5-2 所示。

```
例5-1  单个谜面的猜谜语程序.py ×
1   question = "谜面: 宋朝诗人陆游的诗句:"山重水复疑无路"的下一句是什么?"
2   answer = '柳暗花明又一村'
3   i = 0
4   while True:
5       print(question)
6       key = input("请输入答案: ")
7       if key == answer:
8           print("猜对了! 你真棒! ")
9           break
10      else:
11          print("很遗憾! 猜错了! ")
12          i = i + 1
13          print("你已经猜了 " + str(i) +" 次")
14
```

图 5-2　单个谜面的猜谜语程序

　　第 1 行,用字符串变量 question 保存谜面;
　　第 2 行,用字符串变量 answer 保存谜底;
　　第 3 行,定义一个整数型变量i,用于记录已猜谜的次数,其初始值为 0;
　　第 4 行,定义一个不停地重复运行的循环,循环体包括第 5~13 行的所有语句;
　　第 5 行,显示谜面;
　　第 6 行,等待用户输入答案;
　　第 7~9 行,用 if 命令判断答案是否正确。如果正确则显示"猜对了! 你真棒!"并用break 命令退出循环;
　　第 10~13 行,是当答案错误时,显示"很遗憾! 猜错了!"把猜谜次数变量 i 加1,然后显示"你已经猜了 i 次",并跳回到第 5 行,重复执行循环。
　　这个猜谜程序的运行示例如图 5-3 所示。
　　以上的程序过于简单,其中只有一个谜语。如果游戏玩家兴趣盎然,希望继续猜更多的谜语,那么,我们不妨改进一下猜谜语程序。
　　改进后的有 3 个谜语的猜谜语游戏程序如图 5-4 所示。
　　在这个改进后的猜谜语游戏程序中,第 1~3 行定义了一个列表 question 来保存谜面,用来保存 3 个谜面。请注意,如果某一行的 Python 代码太长,一行写不完,则要在该行结尾处加上一个反斜杠符号"\",并在下一行继续填写其余的代码;如果两行仍然写不完,可以继续使用反斜杠符号"\"来换行。在这里,因为第 1~3 行这条语句太长,所以第 1、2 行都用反斜杠"\"结尾,表示未完待续。

图 5-3 单个谜面的猜谜语程序的运行示例

图 5-4 有 3 个谜语的猜谜语游戏程序

第 4 行定义了一个 answer 列表，用来保存相应的 3 个谜底。在这里，使用了变量 i 来表示谜语的索引值，i 为从 0 开始的自然数，即列表变量 question[i] 表示该索引值对应的谜面，而列表变量 answer[i] 表示该索引值对应的谜底。

第 5～11 行使用一个 for 循环来逐次显示谜面并让用户猜谜。其中，第 6 行在屏幕上显示一条谜面，第 7 行等待用户输入答案；在第 8 行使用语句"if key＝＝answer[i]"来判断输入的答案是否正确并输出结果。请注意，比较两个字符串是否完全相等需要使用双等号"＝＝"。

猜谜语程序的运行示例如图 5-5 所示。

图 5-5 猜谜语程序的运行示例

但是，以上猜谜语程序过于简单，无论对错，每个谜语都仅仅给玩家提供一次猜谜的机会。因此，我们需要对这个猜谜语程序继续改进，使得每一个谜语最多可以猜 3 次，如果猜对了就转到下一个谜语；如果猜了 3 次仍然错误，则直接给出谜底并转到下一个谜语。

每个谜语最多可以猜 3 次，有 3 个谜语的猜谜语程序如图 5-6 所示。

```
例5-3  可以猜3次的猜谜语程序.py ×
1      question=['有个老公公，天亮就出工，傍晚才收工，无论春夏秋冬。',\
2               '有时挂在树梢，有时落在山腰，有时像面圆镜，有时像把镰刀。',\
3               '太阳公公本领强，天空水汽当纸张，画上一座大彩桥，高高挂在蓝天上。']
4      answer=['太阳','月亮','彩虹']
5      n=0
6      i=0
7      while i<3:
8          print('谜面：' + question[i])
9          key=input("请输入答案：")
10         if key==answer[i]:
11             print("猜对了！你真棒！")
12             i=i+1
13             n=0
14         else:
15             n=n+1
16             print("猜错了，已经猜了"+str(n)+"次")
17             if n>=3:
18                 print("对不起！你已经猜了3次，还是没有猜中。")
19                 print("谜底是："+answer[i])
20                 i=i+1
21                 n=0
22             else:
23                 print("请继续猜")
```

图 5-6　可以猜 3 次的猜谜语程序

第 1～9 行同上，仍然使用变量 i 来表示谜语的索引值，并且使用变量 n 表示某一个谜语已经猜过的次数。i 和 n 这两个变量的初值都设置为 0；

第 10～13 行，如果猜对了，则将变量 i 的数值加 1，并将变量 n 的值重置为 0，然后跳到下一个谜语；

第 14～16 行，如果猜错了，则将变量 n 的数值加 1 并放回变量 n，并且让用户继续猜同一个谜语；

第 17～21 行，如果 n 的数值大于或等于 3，则显示"对不起！你已经猜了 3 次，还是没有猜中"，直接显示谜底并跳到下一个谜语；

第 22、23 行，如果 n 的数值小于 3，则显示"请继续猜"，然后跳回到第 8 行。

可以猜 3 次的猜谜语程序的运行示例如图 5-7 所示。

```
例5-3  可以猜3次的猜谜语程序 ×
C:\Users\Administrator\PycharmProjects\pythonProject\venv\Sc
谜面：有个老公公，天亮就出工，傍晚才收工，无论春夏秋冬。
请输入答案：月亮
猜错了，已经猜了1次
请继续猜
谜面：有个老公公，天亮就出工，傍晚才收工，无论春夏秋冬。
请输入答案：金星
猜错了，已经猜了2次
请继续猜
谜面：有个老公公，天亮就出工，傍晚才收工，无论春夏秋冬。
请输入答案：太阳
猜对了！你真棒！
谜面：有时挂在树梢，有时落在山腰，有时像面圆镜，有时像把镰刀。
请输入答案：月亮
猜对了！你真棒！
谜面：太阳公公本领强，天空水汽当纸张，画上一座大彩桥，高高挂在蓝天上。
请输入答案：
```

图 5-7　可以猜 3 次的猜谜语程序的运行示例

5.4 小结与练习

本章剖析了猜谜语程序的工作原理和详细的设计过程。

（1）修改图 5-6 的示例程序中的谜面和谜底；

（2）把图 5-6 的示例程序"最多可以猜 3 次"改为"最多可以猜 5 次"；

（3）请参照本章的示例设计一个猜谜程序，要求能根据玩家所猜的次数给玩家打分：

第 1 次就猜中,得 100 分；第 2 次猜中,得 80 分；第 3 次才猜中,得 60 分；连续 3 次都猜不中,得 0 分。

第 6 章

设计看图猜成语游戏

在第 5 章,我们学习了编写猜谜语游戏程序的方法。但是这个猜谜语游戏程序的谜面是纯粹的文字,不是图片,对于游戏玩家尤其是小孩子来说不够直观和有趣。

在本章中,我们继续学习如何设计一个更好玩的猜谜游戏程序——看图猜成语的游戏程序。

6.1 Pillow 图像处理库

6.1.1 Pillow 图像处理库的安装

看图猜成语游戏程序需要显示图片,我们可以使用 Pillow 图像处理库来实现这一功能。

实际上,除了前面介绍的 Random 随机数库以外,Python 语言还提供了许多不同的库,从而大大加强其功能。

Pillow 库是 Python 专门用于处理图像的库。虽然 Pillow 库是 PIL 图像处理库的一个派生分支,但是如今它已经发展成为比 PIL 图像处理库本身更具活力的库。

Pillow 库的官方网站是 https://github.com/python-pillow/pillow。

Pillow 库的安装方法很简单,只要在 DOS 的命令提示符后面输入"pip install pillow"即可。安装完成后,请在 DOS 的命令提示符后面输入"pip list",检查当前的计算机安装了哪些 Python 库。结果屏幕上将会出现如图 6-1 所示的画面。

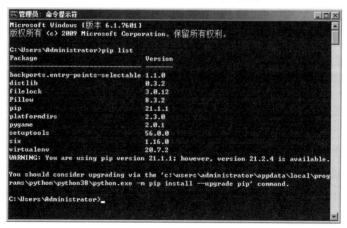

图 6-1 查看已经安装的库

图 6-1 表明,已经成功安装了 Pillow 库,其当前的版本是 8.3.2。

在 PyCharm 中安装 Pillow 库的方法请参考本书第 1 章的 1.2.6 节。

6.1.2 Pillow 图像处理库的应用

在调用 Pillow 库之前,首先需要使用以下两行语句导入 pillow 库。

```
import PIL                    # 导入 PIL 库
from PIL import Image         # 从 PIL 库中导入 Image 图像处理子模块
```

首先,我们一起来编写一个最简单的图像处理程序,即打开并且显示一个图片文件,其代码如图 6-2 所示。

```
例6-1 显示图片.py ×
1    import PIL
2    from PIL import Image
3
4    photo = Image.open('photo.png')
5    photo.show()
6
```

图 6-2 打开并且显示一张图片

第 1 行,导入 PIL 库;

第 2 行,从 PIL 库中导入 Image 图像处理子模块;

第 4 行,在当前文件夹中打开一个名为"photo.png"的图片文件,并且存放到名字为 photo 的图像变量中;

第 5 行,使用".show()"方法显示这个图片。

又如,我们可以在显示图片之前调整图片大小为 400×400,其代码如图 6-3 所示。新的代码与前面的代码相比增加了第 5 行,即通过".resize()"方法实现对图片大小的调整。

又如,需要分别两次调整图片的大小并且显示图片,第 1 次调整为 200×200,第 2 次调整为 400×400。我们可以使用如图 6-4 所示的程序来实现这一效果。

```
例6-2 调整图片大小.py ×
1    import PIL
2    from PIL import Image
3
4    photo = Image.open('photo.png')
5    photo = photo.resize((400,400))
6    photo.show()
7
```

图 6-3 调整图片的大小并显示图片

```
例6-3 两次调整图片大小并显示图片.py ×
1    import PIL
2    from PIL import Image
3
4    photo = Image.open('photo.png')
5    photo = photo.resize((200,200))
6    photo.show()
7
8    photo = photo.resize((400,400))
9    photo.show()
```

图 6-4 两次调整图片大小并显示图片

第 5 行、第 8 行分别使用了".resize()"方法来调整图片的大小。

如果我们需要显示调整大小后的图片,并且还要保存调整大小后的图片,可以编写如图 6-5 所示的程序。

第 1 行,导入 PIL 库;

第 2 行,从 PIL 库中导入 Image 图像处理子模块;

第 4 行,打开图片 photo.png;

第 5 行,把图片的大小调整为"200×200";

第 6 行,显示图片;

第 7 行,使用".save()"方法把图片保存为 photo1.png 文件;

第 9 行,把图片的大小调整为 400×400;

第 10 行,显示图片;

第 11 行,使用".save()"方法把图片保存为 photo2.png 文件。

运行如图 6-5 所示的 Python 程序后,即会在当前的文件夹中保存 photo1.png 和 photo2.png 这两个调整大小后的图片文件。

再如,要把彩色图片转换为黑白图片并且保存结果,可以使用滤镜子模块,其 Python 程序如图 6-6 所示。

图 6-5 保存调整大小后的图片   图 6-6 将彩色图片转换为黑白图片的程序

第 1 行,导入 PIL 图像处理库;

第 2 行,从 PIL 库中导入图像处理子模块 Image 和滤镜子模块 ImageFilter;

第 4 行,在当前文件夹中打开一个名为 photo.png 的图片文件,并且存放到名称为 "photo"的图像变量中;

第 5 行,把图片的大小调整为 200×200;

第 6 行,使用".convert()"方法把图像从彩色转换为黑白,并且把结果存放到图像变量 photo 中;

第 7 行,使用".show()"方法显示这幅图片;

第 8 行,把结果保存到文件 photo3.png 中。

此外,还可以应用 Pillow 库的滤镜功能,对图片进行模糊、锐化、平滑和浮雕等处理。本书限于篇幅,就不详细介绍了,感兴趣的读者可以进一步钻研相关的书籍。

6.2　看图猜成语游戏的玩法

看图猜成语游戏的玩法很简单,首先在屏幕上显示成语的提示图片,然后让答题者根据图片猜出相应的成语。如果猜不对,则让玩家继续猜,直到猜出正确答案为止。

6.3　看图猜成语游戏的设计思路

看图猜成语游戏的设计思路如图 6-7 所示。

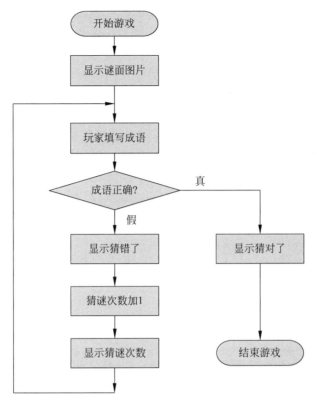

图 6-7 看图猜成语游戏的设计思路

6.4 看图猜成语游戏程序的详细设计步骤

6.4.1 准备图片素材

首先,要准备好图片素材。如图 6-8 所示,我们预先准备好了用于看图猜成语游戏的 5 张像素约为 300×250 的图片,并且把这 5 个图片文件分别命名为 chengyu1.jpg、chengyu2.jpg、

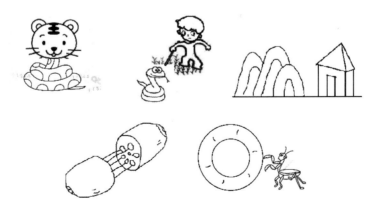

图 6-8 用于看图猜成语的 5 张图片

chengyu3.jpg、chengyu4.jpg 和 chengyu5.jpg。它们分别对应“虎头蛇尾”“打草惊蛇”“开门见山”“藕断丝连”和“螳臂当车”5 个成语。

6.4.2 使用 Pillow 库设计猜成语游戏

请在 PyCharm 编辑器中输入并调试如图 6-9 所示的 Python 程序。

例6-6 看图猜成语1.py

```
1  import PIL
2  from PIL import Image,ImageFilter
3
4  photo = Image.open('chengyu1.jpg')
5  photo = photo.resize((300,300))
6  i = 1
7  while True:
8      photo.show()
9      answer=input("请输入一个成语=")
10     print('你已经猜了 '+str(i)+' 次')
11     i = i + 1
12     if answer=="虎头蛇尾":
13         print("你真厉害，猜对了！")
14         pause = input("请按回车键退出游戏")
15         break
16     else:
17         print("很遗憾，你猜错了！")
18         pause=input("请按回车键继续猜")
```

图 6-9 看图猜成语游戏程序

第 1 行，导入 PIL 图像处理库；

第 2 行，从 PIL 库中导入图像处理子模块 Image 和 ImageFilter 滤镜子模块；

第 4 行，在当前文件夹中打开一个名为 chengyu1.jpg 的成语谜面图片文件；

第 5 行，把谜面图片的大小调整为 300×300；

第 6 行，定义 1 个正整数变量 i，用于计算猜成语次数；

第 7 行，定义一个不停运行的循环，循环体包括第 8～16 行；

第 8 行，使用“.show()”方法显示这幅谜面图片；

第 9 行，等待用户输入一个成语并将其保存到字符串答案变量 answer 中；

第 10 行，显示已经猜成语的次数；

第 11 行，将变量 i 加 1，并且保存回变量 i 中，即多猜了 1 次；

第 12～15 行，用双等号“==”来检查用户输入的答案是否为谜底“虎头蛇尾”。如果答案正确则输出“你真厉害，猜对了”，提示用户按 Enter 键然后退出程序；

第 16～18 行，如果答案错误则执行第 17 行，即输出“很遗憾，你猜错了”，提示用户按 Enter 键后继续猜，然后跳回到第 7 行，重复执行循环。

但是，以上 Python 程序过于简单，每次只能猜一个成语，而我们需要连续看图猜 5 个成语，因此需要进一步完善这个程序。

改进后的看图猜成语游戏程序如图 6-10 所示。

图 6-10　改进后的看图猜成语游戏程序

第 1 行，导入 PIL 图像处理库；

第 2 行，从 PIL 库中导入图像处理子模块 Image 和滤镜子模块 ImageFilter；

第 4 行，设定看图猜成语游戏的 5 个谜底并且保存到列表变量 answer 中；

第 5 行，定义一个字符串变量 n，其取值为 12345，用于生成可变的图片文件名；

第 6 行，定义一个初值为 0 的记数变量 i；

第 7 行，用"while i≤4:"定义一个可以重复执行 5 次的循环，整个循环体包含第 8～19 行的所有语句；

第 8 行，生成可变的成语谜面图片文件名，成语谜面图片文件名用 chengyu 开头，然后紧接 1 个数字，文件的类型为".jpg"，文件名保存到字符串变量 photofilename 中；

第 9 行，打开当前的成语谜面图片文件；

第 10 行，把成语谜面图片的大小调整为 300×300；

第 11 行，使用". show()"方法显示这幅成语谜面图片；

第 12 行，等待用户输入一个成语并保存到字符串答案变量 answer1 中；

第 13 行，用双等号"=="检查答案是否与列表变量 answer[i]中的谜底完全一致。如果答案正确则执行第 14 行，即输出"你真厉害，猜对了!"如果答案错误则执行第 16 行，即输出"很遗憾，你猜错了!"

第 17 行，输出一个空行；

第 18 行，等待用户按 Enter 键继续；

第 19 行，把记数变量 i 的当前值加 1，然后存放回记数变量 i，并回到第 7 行继续执行下一个循环，即显示下一个成语的谜面图片，让玩家猜下一个成语。

6.4.3　使用 Tkinter 库设计猜成语游戏

以上的看图猜成语程序是使用 Pillow 库来实现的。这个程序已经能够让玩家体验到看图猜成语的乐趣，但是它也有一个小小的缺点，就是显示图片的窗口与用户填写答案的窗口是两个彼此分开的窗体，要关闭图形窗口才能填写猜谜的答案，因此玩起来仍然不够友好。

我们不妨进一步改进这个游戏的界面，即在同一个窗口显示图片、输入栏、标签和确定按钮。这一需求可以使用本书第 2 章学过的 Tkinter 图形界面库来实现。

由于使用 Tkinter 库设计的猜成语游戏程序的完整代码比较长，因此我们分别用两张图来展示，即图 6-11 和图 6-12。

例6-8 看图猜成语3.py

```
1  from tkinter import *
2  from PIL import Image, ImageTk
3  win = Tk()
4  frame = Frame(win)
5
6  def calc():
7      answer = expression.get()
8      if answer =="打草惊蛇":
9          label.config(text = '答对了！你真厉害！')
10     else:
11         label.config(text='答错了！请再猜一猜')
12
13 img_open = Image.open("chengyu2.jpg")
14 photo = ImageTk.PhotoImage(img_open)
15 label_img = Label(frame, image = photo)
16 frame.pack()
17 label_img.pack()
18
19 entry = Entry(frame)
20 expression = StringVar()
21 entry["textvariable"] = expression
22 label = Label(frame)
23 button1 = Button(frame,text="确定",command=calc)
```

图 6-11 使用 Tkinter 库设计的猜成语游戏程序

第 1 行，导入 Tkinter 库；

第 2 行，导入 Pillow 库；

第 3 行，调用 Tkinter 库定义一个窗口 win；

第 4 行，在窗口 win 中建立一个框架 frame；

第 6 行，定义一个用于判断答案是否正确的函数 calc()；

第 7 行，从输入栏取出玩家填写的答案，并保存到变量 answer 中；

第 8、9 行，如果答案正确，则显示“答对了！你真厉害！”

第 10、11 行，如果答案错误，则显示“答错了！请再猜一猜”；

第 13 行，指定一个用于打开的图片文件；

第 14 行，打开这个图片文件；

第 15 行，在框架 frame 中建立一个标签 label_img，然后在标签中显示这个图片；

第 16 行，显示框架 frame；

第 17 行，显示带有图片的标签 label_img；

第 19 行,定义一个输入栏,供玩家填写答案;

第 20 行,定义一个字符串型变量 expression;

第 21 行,指定字符串型变量 expression 为输入栏的内容;

第 22 行,建立一个标签框,用于显示答案是否正确;

第 23 行,定义一个按钮 button1,按钮的文字为"确定",当按下这个按钮时,调用第 6 行的 calc()函数,即显示答案是否正确。

这个程序的剩余部分如图 6-12 所示。

```
24
25    entry.pack(side=TOP)
26    entry.focus()
27    label.pack(side=LEFT)
28    button1.pack(side=RIGHT)
29
30    frame.mainloop()
```

图 6-12 使用 Tkinter 库设计的猜成语游戏程序(续)

第 25 行,显示输入栏 entry;

第 26 行,指定输入栏为焦点,以方便玩家填写答案;

第 27 行,显示标签 label,并靠左对齐;

第 28 行,显示按钮 button1,并靠右对齐;

第 30 行,调用 mainloop()方法进入框架 frame 的消息循环,不停地显示所有控件,以响应玩家的键盘和鼠标事件。

这个程序的运行效果如图 6-13 所示。

图 6-13 使用 Tkinter 库设计的猜成语游戏程序的运行效果

以上游戏程序的工作界面已经比较友好了,但是仍然有一个不足之处,就是每次游戏只能猜一个成语。

我们不妨对这个游戏程序作进一步的改进。改进后的可以猜 3 个成语的完整程序同样比较长,因此我们用三张截图来展示,分别为图 6-14、图 6-15 和图 6-16。

这个程序的第 1 部分主要用于初始化,代码如图 6-14 所示。

```
例6-9 看图猜成语4.py ×
1   from tkinter import *
2   from PIL import Image, ImageTk
3
4   root = Tk()
5   root.title('看图猜成语')
6   photo=None
7   img=None
8   answer=["虎头蛇尾","打草惊蛇","开门见山","藕断丝连","螳臂当车"]
9   i=0
10
11  def check():
12      answer1 = expression.get()
13      if answer1==answer[i]:
14          label.config(text = '答对了! 你真厉害! ')
15      else:
16          label.config(text='答错了! 请再猜一猜')
17
18  def show1():
19      global i,photo,img
20      i=0
21      img = Image.open('chengyu1.jpg')
22      photo = ImageTk.PhotoImage(img)
23      imglabel = Label(root, image=photo)
24      imglabel.grid(row=0, column=0, columnspan=3)
```

图 6-14 可以猜 3 个成语的程序的第 1 部分

第 1 行,导入 Tkinter 库;

第 2 行,导入 Pillow 图像处理库;

第 4 行,创建窗口 root;

第 5 行,设置窗口 root 的标题为"看图猜成语";

第 6 行,定义一个空白变量 photo,用于显示图片;

第 7 行,定义一个空白变量 img,用于显示图片;

第 8 行,定义有 5 个元素的列表 answer,用于保存各个谜底;

第 9 行,定义一个初始值为 0 的整数变量 i,用于谜底的索引值;

第 11 行,创建一个用于判断答案是否正确的函数 check(),这个函数的代码包括第 12~16 行;

第 12 行,从输入栏获取填写的答案,保存到变量 answer1 中;

第 13 行,如果答案 answer1 等于谜底 answer[i],则执行第 14 行;

第 14 行,在标签 label 中显示"答对了! 你真厉害!"

第 15 行,如果答案不等于谜底,则执行第 16 行;

第 16 行,在标签 label 中显示"答错了! 请再猜一猜";

第 18~24 行,用于显示第 1 张图片,即让玩家猜第 1 个成语;

第 18 行,创建一个用于显示第 1 个成语的相关图片的函数 show1();

第 19 行,指定 i、photo、img 这 3 个变量为全局变量;

第 20 行,把索引值 i 设置为 0,即对应第 1 张图片 chengyu1.jpg;

第 21 行,打开图片文件为 chengyu1.jpg,并送到变量 img 中;

第 22 行,调用 Tkinter 库,在窗口 root 中打开图片文件;

第 23 行,创建标签 imglabel,并在标签 imglabel 中放置图片 chengyu1.jpg;

第 24 行,在窗口 root 中的第 1 行、第 1 列即左上角显示图片 chengyu1.jpg。

这个程序的第 2 部分主要用于显示相关图片,代码如图 6-15 所示。

```python
25
26   def show2():
27       global i,photo,img
28       i=1
29       img = Image.open('chengyu2.jpg')
30       photo = ImageTk.PhotoImage(img)
31       imglabel = Label(root, image=photo)
32       imglabel.grid(row=0, column=0, columnspan=3)
33
34   def show3():
35       global i,photo,img
36       i=2
37       img = Image.open('chengyu3.jpg')
38       photo = ImageTk.PhotoImage(img)
39       imglabel = Label(root, image=photo)
40       imglabel.grid(row=0, column=0, columnspan=3)
41
42   img = Image.open('chengyu1.jpg')
43   photo = ImageTk.PhotoImage(img)
44   imglabel = Label(root, image=photo)
45   imglabel.grid(row=0, column=0, columnspan=3)
46
```

图 6-15　可以猜 3 个成语的程序的第 2 部分

第 26～32 行,用于显示第 2 张图片,即让玩家猜第 2 个成语;

第 26 行,创建一个用于显示第 2 个成语的相关图片的函数 show2();

第 27 行,指定 i、photo、img 这 3 个变量为全局变量;

第 28 行,把索引值 i 设置为 1,即对应第 2 张图片 chengyu2.jpg;

第 29 行,打开图片文件为 chengyu2.jpg,并送到变量 img 中;

第 30 行,调用 Tkinter 库,在窗口 root 中打开图片文件;

第 31 行,创建标签 imglabel,并在标签 imglabel 中放置图片 chengyu2.jpg;

第 32 行,在窗口 root 中的第 1 行、第 1 列即左上角显示图片 chengyu2.jpg;

第 34～40 行,用于显示第 3 张图片,即让玩家猜第 3 个成语;

第 34 行,创建一个用于显示第 3 个成语的相关图片的函数 show3();

第 35 行,指定 i、photo、img 这 3 个变量为全局变量;

第 36 行,把索引值 i 设置为 1,即对应第 3 张图片 chengyu3.jpg;

第 37 行,打开图片文件为 chengyu3.jpg,并送到变量 img 中;

第 38 行,调用 Tkinter 库,在窗口 root 中打开图片文件;

第 39 行,创建标签 imglabel,并在标签 imglabel 中放置图片 chengyu3.jpg;

第 40 行,在窗口 root 中的第 1 行、第 1 列即左上角显示图片 chengyu3.jpg;

第 42～45 行,用于在启动程序时显示第 1 张图片,即让玩家猜第 1 个成语;

第 42 行,打开图片文件为 chengyu1.jpg,并送到变量 img 中;

第 43 行, 调用 Tkinter 库, 在窗口 root 中打开图片文件;

第 44 行, 创建标签 imglabel, 并在标签 imglabel 中放置图片 chengyu1.jpg;

第 45 行, 在窗口 root 中的第 1 行、第 1 列即左上角显示图片 chengyu1.jpg。

这个程序的第 3 部分如图 6-16 所示。

```
例6-9 看图猜成语4.py ×
46
47    button1 = Button(root, text="第1题", command=show1)
48    button1.grid(row=1, column=0)
49    button2 = Button(root, text="第2题", command=show2)
50    button2.grid(row=1, column=1)
51    button3 = Button(root, text="第3题", command=show3)
52    button3.grid(row=1, column=3)
53
54    entry = Entry(root)
55    expression = StringVar()
56    entry["textvariable"] = expression
57    label = Label(root)
58    button4 = Button(root,text="确定",command=check)
59
60    entry.grid(row=2, column=0)
61    entry.focus()
62    label.grid(row=2, column=1)
63    button4.grid(row=2, column=2)
64
65    mainloop()
66
```

图 6-16　可以猜 3 个成语的程序的第 3 部分

第 47 行, 创建一个按钮 button1, 文字为"第 1 题", 当单击这个按钮时调用函数 show1();

第 48 行, 在第 2 行第 1 列显示按钮 button1;

第 49 行, 创建一个按钮 button2, 文字为"第 2 题", 当单击这个按钮时调用函数 show2();

第 50 行, 在第 2 行第 2 列显示按钮 button1;

第 51 行, 创建一个按钮 button3, 文字为"第 3 题", 当单击这个按钮时调用函数 show3();

第 52 行, 在第 2 行第 3 列显示按钮 button1;

第 54 行, 在窗口中创建一个输入栏 entry;

第 55 行, 创建一个字符串变量 expression, 用于存放玩家输入的答案;

第 56 行, 绑定输入栏和字符串变量 expression;

第 57 行, 创建一个标签 label, 用于显示回复玩家的信息;

第 58 行, 创建一个按钮 button4, 文字为"确定", 当单击这个按钮时调用函数 check();

第 60 行, 在第 3 行第 1 列显示输入栏 entry;

第 61 行, 定义输入栏为焦点, 以便让玩家通过输入栏填写答案;

第 62 行, 在窗口中的第 3 行第 2 列显示标签 label;

第 63 行, 在窗口中的第 3 行第 3 列显示按钮 button4;

第 65 行, 调用 mainloop() 方法进入框架 frame 的消息循环, 不停地显示所有控件, 以响应玩家的键盘和鼠标事件。

这个程序的运行效果如图 6-17 所示。

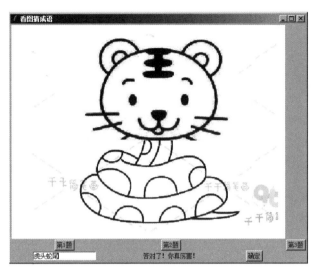

图 6-17 可以猜 3 个成语的程序的运行效果

6.5 小结与练习

在本章中,我们学习了如何运用 Pillow 图像处理库和 Tkinter 图形界面库设计看图猜成语游戏程序。

本章的图 6-14～图 6-16 所示的猜成语程序仍然有一点不足之处,即谜面只有 3 个成语。请你参考这个程序作进一步改进和完善,设计可以猜 5 个成语的游戏程序。

第 **7** 章

设计人机对战井字棋游戏

7.1　人机对战井字棋游戏的玩法

人机对战井字棋游戏的玩法很简单,一方为玩家(人),另一方为计算机(机器人),双方在九宫方格内轮流下棋子,每一步只能下一枚棋子。如果一方首先沿某个方向(横向、竖向或斜向)连成 3 枚棋子,则获得胜利。

7.2　人机对战井字棋游戏的设计思路

人机对战井字棋游戏的设计思路如图 7-1 所示。

本游戏获胜的关键是要抢占最佳位置。由于中间位置在水平、竖直、左上角到右下角、右上角到左下角共四个方向都可以变化,而四个角有水平、竖直、倾斜共三个方向可以变化,剩余的位置只有水平或者竖直两个方向可以变化,因此,最佳位置是中间位置,次佳位置是四个角,最后才是剩余的位置。

游戏开始时,首先显示九宫方格,然后进入下棋循环,双方轮流下棋。

如果玩家已经在某个方向 3 子连珠,则显示玩家胜;否则,如果玩家已经连成 2 枚棋子,则为了防止玩家赢,堵住第 3 棋子的位置。

如果玩家并未连成 2 棋子,则检查中间位置是否已经下棋。如果未下棋,则占据中间位置。

接着判断四个角中的某个角是否已经下棋。如果未下棋,则占据这个角的位置。

再接下来判断四条边中的某条边是否已经下棋。如果未下棋,则占据这条边的位置。

如果机器人已经连成 3 棋子,则显示机器人胜。

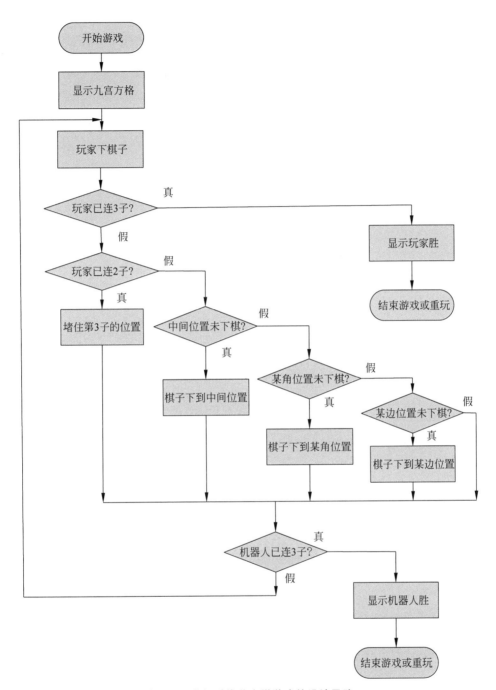

图 7-1　人机对战井字棋游戏的设计思路

7.3　人机对战井字棋游戏程序的详细设计步骤

7.3.1　人机对战井字棋游戏的工作界面

人机对战井字棋游戏程序使用 Pygame 游戏平台开发。游戏的工作界面如图 7-2 所示。

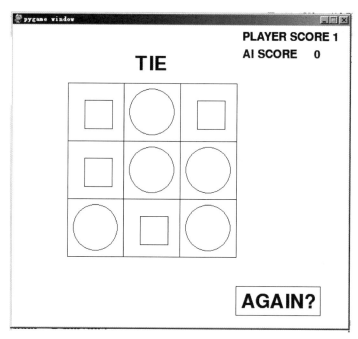

图 7-2 人机对战井字棋游戏程序的工作界面

在这里，玩家(PLAYER)所下的棋子用小圆圈表示，机器人(AI)所下的棋子用小正方形表示。双方的得分在窗体的右上角显示。如果某一方首先连成 3 枚棋子则获胜并加一分。

7.3.2 完整的游戏程序剖析

由于这个程序比较长，共有接近 200 行代码，因此我们分多个部分逐一说明。

人机对战井字棋游戏程序的第 1 部分对游戏有关变量进行初始化工作，如图 7-3 所示。

```
1   import pygame
2   from pygame import *
3   import random as ra
4
5   pygame.init()
6
7   white = (255, 255, 255)
8   black = (0, 0, 0)
9   size = width, height = 600, 600
10  screen = pygame.display.set_mode(size)
11  points = [[0, 0, 0],
12           [0, 0, 0],
13           [0, 0, 0]]
14  x = 0
15  y = 0
16  flag = 1
17  lst = []
18  text = pygame.font.SysFont('宋体', 50)
19  Play_score = 0
20  AI_score = 0
21
```

图 7-3 人机对战井字棋游戏程序的第 1 部分

第 1、2 行,导入游戏开发库 Pygame;

第 3 行,导入随机数库 random;

第 5 行,初始化 Pygame 库,以便在窗体中显示文字和图形;

第 7 行,定义白色变量 white;

第 8 行,定义黑色变量 black;

第 9、10 行,定义窗口的宽为 600 像素,高为 600 像素;

第 11～13 行,定义一个二维的 3 行 3 列的九宫方格列表变量 points[][],用于保存所有方格当前的棋子。如果第 x 行第 y 列的方格仍未下过棋子,则 points[x][y]取值为 0;如果第 x 行第 y 列的方格由玩家下了一枚棋子,则 points[x][y]取值为 1;如果第 x 行第 y 列的方格由机器人下了一枚棋子,则 points[x][y]取值为 100;

第 14、15 行,定义整数型变量 x 和 y,用于保存当前下棋位置的坐标,即第 x 行第 y 列;

第 16 行,定义游戏状态标志变量 flag,在游戏过程中 flag 取值为 1。如果玩家胜则 flag 取值为−100,如果机器人胜则 flag 取值为 100;

第 17 行,定义一个列表变量 lst,用于记录每一个步骤所下棋子的坐标;

第 18 行,定义在窗口中显示文字的字体为"宋体",字体大小为 50;

第 19 行,定义玩家的得分变量 Player_score,初始值为 0;

第 20 行,定义机器人的得分变量 AI_score,初始值为 0。

人机对战井字棋游戏程序的第 2 部分主要定义相关的绘图函数,如图 7-4 所示。

```
22  def draw_restart():
23      steps = [(400, 450), (400, 500), (550, 500), (550, 450)]
24      pygame.draw.polygon(screen, black, steps, 1)
25      text_x = text.render("AGAIN?", 1, black)
26      screen.blit(text_x, (410, 460))
27
28  def draw_img(player, x, y):
29      # 玩家
30      if player == 1:
31          pygame.draw.circle(screen, black, (x, y), 40, 1)
32      # 机器
33      else:
34          pygame.draw.rect(screen, black, ((x - 20, y - 20), (50, 50)), 1)
35
36  def draw_score():
37      text_1 = pygame.font.SysFont('宋体', 30)
38      text_player_score = text_1.render('PLAYER SCORE ' + str(Play_score), 1, black)
39      text_AI_score = text_1.render('AI SCORE       ' + str(AI_score), 1, black)
40      screen.blit(text_player_score, (410, 10))
41      screen.blit(text_AI_score, (410, 40))
42
```

图 7-4 人机对战井字棋游戏程序的第 2 部分

第 22 行,定义重玩游戏时重新绘制游戏界面的函数 draw_restart(),这个函数包含第 23～26 行的代码;

第 23 行,定义绘制方格所需要的列表变量 steps[];

第 24 行,在游戏窗口 screen 中绘制九宫方格;

第 25 行,定义文本变量 text_x 的内容为"AGAIN?";

第 26 行,在窗口的坐标(410,460)处显示文本变量 text_x 的值;

第 28 行,定义绘制当前这一步所下的棋子的函数 draw_img(),这个函数包含第 29～34 行的代码;

第 29～31 行,如果这一步轮到玩家下棋,则在坐标(x,y)处绘制一个圆圈;

第 32～34 行,如果这一步轮到机器人下棋,则在坐标(x,y)处绘制一个正方形;

第 36 行,定义显示双方得分的函数 draw_score(),这个函数包含第 37～41 行的代码;

第 37 行,定义在窗口中显示文字的字体为"宋体",字体大小为 30;

第 38 行,把变量 Player_score 转换为字符串变量 text_player_score,用于显示玩家的得分;

第 39 行,把变量 AI_score 转换为字符串变量 text_AI_score,用于显示机器人的得分;

第 40 行,在窗口的右上角显示玩家的得分,即变量 text_player_score 的值;

第 41 行,在窗口的右上角的下一行显示机器人的得分,即变量 text_AI_score 的值。

人机对战井字棋游戏程序的第 3 部分主要定义游戏相关的函数,如图 7-5 所示。

```
例7-1 井字游戏.py ×
43  def draw_back():
44      screen.fill(white)
45      steps = [(100, 100), (100, 400), (400, 400), (400, 100)]
46      pygame.draw.polygon(screen, black, steps, 1)
47      pygame.draw.lines(screen, black, False, [(100, 200), (400, 200)])
48      pygame.draw.lines(screen, black, False, [(100, 300), (400, 300)])
49      pygame.draw.lines(screen, black, False, [(200, 100), (200, 400)])
50      pygame.draw.lines(screen, black, False, [(300, 100), (300, 400)])
51
52  def check_win(tab):
53      return ((points[0][0] == tab and points[0][1] == tab and points[0][2] == tab) or
54              (points[1][0] == tab and points[1][1] == tab and points[1][2] == tab) or
55              (points[2][0] == tab and points[2][1] == tab and points[2][2] == tab) or
56              (points[0][0] == tab and points[1][0] == tab and points[2][0] == tab) or
57              (points[0][1] == tab and points[1][1] == tab and points[2][1] == tab) or
58              (points[0][2] == tab and points[1][2] == tab and points[2][2] == tab) or
59              (points[0][0] == tab and points[1][1] == tab and points[2][2] == tab) or
60              (points[0][2] == tab and points[1][1] == tab and points[2][0] == tab)
61              )
62
```

图 7-5　人机对战井字棋游戏程序的第 3 部分

第 43 行,定义绘制游戏背景的函数 draw_back(),这个函数包含第 44～50 行的代码;

第 44 行,把整个窗口 screen 都填充为白色;

第 45 行,用列表变量 steps[]保存一个大正方形的四个顶点在窗口中的坐标;

第 46 行,使用 Pygame 的绘制多边形方法 polygon,在窗口 screen 中绘制大正方形;

第 47～50 行,在以上大正方形中使用直线绘制一个井字,分出 9 个方格;

第 47 行,使用 Pygame 的绘制直线方法 lines,在窗口 screen 中从坐标(100,200)至坐标(400,200)绘制一条水平的直线;

第 48 行,使用 Pygame 的绘制直线方法 lines,在窗口 screen 中从坐标(100,300)至坐标(400,300)绘制一条水平的直线;

第 49 行,使用 Pygame 的绘制直线方法 lines,在窗口 screen 中从坐标(200,100)至坐标(200,400)绘制一条竖直的直线;

第 50 行,使用 Pygame 的绘制直线方法 lines,在窗口 screen 中从坐标(300,100)至坐标(300,400)绘制一条竖直的直线;

第 52～61 行,定义一个名为 check_win()的函数,其作用是判断当前下子的一方是否 3 子连珠,如果是,则为赢家,函数逻辑值 True(真)。

人机对战井字棋游戏程序的第 4 部分主要定义与游戏相关的函数,如图 7-6 所示。

```python
63  def winner():
64      # AI
65      if check_win(100):
66          return 100
67      elif check_win(1):
68          return -100
69
70  def is_full():
71      fl = 0
72      for i in range(3):
73          for j in range(3):
74              if points[i][j] != 0:
75                  fl += 1
76
77      return fl
78
```

图 7-6　人机对战井字棋游戏程序的第 4 部分

第 63～68 行,定义判断哪一方取胜的函数 winner(),如果机器人胜则返回值为 100;如果玩家胜,则返回值为-100;

第 70 行,定义一个统计下棋步数的函数 is_full(),返回值为已下棋的步数,这个函数包含第 71～77 行;

第 71 行,定义步数变量 fl 的初值为 0;

第 72 行,定义一个 for 循环,循环变量 i 依次取值 0、1、2,并嵌套第 73 行的循环;

第 73 行,定义一个 for 循环,循环变量 j 依次取值 0、1、2。第 72、73 行的两个循环用于遍历 9 个方格,循环体包含第 74、75 行;

第 74 行,如果列表变量 point[i][j]不等于 0,即九宫格的第 i 行第 j 列已经有棋子,则执行第 75 行;

第 75 行,把步数变量 fl 加 1;

第 77 行,返回步数值 fl。

人机对战井字棋游戏程序的第 5 部分主要用于描述机器人的下棋策略,即人工智能算法函数 AI_move(),如图 7-7 和图 7-8 所示。(注:AI_move()函数代码比较长,因此分两张图来剖析。)

第 81 行,定义一个 for 循环,循环变量 i 依次取值 0、1、2,并嵌套第 82 行的循环;

第 82 行,定义一个 for 循环,循环变量 j 依次取值 0、1、2。第 81、82 行这两个循环用于遍历 9 个方格,循环体包含第 83～88 行;

第 83、84 行,如果某个方格仍然未下过棋子,则在这个位置下一枚棋子;

```
79   def AI_move():
80       # 一步能赢
81       for i in range(3):
82           for j in range(3):
83               if points[i][j] == 0:
84                   points[i][j] = 100
85                   if check_win(100):
86                       return (i, j)
87                   else:
88                       points[i][j] = 0
89       # 堵上
90       for i in range(3):
91           for j in range(3):
92               if points[i][j] == 0:
93                   points[i][j] = 1
94                   if check_win(1):
95                       return (i, j)
96                   else:
97                       points[i][j] = 0
98
```

图 7-7　人机对战井字棋游戏程序的第 5 部分

第 85～88 行,调用第 52 行定义的 check_win( ),检查机器人在某个位置下棋是否可以 3 子连珠。如果是,则机器人将会取胜,执行第 86 行,返回当前棋子的位置(i,j),即第 i 行第 j 列;

第 90～97 行,调用第 52 行定义的 check_win( ),检查玩家在某个位置下棋是否可以 3 子连珠。如果是,则玩家将会取胜,因此机器人应把棋子堵在这个位置以防止玩家取胜。执行第 95 行,返回当前棋子的位置(i,j),即第 i 行第 j 列。

人机对战井字棋游戏程序的第 6 部分是人工智能算法函数 AI_move( )的后续内容,如图 7-8 所示。

```
99        # 占中间
100       if points[1][1] == 0:
101           return (1, 1)
102
103       # 在没有棋子的位置随机下棋子
104       temp = []
105       for i in (0, 2):
106           for j in (0, 2):
107               if points[i][j] == 0:
108                   temp.append((i, j))
109       if len(temp) != 0:
110           return ra.choice(temp)
111
112       # 占四边
113       for i in ((0, 1), (1, 0), (1, 2), (2, 1)):
114           if points[i[0]][i[1]] == 0:
115               temp.append((i[0], i[1]))
116       if len(temp) != 0:
117           return ra.choice(temp)
118
```

图 7-8　人机对战井字棋游戏程序的第 6 部分

第 100 行,如果九宫格的中间位置的方格没有棋子,则执行第 101 行;

第 101 行,把棋子下到九宫格的中间位置的方格内;

第 104～110 行,通过两个 for 循环遍历 9 个方格,检查是否还有某些方格内尚未下棋子。如果有,则把棋子随机地下到其中某个方格内;

第 112～117 行,通过一个 for 循环遍历 4 个位于四边的中间位置的方格,检查这些方格是否尚未下棋子。如果是,则把棋子随机地下到其中某个方格内,即占领某条边的中间位置。

人机对战井字棋游戏程序的第 7 部分用于显示游戏的工作界面,如图 7-9 所示。

```python
def draw_all():
    draw_back()
    draw_score()
    for i in lst:
        draw_img(i[0], i[1], i[2])
    if flag == 100:
        text_conent = text.render("AI win", 1, black)
        screen.blit(text_conent, (220, 50))
    elif flag == -100:
        text_conent = text.render("You win", 1, black)
        screen.blit(text_conent, (220, 50))
    elif flag == 123:
        text_conent = text.render("TIE", 1, black)
        screen.blit(text_conent, (220, 50))
    if flag == 123 or flag == 100 or flag == -100:
        draw_restart()
```

图 7-9　人机对战井字棋游戏程序的第 7 部分

第 119 行,定义一个函数 draw_all(),用于显示背景、得分及游戏结果等信息;

第 120 行,调用第 43 行的显示背景函数 draw_back();

第 121 行,调用第 36 行的显示得分函数 draw_score();

第 122、123 行,在九宫格内显示双方已下的棋子;

第 124～126 行,如果标志 flag 的取值为 100,则显示"AI win",即机器人胜;

第 127～129 行,如果标志 flag 的取值为 −100,则显示"You win",即玩家胜;

第 130～132 行,如果标志 flag 的取值为 123,则显示"TIE",即双方战和;

第 133 行,如果标志 flag 的取值为 100、−100 或 123,则执行第 134 行;

第 134 行,调用第 22 行的重新绘制游戏界面的函数 draw_restart()。

人机对战井字棋游戏程序的第 8 部分用于定义游戏的主函数 play(),如图 7-10 所示。

第 136 行,定义游戏主函数 play();

第 137 行,定义 3 个全局变量:flag、AI_score 和 Player_score,flag 代表游戏的状态,AI_score 代表机器人的得分,Player_score 代表玩家的得分;

第 138 行,定义一个永不停止的循环,循环包括第 139～188 行的所有代码;

第 139 行,检测 Pygame 的事件;

第 140、141 行,如果事件为"QUIT",则退出程序;

第 142、143 行,如果事件为单击鼠标左键,则获取鼠标指针的坐标(x,y);

```
例7-1 井字游戏.py ×
136    def play():
137        global flag, AI_score, Player_score
138        while True:
139            for event in pygame.event.get():
140                if event.type == pygame.QUIT:
141                    exit()
142                if event.type == MOUSEBUTTONDOWN:
143                    x, y = pygame.mouse.get_pos()
144                    if 400 < x < 550 and 450 < y < 500:
145                        lst.clear()
146                        for i in range(3):
147                            for j in range(3):
148                                points[i][j] = 0
149                        flag = 1
150                    if 100 <= x <= 400 and 100 <= y <= 400:
151                        x = (x - 100) // 100
152                        y = (y - 100) // 100
153                        l_x = x * 100 + 150
154                        l_y = y * 100 + 150
```

图 7-10　人机对战井字棋游戏程序的第 8 部分

第 144～149 行,如果鼠标指针的坐标(x,y)位于重玩按钮"AGAIN?"范围内,则为重玩游戏进行初始化操作,清空列表变量 lst,将二维数组 point[][] 的 9 个元素清零,并把游戏的状态变量 flag 设置为 1;

第 150～154 行,如果鼠标指针的坐标(x,y)位于九宫格范围内,则把鼠标指针坐标换算为二维数组 point[][] 所用的行号 x 和列号 y,以及绘制棋子图形所用的中心点坐标(l_x,l_y)。

人机对战井字棋游戏程序的第 9 部分用于定义游戏的主函数 play() 的后续代码之一,如图 7-11 所示。

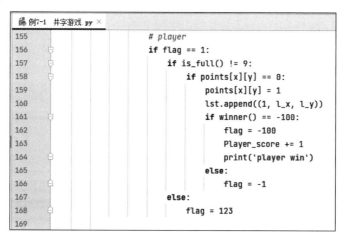

```
例7-1 井字游戏.py ×
155                        # player
156                        if flag == 1:
157                            if is_full() != 9:
158                                if points[x][y] == 0:
159                                    points[x][y] = 1
160                                    lst.append((1, l_x, l_y))
161                                    if winner() == -100:
162                                        flag = -100
163                                        Player_score += 1
164                                        print('player win')
165                                    else:
166                                        flag = -1
167                            else:
168                                flag = 123
169
```

图 7-11　人机对战井字棋游戏程序的第 9 部分

第 155 行,这一行为注释语句 player,表示以下为处理玩家行为的代码;

第 156 行,如果游戏的状态变量 flag 为 1,即游戏正在进行中,则执行第 157～166 行的代码;

第 157～160 行,如果鼠标指针所指的位置没有棋子,则把玩家的棋子下到此处,并显示这个棋子;

第 161～166 行,如果玩家胜,则把游戏的状态变量 flag 设置为－100,玩家得分加 1 分,并输出"player win"(即玩家赢),否则把游戏的状态变量 flag 设置为－1(即机器人赢);

第 167、168 行,把游戏的状态变量 flag 设置为 123,即双方战和。

人机对战井字棋游戏程序的第 10 部分用于定义游戏的主函数 play()的后续代码之二,如图 7-12 所示。

```
例7-1 井字游戏.py ×
170              if flag == -1:
171                  if is_full() != 9:
172                      # 机器人走子
173                      xx, yy = AI_move()
174                      l_x = xx * 100 + 150
175                      l_y = yy * 100 + 150
176                      points[xx][yy] = 100
177                      lst.append((2, l_x, l_y))
178                      if winner() == 100:
179                          flag = 100
180                          AI_score += 1
181                          print('AI win')
182                      else:
183                          flag = 1
184                  else:
185                      flag = 123
186
187          draw_all()
188          pygame.display.flip()
189
190
191  if __name__ == '__main__':
192      play()
```

图 7-12 人机对战井字棋游戏程序的第 10 部分

第 170 行,如果游戏的状态变量 flag 为－1,则执行第 171～185 行的代码;

第 171 行,如果未下完 9 枚棋子,则执行第 172～183 行的代码;

第 172 行,这一行为注释语句"机器人走子",表示以下处理机器人的下棋行为;

第 173 行,调用函数 AI_move(),让机器人自行决定最佳的下棋位置 xx,yy;

第 174～177 行,把机器人的棋子下到 xx,yy 处,并显示这枚棋子;

第 178～181 行,如果机器人胜,则把游戏的状态变量 flag 设置为 100,机器人得分加 1 分,并输出"AI win"(即机器人赢);

第 184、185 行,把游戏的状态变量 flag 设置为 123,即双方战和;

第 187 行,调用第 119 行的函数 draw_all(),用于显示背景、得分及游戏结果等信息;

第 188 行,刷新窗体,重新显示窗体中的所有方格和图形;

第 191、192 行,定义这个井字棋游戏程序的主函数为 play(),即启动程序时执行 play() 函数。

但是,以上游戏程序有一个弱点,就是当轮到机器人走子时,抢占最佳位置的函数 AI_move()的走子策略不妥当,即如果抢占不到中间位置,那么机器人就随机地在某个空白位置下棋子,而不是继续去抢占四个角,从而有可能会被玩家打败。

因此,我们不妨把如图 7-8 所示的第 103～110 行的代码修改为如图 7-13 所示的代码,其他语句都不变,即可实现让机器人抢占四个角的功能。

```
例7-2 人机对战井字游戏2.py ×
103        # 占四角
104        temp = []
105
106        for i in ((0, 0), (0, 2), (2, 0), (2, 2)):
107            if points[i[0]][i[1]] == 0:
108                temp.append((i[0], i[1]))
109        if len(temp) != 0:
110            return ra.choice(temp)
111
```

图 7-13　机器人抢占四个角的关键代码

在九宫格中,四个角的坐标分别为(0,0)、(0,2)、(2,0)和(2,2)。如图 7-13 所示,第 106～110 行通过一个 for 循环遍历 4 个位于四个角位置的方格,检查这些方格是否尚未下棋子。如果是,则把棋子随机地下到其中某个角位置的方格内,即占据某个角。

7.4　小结与练习

本章剖析了人机对战的井字棋游戏程序。这是我们迄今学过的最复杂的程序,请你逐行逐行耐心地调试这个程序,直到调试成功,整个游戏程序能正常运行为止。亲爱的读者,加油啊,相信经过努力,你一定能够成功的!

请你分析这个游戏程序中机器人所采取的走子策略,并思考人机双方下棋时应如何抢占最佳位置才能取胜,为什么?

第 **8** 章

设计剪刀石头布游戏

8.1　剪刀石头布游戏的玩法

　　亲爱的读者,相信你小时候一定和小伙伴们玩过剪刀石头布游戏吧?

　　本章介绍如何设计剪刀石头布游戏程序。这个游戏的玩法很简单,一方为玩家(人),另一方为计算机(机器人)。游戏双方同时随机地出拳,出拳时共有 3 种形状的手势可以选择,分别是剪刀、石头和布。剪刀可以战胜布;石头可以战胜剪刀;布可以战胜石头;如果双方出拳的手势相同则战和。

8.2　剪刀石头布游戏的设计思路

　　剪刀石头布游戏的设计思路如图 8-1 所示。

　　本游戏程序由一个永不停止的循环控制。循环开始时由双方随机出拳,如果计算机出石头且玩家出布,或者计算机出布且玩家出剪刀,或者计算机出剪刀且玩家出石头,则这 3 种情况都显示玩家胜;如果计算机出拳与玩家相同,则显示双方战和;如果以上条件都不满足,则显示计算机胜。

　　最后,跳回到程序的开头,执行下一轮循环。

8.3　剪刀石头布游戏程序的详细设计步骤

8.3.1　剪刀石头布游戏(文字版)代码剖析

　　剪刀石头布(文字版)游戏的程序很简单,只要使用随机数库 random、计时库 time、输入函数 input()和输出函数 print()就可以轻松地实现。完整的游戏程序如图 8-2 所示。

　　第 1 行,导入随机数库 random 和计时库 time;

　　第 3 行,定义一个永不停止的循环,循环体包括第 4～22 行的所有代码;

　　第 4 行,定义包括石头、剪刀和布这 3 种手势的列表变量 punches;

　　第 5 行,用随机函数令计算机随机地生成某种手势,并保存到变量 computer_choice 中;

　　第 6 行,显示"请出拳:0＝石头,1＝剪刀,2＝布",把玩家输入的数字转换成整数并且

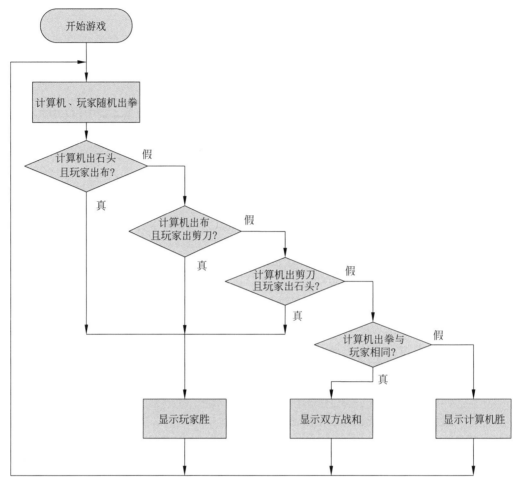

图 8-1 剪刀石头布游戏的设计思路

保存到变量 i 中；

第 7、8 行，如果变量 i 的值小于 0 或大于 2，即玩家输入错误，则显示"输入错误，请重新出拳：0＝石头，1＝剪刀，2＝布"，等待玩家重新输入，然后把玩家输入的数字转换成整数并且保存到变量 i 中；

第 10 行，根据变量 i 的取值生成玩家的手势，并保存到变量 user_choice 中；

第 11 行，显示"----战斗过程----"；

第 12 行，显示"计算机＝"和计算机的手势；

第 13 行，显示"玩家＝"和玩家的手势；

第 14 行，调用计时库的延迟函数 sleep()，延迟 1s；

第 15~17 行，判断是否玩家胜。如果计算机为"石头"而玩家为"布"，或者计算机为"布"而玩家为"剪刀"，或者计算机为"剪刀"而玩家为"石头"，则执行第 18 行；

第 18 行，显示"玩家胜！恭喜你！"；

第 19 行，判断双方的手势是否相同，如果是，则执行第 20 行；

第 20 行，显示"双方战和了！"

```
例8-1 剪刀石头布.py ×
1       import random, time
2
3     ┌ while True:
4           punches = ['石头', '剪刀', '布']
5           computer_choice = random.choice(punches)
6           i = int(input('请出拳: 0=石头, 1=剪刀, 2=布 '))
7           while i<0 or i>2:
8               i = int(input('输入错误, 请重新出拳: 0=石头, 1=剪刀, 2=布 '))
9
10          user_choice = punches[i]
11          print('----战斗过程----')
12          print("计算机 = "+computer_choice)
13          print("玩家 = "+user_choice)
14          time.sleep(1)
15          if (computer_choice == '石头' and user_choice == '布')\
16                  or (computer_choice == '布' and user_choice == '剪刀')\
17                  or (computer_choice == '剪刀' and user_choice == '石头'):
18              print('玩家胜! 恭喜你! ')
19          elif computer_choice == user_choice:
20              print('双方战和了! ')
21          else:
22              print('很遗憾, 电脑胜! ')
23
```

图 8-2 剪刀石头布游戏程序(文字版)

第 21 行,如果属于其他情况,则执行第 22 行;

第 22 行,显示"很遗憾,计算机胜!"

第 23 行,跳回第 3 行,重新执行下一轮循环。

以上程序的运行示例如图 8-3 所示。

```
例8-1 剪刀石头布 ×
C:\Users\Administrator\PycharmProjects\pythonProject\venv\Scripts\python.exe "C:/Users/
请出拳: 0=石头, 1=剪刀, 2=布 3
输入错误, 请重新出拳: 0=石头, 1=剪刀, 2=布 0
----战斗过程----
计算机 = 剪刀
玩家 = 石头
玩家胜! 恭喜你!
请出拳: 0=石头, 1=剪刀, 2=布 1
----战斗过程----
计算机 = 布
玩家 = 剪刀
玩家胜! 恭喜你!
请出拳: 0=石头, 1=剪刀, 2=布 2
----战斗过程----
计算机 = 布
玩家 = 布
双方战和了!
请出拳: 0=石头, 1=剪刀, 2=布
```

图 8-3 剪刀石头布程序(文字版)的运行示例

8.3.2 剪刀石头布游戏(图形版)代码剖析

文字版的剪刀石头布游戏程序虽然简单,但是游戏的工作界面不够友好,因此,我们把这个游戏程序改进为图形版,其工作界面如图 8-4 所示。

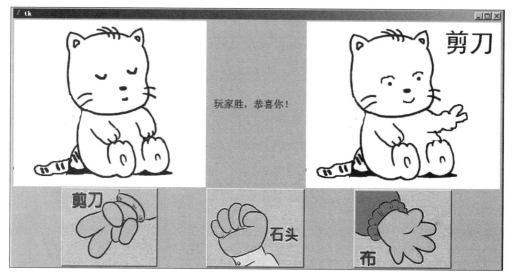

图 8-4 剪刀石头布程序(图形版)的工作界面

图 8-4 模拟可爱的小猫(计算机)与玩家对战,玩家可以使用鼠标选择自己出拳的手势,即可以直接用鼠标单击第 2 行的"剪刀""石头""布"这 3 个按钮中的某一个按钮来出拳。当玩家出拳时,游戏程序会在窗口第 1 行右边显示小猫出拳的手势,判断哪一方取胜,并且在第 1 行的中间位置显示对战的结果。

这个程序需要准备的素材包括玩家所用的 3 张图片,如图 8-5 所示。

scissors.jpg   stone.jpg   cloth.jpg

图 8-5 玩家所用的 3 张图片

还需要准备可爱的小猫所用的 4 张图片,如图 8-6 所示。

图 8-6 可爱的小猫所用的 4 张图片

由于整个游戏程序比较长,因此分 7 个部分对代码进行逐段剖析。

剪刀石头布游戏程序的第 1 部分的作用是导入相关的外部库和进行初始化工作,如图 8-7 所示。

```
例8-2 剪刀石头布2.py ×
1  from tkinter import *
2  from PIL import Image, ImageTk
3  import random
4
5  win = Tk()
6  frame = Frame(win)
7  frame.pack()
8
```

图 8-7 剪刀石头布游戏程序(图形版)的第 1 部分

第 1 行,导入图形库 Tkinter;

第 2 行,导入图像处理库 Pillow;

第 3 行,导入随机数库 random;

第 5 行,使用 Tkinter 库创建窗口 win;

第 6 行,在窗口 win 中创建框架 frame;

第 7 行,显示框架 frame。

剪刀石头布游戏程序的第 2 部分的作用是随机地显示小猫出拳的手势图片,如图 8-8 所示。

```
例8-2 剪刀石头布2.py ×
9   def showding():
10      global random_number,img,photo,ding_label
11      random_number = random.randint(1, 3)
12      if random_number == 1:
13          img = Image.open("ding_scissors.jpg")
14          photo = ImageTk.PhotoImage(img)
15          ding_label = Label(frame, image=photo)
16          ding_label.grid(row=0, column=2)
17      elif random_number == 2:
18          img = Image.open("ding_stone.jpg")
19          photo = ImageTk.PhotoImage(img)
20          ding_label = Label(frame, image=photo)
21          ding_label.grid(row=0, column=2)
22      elif random_number == 3:
23          img = Image.open("ding_cloth.jpg")
24          photo = ImageTk.PhotoImage(img)
25          ding_label = Label(frame, image=photo)
26          ding_label.grid(row=0, column=2)
27
```

图 8-8 剪刀石头布游戏程序(图形版)的第 2 部分

第 9 行,创建函数 showding();

第 10 行,指定 random_number、img、photo、ding_label 为全局变量;

第 11 行,生成位于 1～3 之间的随机的正整数 random_number;

第 12 行,如果随机数 random_number 等于 1(即剪刀),则执行第 13 行至第 16 行;

第 13 行,打开小猫的剪刀手势图片 ding_scissors.jpg,并赋值给 img 对象;

第 14 行，调用 Image 库的 PhotoImage 模块打开 img 对象，并赋值给 photo 对象；

第 15 行，创建标签 ding_label，并在这个标签上加载 photo 对象；

第 16 行，在窗口的第 1 行第 3 列显示 photo 对象，即小猫的剪刀手势图片；

第 17 行，如果随机数 random_number 等于 2（即石头），则执行第 18 行至第 21 行；

第 18 行，打开小猫的石头手势图片 ding_stone.jpg，并赋值给 img 对象；

第 19 行，调用 Image 库的 PhotoImage 模块打开 img 对象，并赋值给 photo 对象；

第 20 行，创建标签 ding_label，并在这个标签上加载 photo 对象；

第 21 行，在窗口的第 1 行第 3 列显示 photo 对象，即小猫的石头手势图片；

第 22 行，如果随机数 random_number 等于 3（即布），则执行第 23 行至第 26 行；

第 23 行，打开小猫的布手势图片 ding_cloth.jpg，并赋值给 img 对象；

第 24 行，调用 Image 库的 PhotoImage 模块打开 img 对象，并赋值给 photo 对象；

第 25 行，创建标签 ding_label，并在这个标签上加载 photo 对象；

第 26 行，在窗口的第 1 行第 3 列显示 photo 对象，即小猫的布手势图片。

剪刀石头布游戏程序的第 3 部分的作用是在玩家按下"剪刀"按钮时判断并显示双方的战果，如图 8-9 所示。

```
例8-2  剪刀石头布2.py ×
28    def check1():                              # 玩家按下了【剪刀】按钮
29        global random_number
30        showding()
31        if random_number == 1:
32            answer_label = Label(frame, text="嘿嘿嘿，双方战和！    ", font=('宋体',14))
33            answer_label.grid(row=0, column=1)
34        elif random_number == 2:
35            answer_label = Label(frame, text="哈哈哈！可爱的小猫胜", font=('宋体',14))
36            answer_label.grid(row=0, column=1)
37        elif random_number == 3:
38            answer_label = Label(frame, text="玩家胜，恭喜你！    ", font=('宋体',14))
39            answer_label.grid(row=0, column=1)
40
```

图 8-9　剪刀石头布游戏程序（图形版）的第 3 部分

第 28 行，创建函数 check1()，这个函数包括第 29～39 行的所有代码；

第 29 行，指定 random_number（代表小猫的手势）为全局变量；

第 30 行，调用第 9 行的显示小猫手势的函数 show_ding()；

第 31～33 行，如果 random_number 等于 1，即双方都出剪刀，则在窗口第 1 行中间显示"嘿嘿嘿，双方战和！"

第 34～36 行，如果 random_number 等于 2，即玩家出剪刀，而小猫出石头，则在窗口第 1 行中间显示"哈哈哈！可爱的小猫胜"；

第 37～39 行，如果 random_number 等于 3，即玩家出剪刀，而小猫出布，则在窗口第 1 行中间显示"玩家胜，恭喜你！"

剪刀石头布游戏程序的第 4 部分的作用是当玩家按下"石头"按钮时判断并显示双方的战果，如图 8-10 所示。

```
例8-2 剪刀石头布2.py ×
41  def check2():                          # 玩家按下了【石头】按钮
42      global random_number
43      showding()
44      if random_number == 1:
45          answer_label = Label(frame, text="玩家胜，恭喜你！   ", font=('宋体',14))
46          answer_label.grid(row=0, column=1)
47      elif random_number == 2:
48          answer_label = Label(frame, text="嘿嘿嘿，双方战和！   ", font=('宋体',14))
49          answer_label.grid(row=0, column=1)
50      elif random_number == 3:
51          answer_label = Label(frame, text="哈哈哈！可爱的小猫胜", font=('宋体',14))
52          answer_label.grid(row=0, column=1)
53
```

图 8-10 剪刀石头布游戏程序(图形版)的第 4 部分

第 41 行，创建函数 check2()，这个函数包括第 42～52 行的所有代码；

第 42 行，指定 random_number(代表小猫的手势)为全局变量；

第 43 行，调用第 9 行的显示小猫手势的函数 show_ding()；

第 44～46 行，如果 random_number 等于 1，即玩家出石头，而小猫出剪刀，则在窗口第 1 行中间显示"玩家胜，恭喜你！"

第 47～49 行，如果 random_number 等于 2，即玩家出石头，而小猫也出石头，则在窗口第 1 行中间显示"嘿嘿嘿，双方战和"；

第 50～52 行，如果 random_number 等于 3，即玩家出石头，而小猫出布，则在窗口第 1 行中间显示"哈哈哈！可爱的小猫胜"。

剪刀石头布游戏程序的第 5 部分的作用是当玩家按下"布"按钮时判断并显示双方的战果，如图 8-11 所示。

```
例8-2 剪刀石头布2.py ×
54  def check3():                          # 玩家按下了【布】按钮
55      global random_number
56      showding()
57      if random_number == 1:
58          answer_label = Label(frame, text="哈哈哈！可爱的小猫胜", font=('宋体',14))
59          answer_label.grid(row=0, column=1)
60      elif random_number == 2:
61          answer_label = Label(frame, text="玩家胜，恭喜你！   ", font=('宋体',14))
62          answer_label.grid(row=0, column=1)
63      elif random_number == 3:
64          answer_label = Label(frame, text="嘿嘿嘿，双方战和！   ", font=('宋体',14))
65          answer_label.grid(row=0, column=1)
66
```

图 8-11 剪刀石头布游戏程序(图形版)的第 5 部分

第 54 行，创建函数 check3()，这个函数包括第 55～65 行的所有代码；

第 55 行，指定 random_number(代表小猫的手势)为全局变量；

第 56 行，调用第 9 行的显示小猫手势的函数 show_ding()；

第 57～59 行，如果 random_number 等于 1，即玩家出布，而小猫出剪刀，则在窗口第 1

行中间显示"哈哈哈！小猫胜"；

第 60～62 行，如果 random_number 等于 2，即玩家出布，而小猫出石头，则在窗口第 1 行中间显示"玩家胜，恭喜你！"

第 63～65 行，如果 random_number 等于 3，即玩家出布，而小猫也出布，则在窗口第 1 行中间显示"嘿嘿嘿，双方战和！"

剪刀石头布游戏程序的第 6 部分的作用是布置窗口中第 1、2 行的控件，如图 8-12 所示。

```
67   img_open = Image.open("ding_sleep.jpg")
68   photo_sleep = ImageTk.PhotoImage(img_open)
69   btn0_label = Label(frame, image = photo_sleep)
70   btn0_label.grid(row=0,column=0)
71
72   answer_label = Label(frame, text="请单击按钮...", font=('宋体',14))
73   answer_label.grid(row=0,column=1)
74
75   img_open = Image.open("scissors.jpg")
76   photo1 = ImageTk.PhotoImage(img_open)
77   btn1_img = Button(frame, image = photo1, command=check1)
78   btn1_img.grid(row=1,column=0)
79
```

图 8-12　剪刀石头布游戏程序（图形版）的第 6 部分

第 67 行，打开小猫的睡觉图片 ding_sleep.jpg，并赋值给 img 对象；

第 68 行，调用 Image 库的 PhotoImage 模块打开 img 对象，并赋值给 photo_sleep 对象；

第 69 行，创建标签 btn0_label，并在这个标签上加载 photo_sleep 对象；

第 70 行，在窗口的第 1 行第 1 列显示 photo_sleep 对象，即小猫的睡觉图片；

第 72 行，创建标签 answer_label，标签的文字为"请单击按钮"；

第 73 行，在窗口中的第 1 行第 2 列显示标签 answer_label；

第 75 行，打开玩家的手势图片 scissors.jpg（即剪刀），并赋值给 img_open 对象；

第 76 行，调用 Image 库的 PhotoImage 模块打开 img_open 对象，并赋值给 photo1 对象；

第 77 行，创建"剪刀"按钮 btn1_img，在这个按钮上加载玩家的剪刀手势图片。当玩家单击这个按钮时，调用第 28 行的函数 check1()；

第 78 行，在窗口的第 2 行第 1 列显示按钮 btn1_img。

剪刀石头布游戏程序的第 7 部分的作用是布置窗口中第 2 行的控件，如图 8-13 所示。

第 80 行，打开玩家的手势图片 stone.jpg（即石头），并赋值给 img_open 对象；

第 81 行，调用 Image 库的 PhotoImage 模块打开 img_open 对象，并赋值给 photo2 对象；

第 82 行，创建"石头"按钮 btn2_img，在这个按钮上加载玩家的石头手势图片。当玩家单击这个按钮时，调用第 41 行的函数 check2()；

第 83 行，在窗口的第 2 行第 2 列显示按钮 btn2_img；

第 85 行，打开玩家的手势图片 cloth.jpg（即布），并赋值给 img_open 对象；

```
例8-2 剪刀石头布2.py ×
80    img_open = Image.open("stone.jpg")
81    photo2 = ImageTk.PhotoImage(img_open)
82    btn2_img = Button(frame, image = photo2, command=check2)
83    btn2_img.grid(row=1,column=1)
84
85    img_open = Image.open("cloth.jpg")
86    photo3 = ImageTk.PhotoImage(img_open)
87    btn3_img = Button(frame, image = photo3 ,command=check3)
88    btn3_img.grid(row=1,column=2)
89
90    frame.mainloop()
91
```

图 8-13 剪刀石头布游戏程序（图形版）的第 7 部分

第 86 行，调用 Image 库的 PhotoImage 模块打开 img_open 对象，并赋值给 photo3 对象；

第 87 行，创建"布"按钮 btn3_img，在这个按钮上加载玩家的布手势图片。当玩家单击这个按钮时，调用第 54 行的函数 check3()；

第 88 行，在窗口的第 2 行第 3 列显示按钮 btn3_img；

第 90 行，进入程序的主循环，循环显示窗口中的各个控件。

8.4　小结与练习

在本章中，我们详细地探讨了如何设计文字版的剪刀石头布游戏程序和图形版的剪刀石头布游戏程序。

文字版的游戏程序比较简单，只有短短的 23 行，编写和调试起来都比较容易；而图形版的游戏程序的画面比较有趣，但是代码要长得多，整整有 91 行。亲爱的读者，这对你来说，正是一个学习的好机会。当然啦，调试时更加需要考验你的细心、专心和耐心，需要耗费很多的时间和精力才会取得成功。

在掌握这个游戏程序的工作原理的基础上，你有兴趣进一步改进这个游戏程序吗？例如，你能够让游戏程序自动统计并显示双方取胜的次数吗？

第 9 章

设计摘星星游戏

9.1 摘星星游戏的玩法

当玩这个游戏时,一颗星星会随机地闪现在夜空中的某个位置,稍纵即逝。玩家必须眼明手快地将鼠标移到星星处并单击以捕捉星星,每捕捉到星星 1 次就可得 1 分。

9.2 摘星星游戏的设计思路

摘星星游戏的设计思路如图 9-1 所示。

9.3 摘星星游戏程序的详细设计步骤

摘星星游戏的工作画面如图 9-2 所示。窗口的左上角用于显示当前游戏的得分,上方的中部用于显示历次游戏的最高得分,右上角用于显示本次游戏剩余的时间。

这个游戏程序需要 4 个素材文件:第 1 个是夜空的图片文件 space.jpg,第 2 个是星星的文件 star.png,第 3 个是背景音乐文件 music.mp3,第 4 个是捕捉到星星时的提示音文件 test.wav。

摘星星游戏程序较长,以下分 5 个部分介绍。

摘星星游戏程序的第 1 部分如图 9-3 所示。

第 1 部分程序的作用是,首先加载游戏库 Pygame、系统库 sys、随机数库 random、混音器模块 mixer 和计时库 time;接着初始化 Pygame;然后加载声音文件 test.wav 并将其放置到第 1 个声音通道;最后加载并播放背景音乐文件 music.mp3。

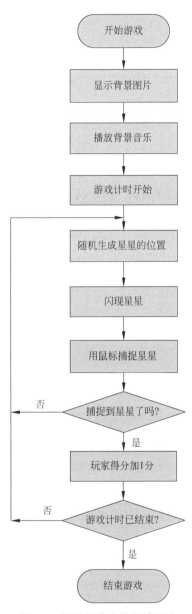

图 9-1 摘星星游戏的设计思路

图 9-2　摘星星游戏的工作画面

```
1   import pygame
2   import sys
3   from pygame.locals import *
4   from random import randint
5
6   import pygame.mixer
7   from time import sleep
8
9   pygame.init()
10  pygame.mixer.init(48000,-16,1,1024)
11  sound = pygame.mixer.Sound("test.wav")
12  channelA=pygame.mixer.Channel(1)
13
14  file='music.mp3'
15  pygame.mixer.init()
16  track = pygame.mixer.music.load(file)
17  pygame.mixer.music.play()
18
```

图 9-3　摘星星游戏程序的第 1 部分

第 1 行,导入游戏库 Pygame;

第 2 行,导入系统库 sys;

第 3 行,导入游戏库 Pygame 的 locals 模块;

第 4 行,导入随机数库 random;

第 6 行,导入游戏库 Pygame 的混音器模块 mixer;

第 7 行,导入计时库 time 的延时模块 sleep;

第 9 行,初始化 Pygame;

第 10 行,初始化混音器 mixer;

第 11 行,加载声音文件 test. wav;

第 12 行,把声音文件 test. wav 放置到第 1 个声音通道;

第 14 行,指定背景音乐文件名 file 为 music. mp3;

第 15 行,初始化混音器 mixer;

第 16 行,加载背景音乐文件 music. mp3;

第 17 行,播放背景音乐文件。

摘星星游戏程序的第 2 部分如图 9-4 所示。

```
例9-1 摘星星游戏程序.py ×
19    screen = pygame.display.set_mode((800,600))
20    pygame.display.set_caption("Catch  Star  Game")
21    surface=pygame.display.get_surface()
22
23    clock=pygame.time.Clock()
24
25    background=pygame.image.load("space.jpg").convert_alpha()
26    target=pygame.image.load("star.png").convert_alpha()
27
28    n=25
29    score=0
30    highscore=0
31    timer=800
32    position_target_x = randint(10,750)
33    position_target_y = randint(10,550)
34    position_target=(position_target_x, position_target_y)
35
```

图 9-4　摘星星游戏程序的第 2 部分

第 2 部分程序的作用是,首先创建一个大小为 800×600 的窗口,窗口标题设置为
"Catch Star Game"(摘星星游戏);接着创建一个表面对象,创建时钟,加载夜空背景文件
space. jpg 和星星图形文件 star. png(注:此时仅仅加载图形,但尚未显示图形);然后定义
变量 n 并赋值为 25,用作星星显示的延时参数;定义变量 score 并赋值为 0,用于计算本次
游戏得分;定义变量 highscore 并赋值为 0,用于存放最高得分;定义变量 timer 并赋值为
800,用于游戏计时;最后生成星星出现的随机的位置坐标并保存到变量 position_
target 中。

在摘星星游戏程序中,变量 n 值的大小对应星星在夜空中停留的时间,即游戏的难度。
n 的值越小,星星就会越频繁地闪现在不同的位置,玩家就越难捕捉到星星。

第 19 行,创建一个大小为 800×600 像素的窗口;

第 20 行,设置窗口标题为"Catch Star Game";

第 21 行,创建一个表面对象 surface;

第 23 行,创建时钟 clock,用于游戏的计时;

第 25 行,加载夜空背景图片 space. jpg;

第 26 行,加载星星图片 star. png;

第 28 行,定义闪现的星星在某个位置停留的时间变量 n,初始值为 25;

第 29 行,定义得分变量 score,初始值为 0;

第 30 行,定义历次游戏的最高得分变量 highscore,初始值为 0;

第 31 行,定义每一轮游戏的倒计时变量 timer,初始值为 800;

第 32 行,调用随机数函数生成星星随机出现的位置的横坐标;

第 33 行,调用随机数函数生成星星随机出现的位置的纵坐标;

第 34 行,组成星星随机出现的位置的坐标对。

摘星星游戏程序的第 3 部分如图 9-5 所示。

```
例9-1 摘星星游戏程序.py ×
36    while True:
37        clock.tick(30)
38        for event in pygame.event.get():
39            if event.type==QUIT:
40                pygame.quit()
41                quit()
42        surface.fill((255,255,255))
43
44        position_mouse_x,position_mouse_y = pygame.mouse.get_pos()
45        position_mouse=(position_mouse_x,position_mouse_y)
46
47        left_button,mid_button,right_button=pygame.mouse.get_pressed()
48        if right_button:
49            pygame.quit()
50            quit()
51
52        screen.blit(background,(0,0))
53        screen.blit(target,position_target)
54
```

图 9-5　摘星星游戏程序的第 3 部分

第 3 部分程序的作用是,首先创建一个永不停止的主循环,并将屏幕的刷新率定义为每秒 30 次;接着检测窗口事件,如果为关闭窗口事件,则退出程序;接着将表面颜色填充为白色;然后检测鼠标事件,将当前鼠标的坐标参数保存到变量 position_mouse 中,并判断是否按下了鼠标右键,如果是,则退出程序;最后用 screen. blit()函数显示夜空背景和星星。

第 36 行,创建一个永不停止的主循环;

第 37 行,调用计时器 clock,将屏幕的刷新率定义为每秒 30 次;

第 38 行,检测窗口的键盘和鼠标事件;

第 39~41 行,如果键盘和鼠标事件为关闭窗口事件,则退出程序;

第 42 行,将表面颜色填充为白色;

第 44、45 行,检测鼠标事件,将当前鼠标的坐标参数保存到变量 position_mouse 中;

第 47 行,检测鼠标的按键事件;

第 48~50 行,如果右击,则退出程序;

第 52 行,在窗口中显示夜空的背景图片 background. jpg;

第 53 行,在窗口中显示星星图片 star. png。

摘星星游戏程序的第 4 部分如图 9-6 所示。

```
🎮 例9-1 摘星星游戏程序.py ×
55      if abs(position_target_x +30 - position_mouse_x)<10 and \
56         abs(position_target_y +30 - position_mouse_y)<10 and left_button:
57          n=0
58          score=score+1
59          channelA.play(sound)
60          sleep(1.0)
61
62      if highscore<score:
63          highscore=score
64
65      font=pygame.font.Font(None,36)
66      text1=font.render("Score "+str(score),1,(100,121,200))
67      screen.blit(text1,(0,0))
68
69      font=pygame.font.Font(None,36)
70      text2=font.render("HighScore "+str(highscore),1,(100,121,200))
71      screen.blit(text2,(320,0))
72
73      timer = timer -1
74      text3=font.render("Time "+str(timer),1,(100,121,200))
75      screen.blit(text3,(680,0))
```

图 9-6　摘星星游戏程序的第 4 部分

第 4 部分程序的作用是，首先判断当单击时，鼠标指针是否很接近星星，即鼠标指针的坐标与星星中心的坐标之差是否在 10 以内，如果是，则本次游戏得分变量 score 加 1 分，并发出一个短促的提示音；然后比较本次游戏得分变量 score 是否大于最高分变量 highscore，如果是，则更新最高分变量 highscore 为本次游戏得分变量 score 的值；接着在窗口左上角显示本次游戏得分，在顶部中间显示最高分，并在右上角显示游戏的剩余时间。

第 55、56 行，如果玩家当前鼠标的坐标与星星的坐标很接近，即捕捉到星星，则执行第 57～60 行的代码；

第 57 行，把星星在某个位置停留的时间变量 n 设为 0；

第 58 行，把游戏得分加 1；

第 59 行，发出"嘟"的响声；

第 60 行，延时 1s；

第 62、63 行，如果最高得分变量 highscore 的值小于本次得分变量 score 的值，则将最高得分变量 highscore 赋值为变量 score 的值；

第 65～67 行，在窗口左上角显示本次游戏得分；

第 69～71 行，在窗口顶部中间显示最高分；

第 73 行，将剩余时间变量 timer 的值减 1；

第 74、75 行，在窗口右上角显示游戏的剩余时间变量 timer 的值。

摘星星游戏程序的第 5 部分如图 9-7 所示。

第 5 部分程序的作用是，首先判断本次游戏剩余时间的变量 timer 的值是否小于或者等于 0，如果是，则结束本次游戏，将 timer 的值重置为 800，将得分变量 score 重置为 0，并进入下一次游戏；然后将星星延时变量 n 的值减 1，并判断 n 的值是否小于或者等于 0，如果是，则需要改变星星的位置，即把 n 的初值重新设置为 25，并重新生成星星下一个随机出现的位置坐标 position_target，然后在新位置坐标 position_target 上显示星星。

```
76    if timer<=0:
77        timer=800
78        score=0
79        pygame.mixer.music.play()
80
81    n=n-1
82    if n<=0:
83        n=25
84        position_target_x = randint(10,750)
85        position_target_y = randint(10,550)
86        position_target=(position_target_x, position_target_y)
87        screen.blit(background,(0,0))
88
89    pygame.display.update()
90
```

图 9-7 摘星星游戏程序的第 5 部分

第 76 行,如果剩余时间变量 timer 的值小于或等于 0,即倒计时结束,则执行第 77～79 行,准备下一轮的游戏;

第 77 行,把剩余时间变量 timer 的值设置为 800;

第 78 行,把得分变量 score 的值设置为 0;

第 79 行,播放背景音乐;

第 81 行,把星星在某处的停留时间变量 n 的值减 1;

第 82 行,如果 n 小于或等于 0,即星星闪现的时间已过,则执行第 83～87 行,令星星随机地闪现在下一个位置;

第 83 行,把星星在某处的停留时间变量 n 的值重置为 25;

第 84 行,调用随机数函数生成星星随机出现的位置的横坐标;

第 85 行,调用随机数函数生成星星随机出现的位置的纵坐标;

第 86 行,组成星星下一个随机出现的位置坐标 position_target;

第 87 行,在新位置坐标 position_target 上显示星星;

第 89 行,这一行是第 36 行定义的永不停止的主循环的所有代码的最后一行,其作用是刷新窗口,重新显示窗口的背景图片和星星图片。

9.4 小结与练习

本章剖析了一个用鼠标控制的摘星星游戏程序。这个游戏程序并不算太长,请耐心地调试本程序,并仔细地阅读本章的详细设计步骤,理解整个游戏的工作原理。

请思考以下问题:

(1)如果你感到游戏的难度太大,请问应该如何修改程序来降低游戏难度?

(2)怎样修改游戏的背景音乐?

(3)请参考本游戏程序设计一个摘月亮的游戏。月亮随机闪现在夜空中,时弯时圆,如果摘到弯月,可得 60 分;如果摘到半月,可得 80 分;如果摘到满月,得 100 分。

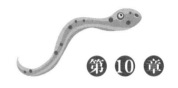

第 **10** 章

设计打地鼠游戏

10.1 打地鼠游戏的玩法

一只地鼠会随机地出现在地面上的某个洞口,很快又躲起来。玩家必须眼明手快地把小锤子移到地鼠头部的位置,并单击鼠标来敲打地鼠。打中地鼠 1 次可以得 1 分。

10.2 打地鼠游戏的设计思路

打地鼠游戏的设计思路如图 10-1 所示。

10.3 打地鼠游戏程序的详细设计步骤

打地鼠游戏的工作画面如图 10-2 所示。窗口的左上角用于显示当前游戏的得分,地面上共有 12 个小洞,地鼠会随机地出现在其中某个洞口。

这个游戏程序需要 4 个素材文件,第 1 个是地面的图片文件 background.jpg,第 2 个是小锤子的图片文件 hammer.png,第 3 个是地鼠的图片文件 mole.png,第 4 个是打中地鼠时的提示音文件 du.wav。

打地鼠游戏的程序较长,以下分为 7 个部分剖析。

打地鼠游戏程序的第 1 部分如图 10-3 所示.

第 1 部分程序的作用是导入相关的库,导入声音文件和初始化窗口等。

第 1 行,导入游戏库 Pygame;

第 2 行,导入系统库 sys;

第 3 行,导入游戏库 Pygame 的 locals 模块;

第 4 行,导入随机数库 random;

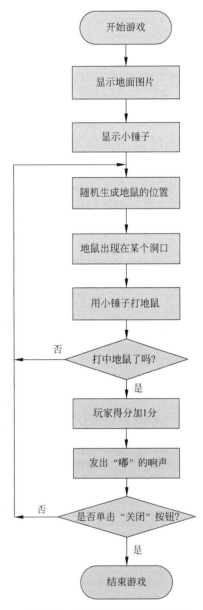

图 10-1 打地鼠游戏的设计思路

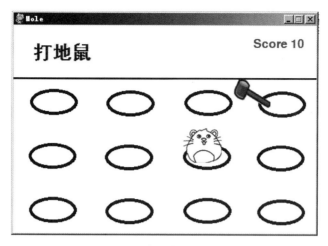

图 10-2　打地鼠游戏的工作画面

```
例10-1 打地鼠游戏程序.py ×
 1   import pygame
 2   import sys
 3   from pygame.locals import *
 4   from random import randint
 5
 6   import pygame.mixer
 7   from time import sleep
 8
 9   pygame.init()
10   pygame.mixer.init(48000,-16,1,1024)
11   sound = pygame.mixer.Sound("du.wav")
12   channelA=pygame.mixer.Channel(1)
13
14   screen = pygame.display.set_mode((480,320))
15   pygame.display.set_caption("Mole")
16   surface=pygame.display.get_surface()
17
```

图 10-3　打地鼠游戏程序的第 1 部分

第 6 行，导入游戏库 Pygame 的混音器模块 mixer；

第 7 行，导入计时库 time 的延时模块 sleep；

第 9 行，初始化 Pygame；

第 10 行，初始化混音器 mixer；

第 11 行，加载声音文件 du. wav；

第 12 行，把声音文件 du. wav 放置到第 1 个声音通道；

第 14 行，创建一个大小为 480×320 像素的窗口 screen；

第 15 行，设置窗口的标题为 Mole；

第 16 行，在窗口中创建表面 surface。

打地鼠游戏程序的第 2 部分如图 10-4 所示。

第 2 部分程序的作用是加载地面、地鼠和小锤子的图片，初始化得分变量，并设置地鼠的初始位置。

第 18 行，创建时钟 clock，用于游戏的计时；

```
例10-1 打地鼠游戏程序.py
18  clock=pygame.time.Clock()
19
20  background=pygame.image.load("background.jpg").convert_alpha()
21  mole=pygame.image.load("mole.png").convert_alpha()
22  hammer=pygame.image.load("hammer.png").convert_alpha()
23  pygame.mouse.set_visible(False)
24
25  x=1
26  score=0
27  position_mole_x = 30
28  position_mole_y = 72
29  position_mole = (30,72)
30
```

图 10-4　打地鼠游戏程序的第 2 部分

第 20 行,加载有 12 个小洞口的地面图片 background.jpg;
第 21 行,加载地鼠图片 mole.png;
第 22 行,加载小锤子图片 hammer.png;
第 23 行,隐藏鼠标指针;
第 25 行,定义变量 x,初始值为 1;
第 26 行,定义得分变量 score,初始值为 0;
第 27 行,定义地鼠起始位置的横坐标,初始值为 30;
第 28 行,定义地鼠起始位置的纵坐标,初始值为 72;
第 29 行,定义地鼠的坐标变量 position_mole。
打地鼠游戏程序的第 3 部分如图 10-5 所示。

```
例10-1 打地鼠游戏程序.py
31  while True:
32      clock.tick(30)
33
34      x=x+1
35      if x>12:
36          x=1
37          n = randint(1, 12)
38          if n == 1:
39              position_mole_x = 30
40              position_mole_y = 72
41          elif n == 2:
42              position_mole_x = 150
43              position_mole_y = 72
44          elif n == 3:
45              position_mole_x = 270
46              position_mole_y = 72
47          elif n == 4:
48              position_mole_x = 390
49              position_mole_y = 75
```

图 10-5　打地鼠游戏程序的第 3 部分

第 3 部分程序的作用是调用随机数函数产生地鼠随机地出现的洞口位置。

在打地鼠游戏程序中,变量 x 值的大小对应着地鼠在洞口中停留的时间,即游戏的难度。x 的值越小,地鼠就会越频繁地闪现在不同的洞口,玩家就越难打中地鼠。

第 31 行,创建一个永不停止的主循环;

第 32 行,调用计时器 clock,将屏幕的刷新率定义为每秒 30 次;

第 34 行,把变量 x 的值加 1;

第 35 行,如果变量 x 的值大于 12,则执行第 36~75 行的所有行,用于令地鼠随机地出现在某个洞口;

第 36 行,把变量 x 的值重新设置为 1;

第 37 行,调用随机数函数随机地产生 1 个位于 1~12 之间的正整数 n;

第 38~40 行,如果 n 等于 1,则地鼠出现在第 1 个洞口,坐标为(32,72);

第 41~43 行,如果 n 等于 2,则地鼠出现在第 2 个洞口,坐标为(150,72);

第 44~46 行,如果 n 等于 3,则地鼠出现在第 3 个洞口,坐标为(270,72);

第 47~49 行,如果 n 等于 4,则地鼠出现在第 4 个洞口,坐标为(150,72)。

打地鼠游戏程序的第 4 部分如图 10-6 所示。

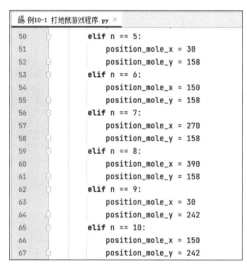

图 10-6 打地鼠游戏程序的第 4 部分

第 4 部分程序的作用是继续根据随机数 n 生成地鼠出现的洞口位置坐标。

第 50~52 行,如果 n 等于 5,则地鼠出现在第 5 个洞口,坐标为(30,158);

第 53~55 行,如果 n 等于 6,则地鼠出现在第 6 个洞口,坐标为(150,158);

第 56~58 行,如果 n 等于 7,则地鼠出现在第 7 个洞口,坐标为(270,158);

第 59~61 行,如果 n 等于 8,则地鼠出现在第 8 个洞口,坐标为(390,158);

第 62~64 行,如果 n 等于 9,则地鼠出现在第 9 个洞口,坐标为(30,242);

第 65~67 行,如果 n 等于 10,则地鼠出现在第 10 个洞口,坐标为(150,242)。

打地鼠游戏程序的第 5 部分如图 10-7 所示。

第 68~70 行,如果 n 等于 11,则地鼠出现在第 11 个洞口,坐标为(270,242);

第 71~73 行,如果 n 等于 12,则地鼠出现在第 12 个洞口,坐标为(390,242);

第 75 行,用前面生成的横坐标和纵坐标组成地鼠完整的位置坐标 position_mole;

第 77 行,检测窗口的键盘和鼠标事件;

第 78~80 行,如果为关闭窗口事件,则退出程序;

```
例10-1 打地鼠游戏程序.py ×
68              elif n == 11:
69                  position_mole_x = 270
70                  position_mole_y = 242
71              elif n == 12:
72                  position_mole_x = 390
73                  position_mole_y = 242
74
75              position_mole = (position_mole_x,position_mole_y)
76
77          for event in pygame.event.get():
78              if event.type==QUIT:
79                  pygame.quit()
80                  quit()
81          surface.fill((255,255,255))
82
```

图 10-7　打地鼠游戏程序的第 5 部分

第 81 行，把窗口的表面填充为白色。

打地鼠游戏程序的第 6 部分如图 10-8 所示。

```
例10-1 打地鼠游戏程序.py ×
83          left_button,mid_button,right_button=pygame.mouse.get_pressed()
84          if right_button:
85              pygame.quit()
86              quit()
87
88          position_mouse_x,position_mouse_y = pygame.mouse.get_pos()
89          position_mouse=(position_mouse_x,position_mouse_y)
90
91          screen.blit(background,(0,0))
92          screen.blit(mole,position_mole)
93          screen.blit(hammer,position_mouse)
94
95          font = pygame.font.Font(None, 28)
96          text1 = font.render("Score " + str(score), 1, (100, 121, 200))
97          screen.blit(text1, (380, 18))
98
```

图 10-8　打地鼠游戏程序的第 6 部分

第 83 行，检测鼠标的按钮事件；

第 84~86 行，如果单击了鼠标的右键，则退出程序；

第 88 行和 89 行，读取当前鼠标的坐标，并保存到变量 position_mouse 中；

第 91 行，在窗口中显示地面的图片；

第 92 行，在窗口的第 n 个洞口中显示地鼠的图片；

第 93 行，在窗口的当前鼠标的位置显示小锤子的图片；

第 95 行，指定文字的字体为默认字体，字号为 28；

第 96 行，定义得分信息的前半部分为 Score，后半部分为得分变量 score 的值，文字颜色为蓝色；

第 97 行，在窗口的左上角显示得分。

打地鼠游戏程序的第 7 部分如图 10-9 所示。

例10-1 打地鼠游戏程序.py

```
99      if left_button and abs(position_mouse_x-position_mole_x)<30 \
100             and abs(position_mouse_y-position_mole_y)<30:
101         score=score+1
102         channelA.play(sound)
103         sleep(0.5)
104 
105     sleep(0.1)
106 
107     pygame.display.update()
108 
```

图 10-9 打地鼠游戏程序的第 7 部分

第 99、100 行，如果单击了鼠标的左键，并且当前鼠标的坐标与地鼠的坐标相差小于 30，即小锤子打中了地鼠，则执行第 101～103 行；

第 101 行，得分加 1 分；

第 102 行，发出“嘟”的一声；

第 103 行，暂停 0.5s；

第 105 行，暂停 0.1s；

第 107 行，刷新窗口，重新显示窗口中的所有元素。

10.4 小结与练习

本章详细剖析了一个用 Pygame 实现的打地鼠游戏程序。这个游戏程序与上一章的摘星星游戏类似，请仔细地阅读本章的详细设计步骤，理解整个游戏的工作原理，并耐心地调试本程序。

请思考并解决以下问题：

如果要把本游戏供地鼠躲藏的洞口改为 25 个，请问应该如何修改程序？

第 11 章

设计弹球游戏

11.1 弹球游戏的玩法

弹球游戏的玩法很简单:一个弹球在有四面墙壁的画面中沿直线运动,当遇到墙壁时就会反弹,即沿反弹方向做直线运动。生命值的初值等于 3,当弹球碰到底部的墙壁时会失去 1 个生命值,当生命值等于 0 时游戏结束。在画面的下方有一块挡板,玩家可以通过鼠标控制挡板左右移动,从而挡住弹球,避免弹球碰到底部的墙壁。

11.2 弹球游戏的设计思路

弹球游戏的设计思路如图 11-1 所示。

11.3 弹球游戏程序的详细设计步骤

弹球游戏的工作界面如图 11-2 所示。

在图 11-2 中,弹球在四面墙壁上来回反弹,画面的上方显示生命数和得分;画面下方的挡板可以由玩家用鼠标拖曳控制左右移动,以阻止弹球碰到下方的墙壁。在游戏过程中,弹球的移动速度会越来越快,以加大游戏的难度。单击鼠标左键可以令挡板变长,右击鼠标可以令挡板变短。

这个弹球游戏程序需要准备以下 5 个素材文件:

背景图片 spring.jpg、弹球图片 ball.gif、背景音乐文件 music.mp3、撞击墙壁的声音文件

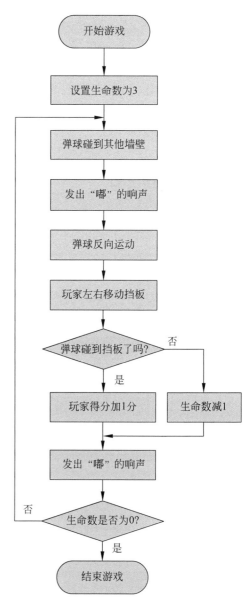

图 11-1 弹球游戏的设计思路

图 11-2　弹球游戏的工作界面

good.wav、游戏结束的声音 gameover.wav。

　　弹球游戏程序较长,分为 7 部分来说明。

　　弹球游戏程序的第 1 部分如图 11-3 所示。

```
例11-1 弹球.py ×
1    import pygame                                    # 导入pygame库
2    pygame.init()                                    # 初始化pygame
3    screen = pygame.display.set_mode([800,600])  # 创建窗口
4
5    # 创建颜色变量
6    WHITE = (255,255,255)
7    BLACK = (0,0,0)
8    RED = (255,0,0)
9    BLUE = (0,0,255)
10   YELLOW = (255,255,0)
11
12   # 加载背景图片
13   background=pygame.image.load("spring.jpg").convert_alpha()
14
15   ball = pygame.image.load("ball.gif")   # 加载弹球的图像
16   ballx = 0                              # 弹球的X坐标
17   bally = 0                              # 弹球的Y坐标
18   speedx = 5                             # 弹球在X坐标方向移动的速度
19   speedy = 5                             # 弹球在Y坐标方向移动的速度
20
```

图 11-3　弹球游戏程序的第 1 部分

　　第 1 行,导入 Pygame 游戏库;

　　第 2 行,初始化 Pygame;

第 3 行,创建一个 800×600 像素的窗口;

第 6 行,创建白色变量 WHITE;

第 7 行,创建黑色变量 BLACK;

第 8 行,创建红色变量 RED;

第 9 行,创建蓝色变量 BLUE;

第 10 行,创建黄色变量 YELLOW;

第 13 行,加载背景图片 spring.jpg;

第 15 行,加载弹球的图像 ball.gif;

第 16 行,定义弹球的 x 坐标;

第 17 行,定义弹球的 y 坐标;

第 18 行,定义弹球在 x 方向移动的速度;

第 19 行,定义弹球在 y 方向移动的速度。

弹球游戏程序的第 2 部分如图 11-4 所示。

```
21    paddlew = 100                                    # 挡板的宽
22    paddleh = 15                                     # 挡板的高
23    paddlex = 300                                    # 挡板的X坐标
24    paddley = 570                                    # 挡板的Y坐标
25
26    font = pygame.font.SysFont("SimHei", 24)         # 设置支持中文的字体
27    timer = pygame.time.Clock() #创建了Clock对象
28    points = 0                                       # 得分
29    lives = 3                                        # 生命数
30
31    pop=pygame.mixer.Sound("music.mp3")              # 加载背景音乐
32    pop.play(-1)                                     # 播放背景音乐
33    sound1 = pygame.mixer.Sound("good.wav")          # 加载撞击墙壁的声音
34    channelA=pygame.mixer.Channel(1)
35    sound2 = pygame.mixer.Sound("gameover.wav")      # 加载游戏结束的声音
36    channelB=pygame.mixer.Channel(2)
37
```

图 11-4　弹球游戏程序的第 2 部分

第 21 行,设置挡板的初始宽度变量 paddlew 为 100;

第 22 行,设置挡板的初始高度变量 paddleh 为 15;

第 23 行,设置挡板初始位置的 x 坐标 paddlex 为 300;

第 24 行,设置挡板初始位置的 y 坐标 paddley 为 570;

第 26 行,设置显示的文字的字体为 SimHei,字号为 24;

第 27 行,创建时钟对象;

第 28 行,定义得分变量 points,初始值为 0;

第 29 行,定义生命数 lives,初始值为 3;

第 31 行,加载背景音乐 music.mp3;

第 32 行,循环播放背景音乐;

第 33、34 行,加载弹球撞击墙壁的声音;

第 35、36 行,加载游戏结束的声音。

弹球游戏程序的第 3 部分如图 11-5 所示。

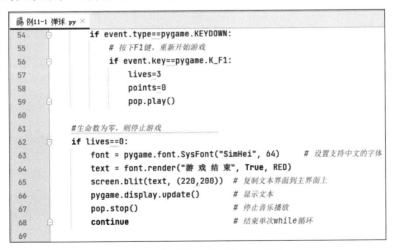

```
38      # 游戏循环
39      Running = True
40      while Running:
41          # 事件循环
42          for event in pygame.event.get():
43              if event.type == pygame.QUIT:
44                  Running = False
45
46              if event.type==pygame.MOUSEBUTTONDOWN:
47                  # 按下左键，并且长度小于200的时候，挡板长度翻倍
48                  if pygame.mouse.get_pressed()[0] and paddlew<200:
49                      paddlew=paddlew*2
50                  # 按下右键，并且长度大于20的时候，挡板长度减半
51                  elif pygame.mouse.get_pressed()[2] and paddlew>20:
52                      paddlew=paddlew/2
53
```

图 11-5　弹球游戏程序的第 3 部分

第 39 行，定义逻辑变量 Running 的值为 True(真)；

第 40 行，创建永不停止的循环；

第 42 行，检测键盘和鼠标事件；

第 43、44 行，如果事件为关闭，则结束程序；

第 46 行，如果为单击鼠标按键事件，则执行第 47～52 行；

第 47～49 行，如果单击左键，且挡板长度小于 200，则把挡板长度变为原来的 2 倍；

第 50～52 行，如果单击右键，且挡板长度大于 20，则把挡板长度变为原来的一半。

弹球游戏程序的第 4 部分如图 11-6 所示。

```
54          if event.type==pygame.KEYDOWN:
55              # 按下F1键，重新开始游戏
56              if event.key==pygame.K_F1:
57                  lives=3
58                  points=0
59                  pop.play()
60
61      #生命数为零，则停止游戏
62      if lives==0:
63          font = pygame.font.SysFont("SimHei", 64)    # 设置支持中文的字体
64          text = font.render("游 戏 结 束", True, RED)
65          screen.blit(text, (220,200))     # 复制文本界面到主界面上
66          pygame.display.update()          # 显示文本
67          pop.stop()                       # 停止音乐播放
68          continue                         # 结束单次while循环
69
```

图 11-6　弹球游戏程序的第 4 部分

第 54 行，如果玩家按下了某个键，则执行第 55～59 行；

第 56 行，如果按下了 F1 键，则重新开始游戏；

第 57 行，生命数重置为 3；

第 58 行，得分重置为 0；

第 59 行,从头开始播放背景音乐;

第 62 行,如果生命数等于 0,则执行第 63~68 行;

第 63 行,设置文字的字体为 SimHei,字号为 64;

第 64 行,定义文本变量 text,内容为"游戏结束",颜色为红色;

第 65 行,复制文本变量 text 到坐标(200,200)处;

第 66 行,显示文本变量 text;

第 67 行,停止播放背景音乐;

第 68 行,结束本次循环。

弹球游戏程序的第 5 部分如图 11-7 所示。

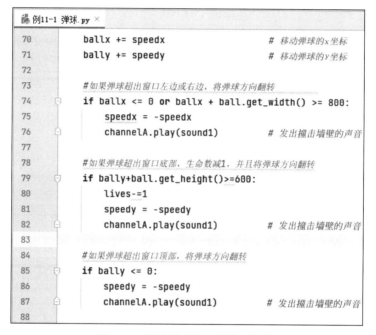

```python
        ballx += speedx                          # 移动弹球的x坐标
        bally += speedy                          # 移动弹球的y坐标

        #如果弹球超出窗口左边或右边，将弹球方向翻转
        if ballx <= 0 or ballx + ball.get_width() >= 800:
            speedx = -speedx
            channelA.play(sound1)                # 发出撞击墙壁的声音

        #如果弹球超出窗口底部，生命数减1，并且将弹球方向翻转
        if bally+ball.get_height()>=600:
            lives-=1
            speedy = -speedy
            channelA.play(sound1)                # 发出撞击墙壁的声音

        #如果弹球超出窗口顶部，将弹球方向翻转
        if bally <= 0:
            speedy = -speedy
            channelA.play(sound1)                # 发出撞击墙壁的声音
```

图 11-7　弹球游戏程序的第 5 部分

第 70 行,移动弹球的 x 坐标;

第 71 行,移动弹球的 y 坐标;

第 74 行,如果弹球碰到左边界和右边界,则执行第 75、76 行;

第 75 行,将弹球的水平运动方向翻转;

第 76 行,发出撞击墙壁的声音;

第 79 行,如果弹球超出窗口底部,则执行第 80~82 行;

第 80 行,将生命数减 1;

第 81 行,将弹球的垂直运动方向翻转;

第 82 行,发出撞击墙壁的声音;

第 85 行,如果弹球超出窗口顶部,则执行第 86、87 行;

第 86 行,将弹球的垂直运动方向翻转;

第 87 行,发出撞击墙壁的声音。

弹球游戏程序的第 6 部分如图 11-8 所示。

```
89     screen.blit(background,(0,0))      # 填充背景图片
90     screen.blit(ball, (ballx, bally))  # 复制弹球界面到主界面上
91
92     # 绘制和移动挡板
93     paddlex = pygame.mouse.get_pos()[0] # x坐标随着鼠标移动而变化
94     pygame.draw.rect(screen, YELLOW, (paddlex, paddley, paddlew, paddleh))
95
96     # 如果弹球的底部碰到挡板而且速度大于0，并且一半的弹球的x坐标落在挡板上，弹球就可以反弹
97     if bally + ball.get_height() >= paddley and speedy > 0:
98         if ballx + ball.get_width() /2 >= paddlex and \
99                 ballx + ball.get_width() / 2 <= paddlex + paddlew:
100    # 弹球碰到挡板的处理
101            points += 1                 # 得分加1
102            speedx = speedx+1           # 小球速度越来越快
103            speedy = speedy+1
104            speedy = -speedy            # 将弹球方向翻转
105            channelA.play(sound1)       # 发出撞击墙壁的声音
106
```

图 11-8　弹球游戏程序的第 6 部分

第 89 行，在窗口中显示背景图片；

第 90 行，在窗口中显示弹球图片；

第 93 行，让挡板跟随鼠标移动；

第 94 行，显示挡板；

第 96～99 行，如果弹球的底部碰到挡板而且速度大于 0，并且一半的弹球的 x 坐标落在挡板上，弹球就可以反弹；

第 100 行为注释语句，说明第 101～105 行为弹球碰到挡板的处理方式；

第 101 行，得分加 1 分；

第 102 行，水平方向速度加 1；

第 103 行，垂直方向速度加 1；

第 104 行，将弹球的移动方向翻转；

第 105 行，发出反弹的声音。

弹球游戏程序的第 7 部分如图 11-9 所示。

```
107    # 游戏结束
108    channelB.play(sound2)              # 发出游戏结束的声音
109
110    # 绘制生命数和得分
111    draw_string = "生命数: " + str(lives) + " 得分: " + str(points)
112    text = font.render(draw_string, True, BLUE)
113    text_rect = text.get_rect()
114    text_rect.centerx = screen.get_rect().centerx
115    text_rect.y = 10
116    screen.blit(text, text_rect)       # 显示得分
117    pygame.display.update()            # 刷新画面
118    timer.tick(60)                     # 帧速率为60fps
119 pygame.quit()                         # 退出程序
120
```

图 11-9　弹球游戏程序的第 7 部分

第 107 行为注释语句,说明第 108～119 行为游戏结束的处理方式;

第 108 行,发出游戏结束的声音;

第 111～116 行,显示生命数和得分;

第 117 行,刷新画面;

第 118 行,设置屏幕刷新速率为 60;

第 119 行,退出程序。

11.4 小结与练习

本章详细地介绍了弹球游戏程序的工作原理,这个程序是用鼠标来控制挡板左右移动的。请问你可否修改这个程序,改用"←"和"→"键来控制挡板左右移动。

第 12 章

设计拼图游戏

12.1　拼图游戏的玩法

拼图游戏的玩法很简单：将一幅图片分割成若干拼块并把它们随机地打乱顺序，玩家可以移动拼块。当玩家将所有拼块都移回到原始的位置时，就完成了拼图游戏。

本拼图游戏有 3 行 3 列共 8 个拼块，这 8 个拼块随机地排列；还有 1 个绿色的空白。玩家要通过单击空白四侧的拼块来使拼块移动，直到把所有拼块都移回到原位为止。

拼图游戏开始时的画面如图 12-1 所示，拼图游戏完成时的画面如图 12-2 所示。

图 12-1　拼图游戏开始时的画面

图 12-2　拼图游戏完成时的画面

12.2　拼图游戏的设计思路

拼图游戏的设计思路如图 12-3 所示。

这个游戏程序需要的素材是一张 500×500 像素的香蕉图片 banana.png。首先创建一个 1000×500 像素的窗口,接着加载香蕉图片,将香蕉图片分割为 3 行 3 列的 8 个拼块和 1 个用于移动的空白拼块;然后打乱拼块的顺序,在窗口的右边显示完整的香蕉图片供玩家对照;接着进入游戏的主循环,在窗口的左边显示打乱了的拼块;同时检测鼠标事件,如果用鼠标单击了某个拼块则移动该拼块,如果所有拼块都移回原位,就结束游戏;否则继续游戏。

12.3　拼图游戏程序的详细设计步骤

拼图游戏的完整程序比较长,我们同样分多个部分来说明。

拼图游戏程序的第 1 部分如图 12-4 所示。

第 1 行,导入游戏库 Pygame;

第 2 行,导入随机数库 random;

第 5 行,初始化 Pygame 游戏库;

第 7 行,设置窗口标题为"拼图游戏";

第 9 行,设置窗口大小为 1000×500 像素;

第 12～16 行,创建游戏所用的代表拼块位置的地图列表变量 imgMap;

第 19～23 行,创建游戏完成时的拼块位置的地图列表变量 winMap。

拼图游戏程序的第 2 部分如图 12-5 所示。

第 26 行,创建单击鼠标事件的处理函数 click(),即当单击第 x 行第 y 列的拼块时移动对应的拼块,这个函数包括第 27～34 行的所有代码;

第 27、28 行,如果单击了空白处下方的拼块,则将拼块向上移动一格;

第 29、30 行,如果单击了空白处上方的拼块,则将拼块向下移动一格;

第 31、32 行,如果单击了空白处右方的拼块,则将拼块向左移动一格;

第 33、34 行,如果单击了空白处左方的拼块,则将拼块向右移动一格;

第 37 行,创建一个打乱地图的函数 randMap(),这个函数包括第 38～41 行的所有代码;

第 38 行,定义一个执行 1000 次的循环,循环体包括第 39～41 行的所有代码,其作用是从原始位置开始随机移动拼块 1000 次,从而彻底打乱拼块的位置;

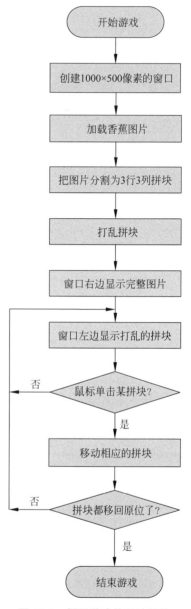

图 12-3　拼图游戏的设计思路

```
photo.py ×
1    import pygame
2    import random
3
4    # 初始化
5    pygame.init()
6    # 窗口标题
7    pygame.display.set_caption('拼图游戏')
8    # 窗口大小
9    s = pygame.display.set_mode((1000, 500))
10
11   # 游戏地图
12   imgMap = [
13       [0, 1, 2],
14       [3, 4, 5],
15       [6, 7, 8]
16   ]
17
18   # 判断胜利的地图
19   winMap = [
20       [0, 1, 2],
21       [3, 4, 5],
22       [6, 7, 8]
23   ]
```

图 12-4　拼图游戏程序的第 1 部分

```
photo.py ×
24
25   # 游戏的单击事件
26   def click(x, y, map):
27       if y - 1 >= 0 and map[y - 1][x] == 8:
28           map[y][x], map[y - 1][x] = map[y - 1][x], map[y][x]
29       elif y + 1 <= 2 and map[y + 1][x] == 8:
30           map[y][x], map[y + 1][x] = map[y + 1][x], map[y][x]
31       elif x - 1 >= 0 and map[y][x - 1] == 8:
32           map[y][x], map[y][x - 1] = map[y][x - 1], map[y][x]
33       elif x + 1 <= 2 and map[y][x + 1] == 8:
34           map[y][x], map[y][x + 1] = map[y][x + 1], map[y][x]
35
36   # 打乱地图
37   def randMap(map):
38       for i in range(1000):
39           x = random.randint(0, 2)
40           y = random.randint(0, 2)
41           click(x, y, map)
42
43   # 加载图片
44   img = pygame.image.load('banana.png')
45   # 随机地图
46   randMap(imgMap)
```

图 12-5　拼图游戏程序的第 2 部分

第 39 行,调用随机数函数生成一个位于 0～2 之间的整数 x,对应拼块所在的横坐标;

第 40 行,调用随机数函数生成一个位于 0～2 之间的整数 y,对应拼块所在的纵坐标;

第 41 行,调用单击事件函数 click(),模拟单击并移动了坐标(x,y)处的拼块;

第 44 行,加载香蕉图片;

第 46 行,调用第 37 行的打乱地图的函数 randMap(),打乱拼块的位置。

拼图游戏程序的第 3 部分如图 12-6 所示。

```
47    # 游戏主循环
48    while True:
49        # 延时32毫秒
50        pygame.time.delay(32)
51        for event in pygame.event.get():
52            # 窗口的关闭事件
53            if event.type == pygame.QUIT:
54                exit()
55            elif event.type == pygame.MOUSEBUTTONDOWN:
56                if pygame.mouse.get_pressed() == (1, 0, 0):
57                    mx, my = pygame.mouse.get_pos()
58                    if mx < 498 and my < 498:
59                        x = int(mx / 166)
60                        y = int(my / 166)
61                        click(x, y, imgMap)
62                        if imgMap == winMap:
63                            print("成功！")
```

图 12-6   拼图游戏程序的第 3 部分

第 48 行,创建一个永不停止的主循环,循环体包括第 49~78 行的所有语句;

第 50 行,调用 Pygame 的延时模块,延时 32ms;

第 51 行,检测键盘和鼠标事件;

第 53、54 行,如果为窗口关闭事件,则结束程序;

第 55、56 行,如果单击了某个拼块,则执行第 57~63 行;

第 57 行,获取鼠标指针当前位置的坐标,并保存到变量 mx 和 my 中;

第 58 行,如果鼠标的坐标有效,则把 mx 和 my 转换为拼块的行号 x 和列号 y;

第 61 行,调用第 26 行的单击事件处理函数 click(),移动当前的鼠标位置的拼块;

第 62、63 行,如果所有拼块都回到原来的位置,则显示"成功"。

拼图游戏程序的第 4 部分如图 12-7 所示。

```
64        # 背景色填充成绿色
65        s.fill((0, 255, 0))
66        # 显示所有拼块
67        for y in range(3):
68            for x in range(3):
69                i = imgMap[y][x]
70                if i == 8:    # 8号拼块不用显示
71                    continue
72                dx = (i % 3) * 166    # 计算拼块的偏移量
73                dy = (int(i / 3)) * 166
74                s.blit(img, (x * 166, y * 166), (dx, dy, 166, 166))
75        # 显示对照图片
76        s.blit(img, (500, 0))
77        # 刷新界面
78        pygame.display.flip()
79
```

图 12-7   拼图游戏程序的第 4 部分

第 65 行,将整个窗口的背景色填充成绿色;

第 67 行,创建一个用于显示第 y 行拼块的循环,循环体包括第 68～74 行的所有语句;

第 68 行,创建一个用于显示第 y 行第 x 列拼块的循环,循环体包括第 69～74 行的所有语句;

第 69 行,求出第 y 行第 x 列拼块的序号,并且保存到变量 i 中;

第 70 行,如果变量 i 的值等于 8,即为空白拼块,则不用显示;

第 71 行,执行 continue 命令,即退出本次循环;

第 72、73 行,根据拼块的序号变量 i 计算拼块的偏移量;

第 74 行,根据拼块的坐标和偏移量显示第 i 个拼块的图像,然后跳回第 67 行,继续显示下一个拼块;

第 76 行,在窗口的右边显示完整的香蕉图片,便于玩家对照;

第 78 行为程序的最后一行,将跳回第 48 行,重复执行主循环。

12.4 小结与练习

本章详细地分析了拼图游戏程序的工作原理。这个程序创建的是 3 阶拼图,即拼块为 3 行 3 列。

请问你可否进一步改进这个拼图游戏程序,创建 4 阶拼图,即把图片分割为 4 行 4 列的拼块?

第 13 章

设计贪吃蛇游戏

13.1 贪吃蛇游戏的玩法

　　玩家用方向键控制蛇移动,蛇每移动 1 步得 1 分。窗口中会随机地出现食物,蛇吃掉食物可得 50 分,同时蛇身会增长 1 块。当蛇头碰到墙壁或自己的身体时结束游戏。

13.2 贪吃蛇游戏的设计思路

　　贪吃蛇游戏的设计思路如图 13-1 所示。

13.3 贪吃蛇游戏程序的详细设计 步骤

　　贪吃蛇游戏程序工作的画面如图 13-2 所示。

　　贪吃蛇游戏程序结束的画面如图 13-3 所示。

　　这个贪吃蛇游戏程序需要一个声音素材文件 du. wav,用于在蛇吃到食物时播放响声。

　　贪吃蛇游戏的完整程序比较长,我们同样分多个部分来说明。

　　贪吃蛇游戏程序的第 1 部分如图 13-4 所示。

　　第 1 行,导入游戏库 Pygame;

　　第 2 行,导入系统库 sys;

　　第 3 行,导入随机数库 random;

　　第 6 行,设置窗口的宽度为 600;

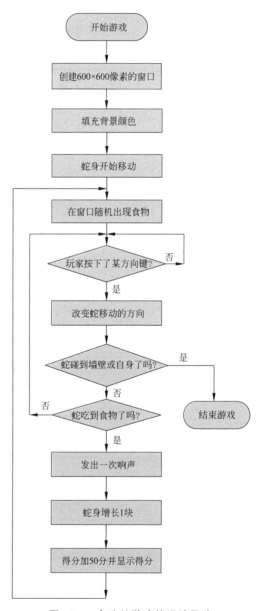

图 13-1　贪吃蛇游戏的设计思路

图 13-2　贪吃蛇游戏程序工作的画面

图 13-3　贪吃蛇游戏程序结束的画面

```
1  import pygame
2  import sys
3  import random
4
5  # 定义窗口大小
6  SCREEN_X = 600
7  SCREEN_Y = 600
8
```

图 13-4　贪吃蛇游戏程序的第 1 部分

第 7 行，设置窗口的高度为 600。

贪吃蛇游戏程序的第 2 部分如图 13-5 所示。

```
9   # 定义蛇类
10  # 点以25为单位
11  class Snake(object):
12      # 初始化各种需要的属性 (开始时默认向右移动/身体有3块)
13      def __init__(self):
14          self.direction = pygame.K_RIGHT
15          self.body = []
16          for x in range(3):
17              self.addnode()
18
```

图 13-5　贪吃蛇游戏程序的第 2 部分

第 11 行，定义蛇类，整个蛇类包括第 12～65 行的所有代码；

第 12 行，这一行为注释行：初始化各种需要的属性(开始时默认向右/身体有 3 块)；

第 13 行，定义蛇类的初始化函数；

第 14 行，定义蛇默认的移动方向为向右；

第 15～17 行，将蛇身的初始长度设置为 3 块。

贪吃蛇游戏程序的第 3 部分如图 13-6 所示。

```
19      # 无论何时 都在前端增加蛇块
20      def addnode(self):
21          left,top = (0,0)
22          if self.body:
23              left,top = (self.body[0].left,self.body[0].top)
24          node = pygame.Rect(left,top,25,25)
25          if self.direction == pygame.K_LEFT:
26              node.left -= 25
27          elif self.direction == pygame.K_RIGHT:
28              node.left += 25
29          elif self.direction == pygame.K_UP:
30              node.top  = 25
31          elif self.direction == pygame.K_DOWN:
32              node.top += 25
33          self.body.insert(0,node)
34
```

图 13-6　贪吃蛇游戏程序的第 3 部分

第 20 行，定义增加蛇块的方法 addnode()，包括第 21～33 行的所有代码；

第21行，设置"left,top"坐标的初始值为(0,0)；

第22、23行，读取蛇头部当前的坐标；

第24行，在当前的坐标处绘制蛇块；

第25、26行，如果蛇的移动方向向左，则将蛇块的left坐标的值减25；

第27、28行，如果蛇的移动方向向右，则将蛇块的left坐标的值加25；

第29、30行，如果蛇的移动方向向上，则将蛇块的top坐标的值减25；

第31、32行，如果蛇的移动方向向下，则将蛇块的top坐标的值加25；

第33行，在蛇身的前端增加1个蛇块。

贪吃蛇游戏程序的第4部分如图13-7所示。

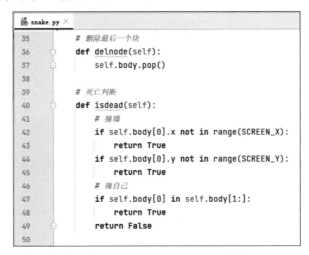

图13-7 贪吃蛇游戏程序的第4部分

第36、37行，定义删除最后一块的函数delnode()，调用pop语句删除蛇身列表中的最后一项，即通过蛇身前端增加1个蛇块，蛇尾删除1个蛇块实现蛇的前移；

第40行，定义判断死亡的函数isdead()，判断蛇头是否撞墙或撞到蛇自己，这个函数包括第41～49行的所有代码；

第42、43行，判断是否撞到左右两边的墙壁，如果是，则返回True(真)；

第44、45行，判断是否撞到上下两边的墙壁，如果是，则返回True(真)；

第47、48行，判断是否撞到自己，如果是，则返回True(真)；

第49行，如果既没有撞墙，也没有撞到自己，则返回False(假)。

贪吃蛇游戏程序的第5部分如图13-8所示。

第51～54行，定义移动蛇身的函数move()，在窗口中移动蛇身。移动蛇身的动作分为两步，第一步调用addnode()函数在蛇的头部增加一个蛇块，第二步调用delnode()函数删除蛇尾部最末的一个蛇块。

第56行，这一行为注释行："改变方向但是左右、上下不能逆向改变"；

第57行，定义蛇类改变方向函数changedirection()，这个函数包括第58～65行的所有代码；

第58行，定义左右方向键变量LR；

第59行，定义上下方向键变量UD；

```
snake.py ×
51        # 移动蛇身
52        def move(self):
53            self.addnode()
54            self.delnode()
55
56        # 改变方向 但是左右、上下不能被逆向改变
57        def changedirection(self,curkey):
58            LR = [pygame.K_LEFT,pygame.K_RIGHT]
59            UD = [pygame.K_UP,pygame.K_DOWN]
60            if curkey in LR+UD:
61                if (curkey in LR) and (self.direction in LR):
62                    return
63                if (curkey in UD) and (self.direction in UD):
64                    return
65                self.direction = curkey
66
```

图 13-8　贪吃蛇游戏程序的第 5 部分

第 60～64 行，如果按了逆向键，则蛇不转弯；

第 65 行，蛇根据所按的方向键转弯。

贪吃蛇游戏程序的第 6 部分如图 13-9 所示。

```
snake.py ×
67        # 定义食物类
68        # 放置/移除
69        # 点以25为单位
70        class Food:
71            def __init__(self):
72                self.rect = pygame.Rect(-25,0,25,25)
73
74            # 移除食物
75            def remove(self):
76                self.rect.x=-25
77
78            # 生成食物的随机位置
79            def set(self):
80                if self.rect.x == -25:
81                    allpos = []
82                    # 食物不靠墙太近，横坐标范围在 25 ~ SCREEN_X-25 之间
83                    for pos in range(25,SCREEN_X-25,25):
84                        allpos.append(pos)
85                    self.rect.left = random.choice(allpos)
86                    self.rect.top  = random.choice(allpos)
87
```

图 13-9　贪吃蛇游戏程序的第 6 部分

第 70 行，定义食物类；

第 71、72 行，当启动食物类时，把食物放到窗口之外（x 坐标为−25，即不可见）；

第 74～76 行，定义移除食物的函数 remove()（将 x 坐标设置为−25，即不可见）；

第 79 行，定义放置食物的函数 set()，这个函数包括第 80～86 行的所有代码；

第 80 行，如果食物的 x 坐标等于−25，则执行第 81～86 行；

第 81 行，定义列表变量 allpos，用于保存食物的所有有效位置；

第 83、84 行，计算出保存食物的所有有效位置；

第 85、86 行，调用随机数函数生成食物在窗口中出现的位置。

贪吃蛇游戏程序的第 7 部分如图 13-10 所示。

```
snake.py ×
88    # 定义显示文本函数
89    def show_text(screen, pos, text, color, font_bold = False,
90            font_size = 60, font_italic = False):
91        #获取系统字体，并设置文字大小
92        cur_font = pygame.font.SysFont("宋体", font_size)
93        #设置是否加粗属性
94        cur_font.set_bold(font_bold)
95        #设置是否斜体属性
96        cur_font.set_italic(font_italic)
97        #设置文字内容
98        text_fmt = cur_font.render(text, 1, color)
99        #在位置pos处显示文本
100       screen.blit(text_fmt, pos)
101
```

图 13-10　贪吃蛇游戏程序的第 7 部分

第 89、90 行，定义显示文本函数 show_text()，文字的默认大小为 60；

第 91、92 行，设置文本的字体和大小；

第 93、94 行，设置文本是否加粗；

第 95、96 行，设置文本是否斜体；

第 97、98 行，设置文字内容；

第 99、100 行，在位置 pos 处显示文本。

贪吃蛇游戏程序的第 8 部分如图 13-11 所示。

```
snake.py ×
102   # 定义main()函数
103   def main():
104       pygame.init()
105       screen_size = (SCREEN_X,SCREEN_Y)
106       screen = pygame.display.set_mode(screen_size)
107       pygame.display.set_caption('Snake')
108
109       pygame.mixer.init(48000, -16, 1, 1024)
110       sound = pygame.mixer.Sound("du.wav")
111       channelA = pygame.mixer.Channel(1)
112
113       clock = pygame.time.Clock()
114       score  = 0
115       isdead = False
116
117       # 显示蛇和食物
118       snake = Snake()
119       food = Food()
120
```

图 13-11　贪吃蛇游戏程序的第 8 部分

第 103 行，定义主函数 main()，这个函数包括第 104～119 行的所有代码；

第 104 行，初始化 Pygame；

第 105 行，指定窗口大小；

第 106 行,创建窗口;

第 107 行,设置窗口的标题为 Snake;

第 109～111 行,加载声音文件 du. wav,放到声音通道 channelA,用于在蛇吃到食物时播放声音;

第 113 行,创建刷新时钟,用于调整游戏的速度;

第 114 行,定义得分变量 score,其初始值为 0;

第 115 行,定义用于判断蛇是否死亡的变量 isdead,其初始值为 False(假);

第 118 行,调用蛇类,在窗口中显示蛇;

第 119 行,调用食物类,随机地在窗口中某个位置显示食物。

贪吃蛇游戏程序的第 9 部分如图 13-12 所示。

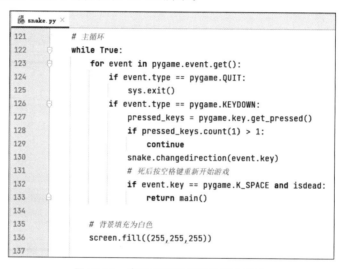

图 13-12　贪吃蛇游戏程序的第 9 部分

第 122 行,创建一个永不停止的主循环,循环体包括第 123～167 行的所有代码;

第 123 行,检测键盘和鼠标事件;

第 124、125 行,如果单击了"关闭"按钮,则退出程序;

第 126～129 行,如果玩家按了两个以上的键,则跳回本轮循环;

第 130 行,根据方向键改变贪吃蛇的移动方向;

第 131～133 行,提示蛇死亡后,按 Space 键重新开始游戏;

第 135、136 行,将背景填充为白色。

贪吃蛇游戏程序的第 10 部分如图 13-13 所示。

第 139 行,如果蛇未死亡,则执行第 140～143 行;

第 140 行,得分加 1 分;

第 141 行,移动贪吃蛇;

第 142、143 行,用一个 for 循环显示整个蛇身;

第 146 行,蛇是否为死亡状态?

第 147、148 行,如果死亡,则显示"GAME OVER"(游戏结束);

第 149、150 行,显示"press space to try again"。

```
 138        # 画蛇身 / 每一步+1分
 139        if not isdead:
 140            score+=1
 141            snake.move()
 142        for rect in snake.body:
 143            pygame.draw.rect(screen,(20,220,39),rect,0)
 144
 145        # 显示死亡文字
 146        isdead = snake.isdead()
 147        if isdead:
 148            show_text(screen,(100,200),'GAME OVER',(227,29,18),False,100)
 149            show_text(screen,(180,280),'press space to try again...',
 150                         (0,0,22),False,30)
 151
```

图 13-13　贪吃蛇游戏程序的第 10 部分

贪吃蛇游戏程序的第 11 部分如图 13-14 所示。

```
 152        # 食物处理 / 吃到+50分
 153        # 当食物rect与蛇头重合,吃掉 -> Snake增加一个Node
 154        if food.rect == snake.body[0]:
 155            channelA.play(sound)
 156            scores+=50
 157            food.remove()
 158            snake.addnode()
 159
 160        # 在随机位置显示食物
 161        food.set()
 162        pygame.draw.rect(screen,(255,0,0),food.rect,0)
 163
 164        # 显示得分
 165        show_text(screen,(180,500),'Score: '+str(scores),(0,0,255))
 166
 167        pygame.display.update()
 168        clock.tick(10)
 169
 170    if __name__ == '__main__':
 171        main()
```

图 13-14　贪吃蛇游戏程序的第 11 部分

第 154 行,如果蛇吃到食物,则执行第 155～158 行;

第 155 行,发出"嘟"的响声;

第 156 行,得分加 50 分;

第 157 行,移除食物;

第 158 行,蛇身增加一个蛇块;

第 160～162 行,在随机位置显示食物;

第 164、165 行,显示得分;

第 167 行,刷新屏幕;

第 168 行,设置时钟间隔为 10ms,然后跳回第 122 行,重复执行主循环;

第 170、171 行,启动游戏程序时调用主函数 main()。

到这一步,贪吃蛇游戏程序全部完成。

13.4　小结与练习

本章详细地剖析了贪吃蛇游戏程序的工作原理,请完成以下编程任务:

(1) 把启动程序时的蛇身长度修改为 5 个蛇块;

(2) 把食物的颜色从红色修改为蓝色;

(3) 降低游戏的难度。

第 **14** 章

设计动物狂欢节游戏

14.1 动物狂欢节游戏的玩法

如图 14-1 所示,本游戏的场景是大海,共有 35 种不同的动物。在游戏过程中,其中某种动物会随机地从天上的某个位置掉下来。玩家必须眼明手快,抢在动物落水之前按下这种动物英文单词的首字母键,按对了可以得分,否则不得分。

图 14-1 动物狂欢节游戏程序的画面

本游戏涉及的 35 种动物的英文名称和对应的中文名称如图 14-2 所示。

| elephant | fish | pig | dog | tiger |
| 大象 | 鱼 | 猪 | 狗 | 老虎 |

图 14-2 游戏所涉及的 35 种动物

图 14-2 （续）

14.2　动物狂欢节游戏的设计思路

本游戏需要准备的素材是 1 张 1100×685 像素的大海图片 sea.jpg，用作背景图片；还需要准备 35 张动物图片，图片大小约为 70×80 像素，图片的文件用动物的英文单词来命名。

音效方面,需要准备一个背景音乐文件 music.mp3,还需要准备一个在按对了动物单词首字母键时播放的提示音文件 fire.wav。

动物狂欢节游戏的设计思路如图 14-3 所示。

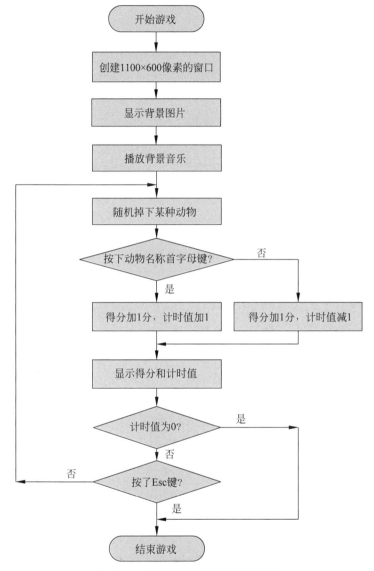

图 14-3　动物狂欢节游戏的设计思路

当游戏开始时,首先创建一个 1100×600 像素的窗口,接着加载并显示大海的背景图片,然后加载并循环地播放背景音乐;在游戏的主循环中,调用随机函数选中某个动物,让这个动物随机地从某个位置落下,并检测键盘事件;如果游戏玩家在动物落水之前及时地按下了这种动物的首字母键即可得 1 分,并且令计时值加 1,即延长游戏的时间,否则不得分。在游戏过程中,如果游戏玩家按下了 Esc 键,则退出游戏;如果游戏的计时值倒减为零,则游戏结束。

14.3　动物狂欢节游戏程序的详细设计步骤

动物狂欢节游戏程序比较长,我们分 19 个部分来详细说明。

动物狂欢节游戏程序的第 1 部分如图 14-4 所示。

```python
 1   import pygame,sys,random,math
 2   from time import sleep
 3
 4   pygame.init()
 5
 6   # pygame.mixer.init(48000,-16,1,1024)
 7   sound1 = pygame.mixer.Sound("fire.wav")        # 按下动物字母键时发声
 8   channelA=pygame.mixer.Channel(1)
 9
10   file='music.mp3'
11   pygame.mixer.init()
12   track = pygame.mixer.music.load(file)
13   pygame.mixer.music.play(-1)                    # 重复播放背景音乐
14
15   screen = pygame.display.set_mode((1100,600))
16
17   background = pygame.image.load("sea.jpg").convert_alpha()
18
19   min=1
20   max=35        # 动物总数
21
```

图 14-4　动物狂欢节游戏程序的第 1 部分

第 1 行,导入游戏库 Pygame、系统库 sys、随机数库 random 和数学库 math;

第 2 行,导入计时库 time;

第 4 行,初始化 Pygame;

第 6~8 行,加载声音文件 fire.wav,用于在按下字母键时播放声音;

第 10~12 行,加载背景音乐文件 music.mp3;

第 13 行,循环播放背景音乐;

第 15 行,创建窗口,大小为 1100×600 像素;

第 17 行,加载大海图片 sea.jpg,用作游戏的背景图片;

第 19 行,定义最小值变量 min,初始值为 1;

第 20 行,定义最大值变量 max,初始值为 35,表示动物的总数。

动物狂欢节游戏程序的第 2 部分如图 14-5 所示,用于加载第 1~17 种动物的图片。

动物狂欢节游戏程序的第 3 部分如图 14-6 所示,用于加载第 18~35 种动物的图片。

动物狂欢节游戏程序的第 4 部分如图 14-7 所示。

第 61 行,定义动物的移动速度变量 speed,初始值为 8;

第 62 行,随机地生成动物出现位置的横坐标 x,随机数的范围是 20~1000;

第 63 行,定义动物出现位置的纵坐标 y;

第 64 行,定义循环计数变量 i,初始值为 0;

第 66 行,定义得分变量 score,初始值为 0;

```
animals.py ×
22    # 加载所有动物图像
23
24    target1 = pygame.image.load("elephant.png").convert_alpha()      # 大象
25    target2 = pygame.image.load("fish.png").convert_alpha()          # 鱼
26    target3 = pygame.image.load("pig.png").convert_alpha()           # 猪
27    target4 = pygame.image.load("dog.png").convert_alpha()           # 狗
28    target5 = pygame.image.load("tiger.png").convert_alpha()         # 老虎
29    target6 = pygame.image.load("bird.png").convert_alpha()          # 小鸟
30    target7 = pygame.image.load("cat.png").convert_alpha()           # 猫
31    target8 = pygame.image.load("lion.png").convert_alpha()          # 狮子
32    target9 = pygame.image.load("owl.png").convert_alpha()           # 猫头鹰
33    target10 = pygame.image.load("panda.png").convert_alpha()        # 熊猫
34    target11 = pygame.image.load("wolf.png").convert_alpha()         # 狼
35    target12 = pygame.image.load("bat.png").convert_alpha()          # 蝙蝠
36    target13 = pygame.image.load("ant.png").convert_alpha()          # 蚂蚁
37    target14 = pygame.image.load("crab.png").convert_alpha()         # 螃蟹
38    target15 = pygame.image.load("butterfly.png").convert_alpha()    # 蝴蝶
39    target16 = pygame.image.load("bear.png").convert_alpha()         # 熊
40    target17 = pygame.image.load("camel.png").convert_alpha()        # 骆驼
```

图 14-5　动物狂欢节游戏程序的第 2 部分

```
animals.py ×
41    target18 = pygame.image.load("deer.png").convert_alpha()         # 鹿
42    target19 = pygame.image.load("fox.png").convert_alpha()          # 狐狸
43    target20 = pygame.image.load("snake.png").convert_alpha()        # 蛇
44    target21 = pygame.image.load("bee.png").convert_alpha()          # 蜜蜂
45    target22 = pygame.image.load("giraffe.png").convert_alpha()      # 长颈鹿
46    target23 = pygame.image.load("squirrel.png").convert_alpha()     # 松鼠
47    target24 = pygame.image.load("dolphin.png").convert_alpha()      # 海豚
48    target25 = pygame.image.load("monkey.png").convert_alpha()       # 猴子
49    target26 = pygame.image.load("frog.png").convert_alpha()         # 青蛙
50    target27 = pygame.image.load("mermaid.png").convert_alpha()      # 美人鱼
51    target28 = pygame.image.load("eagle.png").convert_alpha()        # 鹰
52    target29 = pygame.image.load("crane.png").convert_alpha()        # 鹤
53    target30 = pygame.image.load("duck.png").convert_alpha()         # 鸭
54    target31 = pygame.image.load("goose.png").convert_alpha()        # 鹅
55    target32 = pygame.image.load("peacock.png").convert_alpha()      # 孔雀
56    target33 = pygame.image.load("penguin.png").convert_alpha()      # 企鹅
57    target34 = pygame.image.load("shark.png").convert_alpha()        # 鲨鱼
58    target35 = pygame.image.load("kangaroo.png").convert_alpha()     # 袋鼠
59
60
```

图 14-6　动物狂欢节游戏程序的第 3 部分

第 67 行,定义倒计时变量 timer,初值为 100,当倒计时数为零时结束游戏;

第 69 行,随机生成准备掉下来的某种动物。

动物狂欢节游戏程序的第 5 部分如图 14-8 所示。

第 71 行,创建主循环,这是一个永不停止的循环,循环体包括第 72～363 行的所有代码;

第 73 行,检测键盘或鼠标事件;

第 75 行,如果按下了某个键,则执行第 76～256 行的所有代码;

第 77～81 行,如果出现的是第 1 种动物——大象,且玩家按下了英文单词 elephant 的

```
animals.py ×
61        speed=8                    # 动物移动速度
62        x=random.randint(20,1000)       # 动物随时出现在某个位置的横坐标
63        y=0
64        i=0
65
66        score=0                    # 得分
67        timer=100                  # 倒计时数初值,当倒计时数为零时结束游戏
68
69        n=random.randint(min,max)       # 随机生成某种动物
70
```

图 14-7　动物狂欢节游戏程序的第 4 部分

```
animals.py ×
71        while True:
72
73            for event in pygame.event.get():          # 检测键盘或鼠标事件
74
75                if event.type == pygame.KEYDOWN:       # 如果按了某个键
76
77                    if event.key == 101 and n==1:      # elephant
78                        channelA.play(sound1)
79                        score=score+1
80                        timer=timer+1
81                        i=80
82                    if event.key == 102 and n==2:      # fish
83                        channelA.play(sound1)
84                        score=score+1
85                        timer=timer+1
86                        i=80
```

图 14-8　动物狂欢节游戏程序的第 5 部分

第 1 个字母键 E,则发出一次响声,得分加 1 分,然后隐藏大象;

第 82～86 行,如果出现的是第 2 种动物——鱼,且玩家按下了英文单词 fish 的第 1 个字母键 F,则发出一次响声,得分加 1 分,然后隐藏鱼。

动物狂欢节游戏程序的第 6 部分如图 14-9 所示。

第 87～91 行,如果出现的是第 3 种动物——猪,且玩家按下了英文单词 pig 的首字母键 P,则发出一次响声,得分加 1 分,然后隐藏猪;

第 92～96 行,如果出现的是第 4 种动物——狗,且玩家按下了英文单词 dog 的首字母键 D,则发出一次响声,得分加 1 分,然后隐藏狗;

第 97～101 行,如果出现的是第 5 种动物——老虎,且玩家按下了英文单词 tiger 的首字母键 T,则发出一次响声,得分加 1 分,然后隐藏老虎;

第 102～106 行,如果出现的是第 6 种动物——小鸟,且玩家按下了英文单词 bird 的首字母键 B,则发出一次响声,得分加 1 分,然后隐藏小鸟;

第 107～111 行,如果出现的是第 7 种动物——猫,且玩家按下了英文单词 cat 的首字母键 C,则发出一次响声,得分加 1 分,然后隐藏猫。

动物狂欢节游戏程序的第 7 部分如图 14-10 所示。

第 112～116 行,如果出现的是第 8 种动物——狮子,且玩家按下了英文单词 lion 的首

```
animals.py ×
87          if event.key == 112 and n==3:      # pig
88              channelA.play(sound1)
89              score=score+1
90              timer=timer+1
91              i=80
92          if event.key == 100 and n==4:      # dog
93              channelA.play(sound1)
94              score=score+1
95              timer=timer+1
96              i=80
97          if event.key == 116 and n==5:      # tiger
98              channelA.play(sound1)
99              score=score+1
100             timer=timer+1
101             i=80
102         if event.key == 98 and n==6:       # bird
103             channelA.play(sound1)
104             score=score+1
105             timer=timer+1
106             i=80
107         if event.key == 99 and n==7:       # cat
108             channelA.play(sound1)
109             score=score+1
110             timer=timer+1
111             i=80
```

图 14-9　动物狂欢节游戏程序的第 6 部分

```
animals.py ×
112         if event.key == 108 and n==8:      # lion
113             channelA.play(sound1)
114             score=score+1
115             timer=timer+1
116             i=80
117         if event.key == 111 and n==9:      # owl
118             channelA.play(sound1)
119             score=score+1
120             timer=timer+1
121             i=80
122         if event.key == 112 and n==10:     # panda
123             channelA.play(sound1)
124             score=score+1
125             timer=timer+1
126             i=80
127         if event.key == 119 and n==11:     # wolf
128             channelA.play(sound1)
129             score=score+1
130             timer=timer+1
131             i=80
132         if event.key == 98 and n==12:      # bat
133             channelA.play(sound1)
134             score=score+1
135             timer=timer+1
136             i=80
```

图 14-10　动物狂欢节游戏程序的第 7 部分

字母键"L",则发出一次响声,得分加 1 分,然后隐藏狮子；

第 117～121 行,如果出现的是第 9 种动物——猫头鹰,且玩家按下了英文单词 owl 的

首字母键 O,则发出一次响声,得分加 1 分,然后隐藏猫头鹰;

第 122～126 行,如果出现的是第 10 种动物——熊猫,且玩家按下了英文单词 panda 的首字母键 P,则发出一次响声,得分加 1 分,然后隐藏熊猫;

第 127～131 行,如果出现的是第 11 种动物——狼,且玩家按下了英文单词 wolf 的首字母键 W,则发出一次响声,得分加 1 分,然后隐藏狼;

第 132～136 行,如果出现的是第 12 种动物——蝙蝠,且玩家按下了英文单词 bat 的首字母键 B,则发出一次响声,得分加 1 分,然后隐藏蝙蝠。

动物狂欢节游戏程序的第 8 部分如图 14-11 所示。

```
137         if event.key == 97 and n==13:      # ant
138             channelA.play(sound1)
139             score=score+1
140             timer=timer+1
141             i=80
142         if event.key == 99 and n==14:      # crab
143             channelA.play(sound1)
144             score=score+1
145             timer=timer+1
146             i=80
147         if event.key == 98 and n==15:      # butterfly
148             channelA.play(sound1)
149             score=score+1
150             timer=timer+1
151             i=80
```

图 14-11 动物狂欢节游戏程序的第 8 部分

第 137～141 行,如果出现的是第 13 种动物——蚂蚁,且玩家按下了英文单词 ant 的首字母键 A,则发出一次响声,得分加 1 分,然后隐藏蚂蚁;

第 142～146 行,如果出现的是第 14 种动物——螃蟹,且玩家按下了英文单词 crab 的首字母键 C,则发出一次响声,得分加 1 分,然后隐藏螃蟹;

第 147～151 行,如果出现的是第 15 种动物——蝴蝶,且玩家按下了英文单词 butterfly 的首字母键 B,则发出一次响声,得分加 1 分,然后隐藏蝴蝶。

动物狂欢节游戏程序的第 9 部分如图 14-12 所示。

第 152～156 行,如果出现的是第 16 种动物——熊,且玩家按下了英文单词 bear 的首字母键 B,则发出一次响声,得分加 1 分,然后隐藏熊;

第 157～161 行,如果出现的是第 17 种动物——骆驼,且玩家按下了英文单词 camel 的首字母键 C,则发出一次响声,得分加 1 分,然后隐藏骆驼;

第 162～166 行,如果出现的是第 18 种动物——鹿,且玩家按下了英文单词 deer 的首字母键 D,则发出一次响声,得分加 1 分,然后隐藏鹿;

第 167～171 行,如果出现的是第 19 种动物——狐狸,且玩家按下了英文单词 fox 的首字母键 F,则发出一次响声,得分加 1 分,然后隐藏狐狸。

动物狂欢节游戏程序的第 10 部分如图 14-13 所示。

第 172～176 行,如果出现的是第 20 种动物——蛇,且玩家按下了英文单词 snake 的首字母键 S,则发出一次响声,得分加 1 分,然后隐藏蛇;

第 177～181 行,如果出现的是第 21 种动物——蜜蜂,且玩家按下了英文单词 bee 的首

```
152        if event.key == 98 and n==16:        # bear
153            channelA.play(sound1)
154            score=score+1
155            timer=timer+1
156            i=80
157        if event.key == 99 and n==17:        # camel
158            channelA.play(sound1)
159            score=score+1
160            timer=timer+1
161            i=80
162        if event.key == 100 and n==18:       # deer
163            channelA.play(sound1)
164            score=score+1
165            timer=timer+1
166            i=80
167        if event.key == 102 and n==19:       # fox
168            channelA.play(sound1)
169            score=score+1
170            timer=timer+1
171            i=80
```

图 14-12　动物狂欢节游戏程序的第 9 部分

```
172        if event.key == 115 and n==20:       # snake
173            channelA.play(sound1)
174            score=score+1
175            timer=timer+1
176            i=80
177        if event.key == 98 and n==21:        # bee
178            channelA.play(sound1)
179            score=score+1
180            timer=timer+1
181            i=80
182        if event.key == 103 and n==22:       # giraffe
183            channelA.play(sound1)
184            score=score+1
185            timer=timer+1
186            i=80
```

图 14-13　动物狂欢节游戏程序的第 10 部分

字母键 B,则发出一次响声,得分加 1 分,然后隐藏蜜蜂;

第 182~186 行,如果出现的是第 22 种动物——长颈鹿,且玩家按下了英文单词 giraffe 的首字母键 G,则发出一次响声,得分加 1 分,然后隐藏长颈鹿。

动物狂欢节游戏程序的第 11 部分如图 14-14 所示。

第 187~191 行,如果出现的是第 23 种动物——松鼠,且玩家按下了英文单词 squirrel 的首字母键 S,则发出一次响声,得分加 1 分,然后隐藏松鼠;

第 192~196 行,如果出现的是第 24 种动物——海豚,且玩家按下了英文单词 dolphin 的首字母键 D,则发出一次响声,得分加 1 分,然后隐藏海豚;

第 197~201 行,如果出现的是第 25 种动物——猴子,且玩家按下了英文单词 monkey 的首字母键 M,则发出一次响声,得分加 1 分,然后隐藏猴子;

第 202~206 行,如果出现的是第 26 种动物——青蛙,且玩家按下了英文单词 frog 的

```
animals.py ×
187              if event.key == 115 and n==23:      # squirrel
188                  channelA.play(sound1)
189                  score=score+1
190                  timer=timer+1
191                  i=80
192              if event.key == 100 and n==24:      # dolphin
193                  channelA.play(sound1)
194                  score=score+1
195                  timer=timer+1
196                  i=80
197              if event.key == 109 and n==25:      # monkey
198                  channelA.play(sound1)
199                  score=score+1
200                  timer=timer+1
201                  i=80
202              if event.key == 102 and n==26:      # frog
203                  channelA.play(sound1)
204                  score=score+1
205                  timer=timer+1
206                  i=80
```

图 14-14　动物狂欢节游戏程序的第 11 部分

首字母键 F,则发出一次响声,得分加 1 分,然后隐藏青蛙。

动物狂欢节游戏程序的第 12 部分如图 14-15 所示。

```
animals.py ×
207              if event.key == 109 and n==27:      # mermaid
208                  channelA.play(sound1)
209                  score=score+1
210                  timer=timer+1
211                  i=80
212              if event.key == 101 and n==28:      # eagle
213                  channelA.play(sound1)
214                  score=score+1
215                  timer=timer+1
216                  i=80
217              if event.key == 99 and n==29:       # crane
218                  channelA.play(sound1)
219                  score=score+1
220                  timer=timer+1
221                  i=80
222              if event.key == 100 and n==30:      # duck
223                  channelA.play(sound1)
224                  score=score+1
225                  timer=timer+1
226                  i=80
```

图 14-15　动物狂欢节游戏程序的第 12 部分

第 207～211 行,如果出现的是第 27 种动物——美人鱼,且玩家按下了英文单词 mermaid 的首字母键 M,则发出一次响声,得分加 1 分,然后隐藏美人鱼;

第 212～216 行,如果出现的是第 28 种动物——鹰,且玩家按下了英文单词 eagle 的首字母键 E,则发出一次响声,得分加 1 分,然后隐藏鹰;

第 217～221 行,如果出现的是第 29 种动物——鹤,且玩家按下了英文单词 crane 的首字母键 C,则发出一次响声,得分加 1 分,然后隐藏鹤;

第 222～226 行,如果出现的是第 30 种动物——鸭,且玩家按下了英文单词 duck 的首字母键 D,则发出一次响声,得分加 1 分,然后隐藏鸭。

动物狂欢节游戏程序的第 13 部分如图 14-16 所示。

```
animals.py ×
227        if event.key == 103 and n==31:      # goose
228            channelA.play(sound1)
229            score=score+1
230            timer=timer+1
231            i=80
232        if event.key == 112 and n==32:      # peacock
233            channelA.play(sound1)
234            score=score+1
235            timer=timer+1
236            i=80
237        if event.key == 112 and n==33:      # penguin
238            channelA.play(sound1)
239            score=score+1
240            timer=timer+1
241            i=80
242        if event.key == 115 and n==34:      # shark
243            channelA.play(sound1)
244            score=score+1
245            timer=timer+1
246            i=80
247        if event.key == 107 and n==35:      # kangaroo
248            channelA.play(sound1)
249            score=score+1
250            timer=timer+1
251            i=80
```

图 14-16 动物狂欢节游戏程序的第 13 部分

第 227～231 行,如果出现的是第 31 种动物——鹅,且玩家按下了英文单词 goose 的首字母键 G,则发出一次响声,得分加 1 分,然后隐藏鹅;

第 232～236 行,如果出现的是第 32 种动物——孔雀,且玩家按下了英文单词 peacock 的首字母键 P,则发出一次响声,得分加 1 分,然后隐藏孔雀;

第 237～241 行,如果出现的是第 33 种动物——企鹅,且玩家按下了英文单词 penguin 的首字母键 P,则发出一次响声,得分加 1 分,然后隐藏企鹅;

第 242～246 行,如果出现的是第 34 种动物——鲨鱼,且玩家按下了英文单词 shark 的首字母键 S,则发出一次响声,得分加 1 分,然后隐藏鲨鱼;

第 247～251 行,如果出现的是第 35 种动物——袋鼠,且玩家按下了英文单词 kangaroo 的首字母键 K,则发出一次响声,得分加 1 分,然后隐藏袋鼠。

动物狂欢节游戏程序的第 14 部分如图 14-17 所示。

第 254～256 行,如果玩家按下了 Esc 键,则结束游戏程序;

第 259 行,把动物的纵坐标 y 加上速度 speed,即令动物以速度 speed 向下掉落;

第 260 行,在窗口填充背景图片;

第 261～266 行,调用 blit()函数,在窗口中根据编号 n 的值,在坐标(x,y)处显示第 1～3 种动物的图案。

动物狂欢节游戏程序的第 15 部分如图 14-18 所示。第 16 部分如图 14-19 所示。

```
252
253
254          if event.key == pygame.K_ESCAPE:        # 玩家按了Esc键
255              pygame.quit()                        # 结束游戏
256              sys.exit()
257
258
259      y=y+speed
260      screen.blit(background,(0,0))
261      if n==1:
262          screen.blit(target1,(x,y))
263      if n==2:
264          screen.blit(target2,(x,y))
265      if n==3:
266          screen.blit(target3,(x,y))
```

图 14-17　动物狂欢节游戏程序的第 14 部分

```
267      if n==4:
268          screen.blit(target4,(x,y))
269      if n==5:
270          screen.blit(target5,(x,y))
271      if n==6:
272          screen.blit(target6,(x,y))
273      if n==7:
274          screen.blit(target7,(x,y))
275      if n==8:
276          screen.blit(target8,(x,y))
277      if n==9:
278          screen.blit(target9,(x,y))
279      if n==10:
280          screen.blit(target10,(x,y))
281      if n==11:
282          screen.blit(target11,(x,y))
283      if n==12:
284          screen.blit(target12,(x,y))
285      if n==13:
286          screen.blit(target13,(x,y))
287      if n==14:
288          screen.blit(target14,(x,y))
289      if n==15:
290          screen.blit(target15,(x,y))
```

```
291      if n==16:
292          screen.blit(target16,(x,y))
293      if n==17:
294          screen.blit(target17,(x,y))
295      if n==18:
296          screen.blit(target18,(x,y))
297      if n==19:
298          screen.blit(target19,(x,y))
299      if n==20:
300          screen.blit(target20,(x,y))
301      if n==21:
302          screen.blit(target21,(x,y))
303      if n==22:
304          screen.blit(target22,(x,y))
305      if n==23:
306          screen.blit(target23,(x,y))
307      if n==24:
308          screen.blit(target24,(x,y))
```

图 14-18　动物狂欢节游戏程序的第 15 部分　　图 14-19　动物狂欢节游戏程序的第 16 部分

　　第 267～290 行,同理,在窗口中根据编号 n 的值,在坐标(x,y)处显示第 4～15 种动物的图案;

　　第 291～308 行,同理,在窗口中根据编号 n 的值,在坐标(x,y)处显示第 16～24 种动物的图案;

　　动物狂欢节游戏程序的第 17 部分如图 14-20 所示。

　　第 309～330 行,同理,在窗口中根据编号 n 的值,在坐标(x,y)处显示第 25～35 种动物的图案。

　　动物狂欢节游戏程序的第 18 部分如图 14-21 所示。

```
🎬 animals.py ×
309        if n==25:
310            screen.blit(target25,(x,y))
311        if n==26:
312            screen.blit(target26,(x,y))
313        if n==27:
314            screen.blit(target27,(x,y))
315        if n==28:
316            screen.blit(target28,(x,y))
317        if n==29:
318            screen.blit(target29,(x,y))
319        if n==30:
320            screen.blit(target30,(x,y))
321        if n==31:
322            screen.blit(target31,(x,y))
323        if n==32:
324            screen.blit(target32,(x,y))
325        if n==33:
326            screen.blit(target33,(x,y))
327        if n==34:
328            screen.blit(target34,(x,y))
329        if n==35:
330            screen.blit(target35,(x,y))
331
332
333
```

图 14-20 动物狂欢节游戏程序的第 17 部分

```
🎬 animals.py ×
334    font=pygame.font.Font(None,36)
335    text1=font.render("Score= "+str(score),1,(100,121,200))
336    screen.blit(text1,(50,0))
337    text2=font.render("Time= "+str(timer),1,(100,121,200))
338    screen.blit(text2,(950,0))
339    pygame.display.flip()
340    sleep(0.06)
341
```

图 14-21 动物狂欢节游戏程序的第 18 部分

第 334 行,定义文本的字体为系统默认字体,字号为 36;

第 335 行,指定得分 Score 为 text1;

第 336 行,显示得分;

第 337 行,指定剩余时间 Time 为 text2;

第 338 行,显示剩余时间;

第 339 行,刷新屏幕;

第 340 行,延时 0.06s,用于调整游戏的速度。

动物狂欢节游戏程序的第 19 部分如图 14-22 所示。

第 342 行,循环计数变量 i 加 1;

第 343 行,如果 i 大于或等于 28,代表动物已经掉落到了大海中,则执行第 344~357 行的所有语句;

第 344 行,将循环计数变量 i 重置为 0;

```
animals.py ×
342        i=i+1
343    if   i>=28:
344        i=0
345        x=random.randint(20,1000)        # 随机生成新动物的坐标
346        y=0
347        n=random.randint(min,max)        # 随机生成新的动物
348        timer=timer-1
349
350        if timer == 0:                   # 如果倒计时数为零
351            font1=pygame.font.Font(None,200)
352            text3=font1.render("Game Over",1,(200,0,0))
353            screen.blit(text3,(160,250))
354            pygame.display.flip()        # 在屏幕中间显示"Game Over"
355            delay=sleep(5)               # 延时 5 秒
356            pygame.quit()                # 结束游戏
357            sys.exit()
358
```

图 14-22　动物狂欢节游戏程序的第 19 部分

第 345 行,随机地生成动物出现位置的 x 坐标;

第 346 行,将新动物的 y 坐标重置为 0,即从窗口顶部开始向下掉落;

第 347 行,随机地生成新的动物,编号为 n;

第 348 行,将倒计时数变量 timer 减 1;

第 350～357 行,如果倒计时数变量 timer 等于 0,则在屏幕中间显示"Game Over",延时 5s,然后结束游戏;

第 358 行,跳回第 71 行,重复执行主循环。

14.4　小结与练习

本章详细地剖析了动物狂欢节游戏程序的工作原理。请你完成以下编程任务:

(1) 给这个游戏再增加 5 种动物;

(2) 修改游戏的背景音乐;

(3) 增加游戏的难度,让动物落下的速度越来越快。

第 15 章

设计打砖块游戏

15.1 打砖块游戏的玩法

在打砖块游戏的窗口上方共有 30 块砖块,窗口下方有一个挡板。一个小球在挡板、墙壁和砖块之间做反弹运动。在游戏过程中,玩家要及时用鼠标移动挡板挡住小球,否则游戏就会结束。小球撞击到砖块可以得分,撞击到墙壁时会反弹。在游戏过程中,小球的移动速度会越来越快,游戏难度逐渐加大。

15.2 打砖块游戏的设计思路

打砖块游戏的设计思路如图 15-1 所示。与第 11 章的弹球游戏相比,本游戏需要消除砖块。

15.3 打砖块游戏程序的详细设计步骤

打砖块游戏的画面如图 15-2 所示。

本打砖块游戏程序仅仅需要准备 1 个素材文件,即声音文件 du.wav,用于在小球撞击砖块时播放声音。而当小球撞击挡板或墙壁时则不会发出声音。

游戏画面为 500×600 像素的窗口。在窗口的右上角显示游戏得分,在窗口的上方共有 30 块黄色的砖块,分为 5 行。当所有砖块都被消除,玩家获胜,在屏幕上会显示"You Win";但是,若挡板没有挡住小球,则游戏结束,在屏幕上会显示"Game Over"。

由于打砖块游戏的程序比较长,共 314 行,因此把它分为 19 个部分来详细说明。

打砖块游戏程序的第 1 部分如图 15-3 所示。

第 1 行,为注释语句,即导入库;

第 2 行,导入游戏库 Pygame;

第 3 行,导入系统库 sys、随机数库 random、计时库 time 和数学库 math;

第 4 行,导入游戏库 Pygame 的相关模块;

第 5 行,从计时库 time 中导入 sleep 函数。使用 sleep 函数可以让程序休眠;

第 7 行,创建游戏窗口类 GameWindows,这个游戏窗口类包括第 7～21 行的所有代

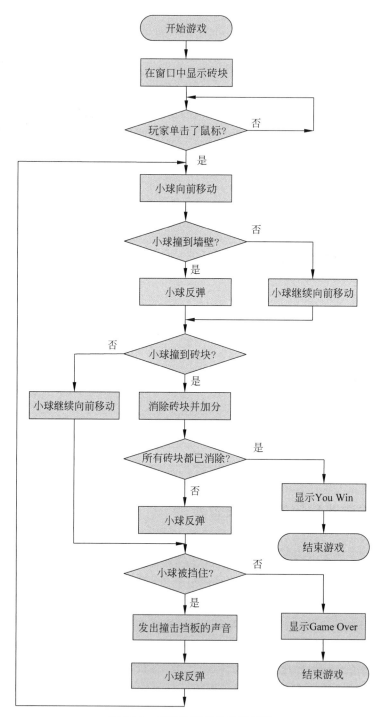

图 15-1　打砖块游戏的设计思路

码,涉及窗口初始化的方法和设置窗口背景的方法;

　　第 8 行,为注释语句,即创建游戏窗口类;

　　第 9 行,定义窗口初始化的方法__init__。窗口初始化的方法包括第 10～17 行的所有代码;

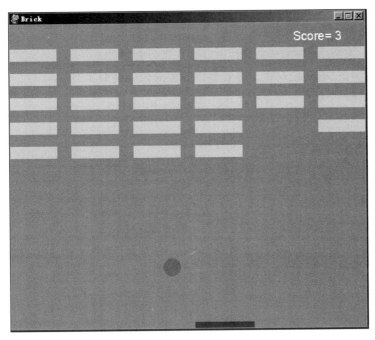

图 15-2 打砖块游戏的画面

```
brick.py ×
1    #导入库
2    import pygame
3    import sys,random,time,math
4    from pygame.locals import *
5    from time import sleep
6
7    class GameWindow(object):
8        '''创建游戏窗口类'''
9        def __init__(self,*args,**kw):
10           self.window_length = 600
11           self.window_wide = 500
12           #设置游戏窗口的高度和宽度
13           self.game_window = pygame.display.set_mode((self.window_length,self.window_wide))
14           #设置游戏窗口标题
15           pygame.display.set_caption("Brick")
16           #定义游戏窗口背景颜色参数
17           self.window_color = (135,206,250)
18
19       def background(self):
20           #绘制游戏窗口背景颜色
21           self.game_window.fill(self.window_color)
22
```

图 15-3 打砖块游戏程序的第 1 部分

第 10 行,定义窗口的高度参数为 600 像素;

第 11 行,定义窗口的宽度参数为 500 像素;

第 13 行,根据相关参数设置游戏窗口的高度和宽度;

第 15 行,设置游戏窗口的标题为 Brick;

第 17 行,定义游戏窗口的背景颜色参数(135,206,250),即浅蓝色;

第 18 行为空行,表示窗口初始化的方法代码结束;

第 19 行,定义设置窗口背景的方法 background;

第 21 行,根据第 17 行定义的参数绘制游戏窗口背景颜色;

第 22 行为空行,表示绘制窗口背景颜色方法的代码结束。

打砖块游戏程序的第 2 部分如图 15-4 所示。

```python
brick.py ×
23    class Ball(object):
24        '''创建小球类'''
25        def __init__(self,*args,**kw):
26            #设置球的半径、颜色、移动速度参数
27            self.ball_color = (0,255,0)
28            self.move_x = 3
29            self.move_y = 3
30            self.radius = 15
31
32        def ballready(self):
33            #设置小球的初始位置
34            self.ball_x = self.mouse_x
35            self.ball_y = self.window_wide-self.rect_wide-self.radius
36            #绘制小球
37            pygame.draw.circle(self.game_window,self.ball_color,(self.ball_x,self.ball_y),self.radius)
38
```

图 15-4　打砖块游戏程序的第 2 部分

第 23 行,创建小球类,包括第 24～60 行的所有语句,分别定义了小球初始化、准备小球和小球移动等 3 个方法;

第 24 行是注释语句,即创建小球类;

第 25 行,定义小球的初始化方法,包括第 26～30 行的所有代码;

第 26 行是注释语句;

第 27 行,设置小球的颜色为绿色;

第 28 行,设置小球水平方向的移动速度为 3;

第 29 行,设置小球竖直方向的移动速度为 3;

第 30 行,设置小球的半径为 15;

第 32 行,定义小球准备方法 ballready,包括第 33～37 行的所有代码;

第 33 行是注释语句,即设置小球的初始位置;

第 34 行,将当前鼠标位置的横坐标作为小球起始位置的横坐标;

第 35 行,把窗口的底部减去挡板的厚度再减去小球的半径,所得到的值作为小球的纵坐标;

第 36 行,这一行是注释语句,即绘制小球;

第 37 行,在当前位置绘制小球;

第 38 行,这一行为空行,表示定义准备小球方法完成。

打砖块游戏程序的第 3 部分如图 15-5 所示。

第 39 行,定义小球移动方法 ballmove,包括第 40～59 行的所有代码;

第 40 行是注释语句;

第 41 行,绘制小球,涉及小球的颜色、球心坐标和半径等参数;

```
brick.py ×
39    def ballmove(self):
40        #绘制小球，设置反弹触发条件
41        pygame.draw.circle(self.game_window,self.ball_color,(self.ball_x,self.ball_y),self.radius)
42        self.ball_x += self.move_x
43        self.ball_y -= self.move_y
44        #调用碰撞检测函数
45        self.ball_window()
46        self.ball_rect()
47        #每接5次球球速增加一倍
48        if self.distance < self.radius:
49            self.frequency += 1
50            if self.frequency == 5:
51                self.frequency = 0
52                self.move_x = self.move_x + 1
53                self.move_y = self.move_y + 1
54                self.point += self.point
55        #设置游戏失败条件
56        if self.ball_y > 520:
57            self.gameover = self.over_font.render("Game Over",False,(0,0,0))
58            self.game_window.blit(self.gameover,(100,280))
59            self.over_sign = 1
60
```

图 15-5　打砖块游戏程序的第 3 部分

第 42、43 行，根据速度参数移动小球；

第 44 行是注释语句；

第 45、46 行，调用碰撞检测函数；

第 47 行是注释语句；

第 48～54 行，如果挡板连续 5 次挡住小球，则把小球的移动速度加 1；

第 55 行是注释语句；

第 56～59 行，如果挡板没有挡住小球，则游戏失败，显示"Game Over"；

第 60 行是空行，表示小球移动方法代码结束。

打砖块游戏程序的第 4 部分如图 15-6 所示。

第 61 行，创建挡板类 Rect；

第 62 行是注释语句；

第 63～67 行，初始化挡板，包括定义挡板的颜色、长度和宽度；

第 69 行，创建挡板的移动方法 rectmove；

第 70、71 行，获取鼠标位置参数；

第 72 行是注释语句；

第 73、74 行，限定挡板的右边界；

第 75、76 行，限定挡板的左边界；

第 77～80 行，绘制挡板；

第 81 行为空行，表示挡板类代码结束。

打砖块游戏程序的第 5 部分如图 15-7 所示。

第 82 行，创建砖块类；

第 83 行，初始化砖块；

第 85 行，定义砖块的颜色为金黄色；

```
brick.py ×
61    class Rect(object):
62        '''创建挡板类'''
63        def __init__(self,*args,**kw):
64            #设置挡板的颜色和尺寸
65            self.rect_color = (255,0,0)
66            self.rect_length = 100
67            self.rect_wide = 10
68
69        def rectmove(self):
70            #获取鼠标位置参数
71            self.mouse_x,self.mouse_y = pygame.mouse.get_pos()
72            #绘制挡板,限定横向边界
73            if self.mouse_x >= self.window_length-self.rect_length//2:
74                self.mouse_x = self.window_length-self.rect_length//2
75            if self.mouse_x <= self.rect_length//2:
76                self.mouse_x = self.rect_length//2
77            pygame.draw.rect(self.game_window,self.rect_color,
78                             ((self.mouse_x-self.rect_length//2),
79                             (self.window_wide-self.rect_wide),
80                             self.rect_length,self.rect_wide))
81
```

图 15-6　打砖块游戏程序的第 4 部分

```
brick.py ×
82    class Brick(object):
83        def __init__(self,*args,**kw):
84            #设置砖块颜色参数
85            self.brick_color = (255,255,102)
86            self.brick_list = [[1,1,1,1,1,1],[1,1,1,1,1,1],[1,1,1,1,1,1],[1,1,1,1,1,1],[1,1,1,1,1,1]]
87            self.brick_length = 80
88            self.brick_wide = 20
89
```

图 15-7　打砖块游戏程序的第 5 部分

第 86 行,创建砖块的二维列表,共 5 行,每行有 6 列,即每行有 6 个砖块。如果二维列表元素的值为 1,表示该处有砖块;如果二维列表元素的值为 0,表示砖块已被消除;

第 87 行,定义砖块的长度为 80;

第 88 行,定义砖块的宽度为 20;

第 89 行为空行,表示砖块的初始化代码结束。

打砖块游戏程序的第 6 部分如图 15-8 所示。

第 90 行,定义小球碰撞砖块的处理方法,包括第 91～110 行的所有代码;

第 91 行,扫描第 1～5 行的砖块;

第 92 行,扫描当前行的第 1～6 列的砖块;

第 93、94 行,计算砖块左上角的坐标;

第 95～98 行,若二维列表元素的值为 1,则绘制砖块;

第 99～104 行,如果小球撞击到砖块,则消除砖块,即把当前砖块对应的二维列表元素置为 0,得分加 1 分,并发出撞击声;

第 105 行为空行,表示小球碰撞砖块的处理方法的代码结束;

第 106～110 行,如果砖块已经全部消除,即二维列表中的所有元素为 0,则游戏取得胜

```
brick.py ×
90        def brickarrange(self):
91            for i in range(5):
92                for j in range(6):
93                    self.brick_x = j*(self.brick_length+24)
94                    self.brick_y = i*(self.brick_wide+20)+40
95                    if self.brick_list[i][j] == 1:
96                        #绘制砖块
97                        pygame.draw.rect(game_window,self.brick_color,
98                                        (self.brick_x,self.brick_y,self.brick_length,self.brick_wide))
99                        #调用碰撞检测函数
100                       self.ball_brick()
101                       if self.distanceb < self.radius:
102                           self.brick_list[i][j] = 0
103                           self.score += self.point
104                           channelA.play(sound)
105
106            #设置游戏胜利条件
107            if self.brick_list == [[0,0,0,0,0,0],[0,0,0,0,0,0],[0,0,0,0,0,0],[0,0,0,0,0,0],[0,0,0,0,0,0]]:
108                self.win = self.win_font.render("You Win",False,(255,0,0))
109                self.game_window.blit(self.win,(150,280))
110                self.win_sign = 1
111
```

图 15-8　打砖块游戏程序的第 6 部分

利,显示"You Win";

第 111 行为空行,表示砖块全部消除方法的代码结束。

打砖块游戏程序的第 7 部分如图 15-9 所示。

```
brick.py ×
112  class Score(object):
113      '''创建分数类'''
114      def __init__(self,*args,**kw):
115          #设置初始分数
116          self.score = 0
117          #设置分数字体
118          self.score_font = pygame.font.SysFont('arial',20)
119          #设置初始加分点数
120          self.point = 1
121          #设置初始接球次数
122          self.frequency = 0
123
124      def countscore(self):
125          #绘制玩家分数
126          my_score = self.score_font.render("Score= " + str(self.score),False,(255,255,255))
127          self.game_window.blit(my_score,(480,10))
128
```

图 15-9　打砖块游戏程序的第 7 部分

第 112 行,创建分数类,包括第 113~127 行的所有代码;

第 114 行,定义分数类的初始化方法,包括第 115~122 行的所有代码;

第 115、116 行,设置初始分数为 0;

第 117、118 行,设置字体为 arial,字号为 20;

第 119、120 行,设置小球每次撞到砖块得分加 1 分;

第 121、122 行,设置初始的接球次数,用于逐渐加大游戏难度;

第 123 行为空行,表示分数类初始化方法的代码结束;

第124～127行,定义显示得分的方法,在窗口的右上角显示游戏得分;

第128行为空行,表示显示得分方法的代码结束。

打砖块游戏程序的第8部分如图15-10所示。

```python
class GameOver(object):
    '''创建游戏结束类'''
    def __init__(self,*args,**kw):
        #设置Game Over字体
        self.over_font = pygame.font.SysFont('arial',80)
        #定义GameOver标识
        self.over_sign = 0

class Win(object):
    '''创建游戏胜利类'''
    def __init__(self,*args,**kw):
        #设置You Win字体
        self.win_font = pygame.font.SysFont('arial',80)
        #定义Win标识
        self.win_sign = 0
        #延时3秒
        sleep(3)
```

图 15-10   打砖块游戏程序的第 8 部分

第129行,创建游戏结束类,包括第130～135行的所有代码;

第131行,定义游戏结束类的初始化方法,包括第132～135行的所有代码;

第133行,设置显示"Game Over"所用的字体为arial,字号为80;

第135行,设置游戏结束标识为0;

第136行为空行,表示游戏结束类的初始化方法的代码结束;

第137行,创建游戏胜利类,包括第138～145行的所有代码;

第139行,定义游戏胜利类的初始化方法,包括第140～145行的所有代码;

第141行,设置显示"You Win"所用的字体为arial,字号为80;

第143行,设置游戏胜利标识为0;

第145行,延时3s;

第146行为空行,表示游戏胜利类的初始化方法的代码结束。

打砖块游戏程序的第9部分如图15-11所示。

```python
class Collision(object):
    '''碰撞检测类'''
    #小球与窗口边框的碰撞检测
    def ball_window(self):
        if self.ball_x <= self.radius or self.ball_x >= (self.window_length-self.radius):
            self.move_x = -self.move_x
        if self.ball_y <= self.radius:
            self.move_y = -self.move_y
```

图 15-11   打砖块游戏程序的第 9 部分

第147行,创建碰撞检测类,包括第148～161行的所有代码,涉及小球与窗口边框的碰撞、小球与挡板的碰撞和小球与砖块碰撞这 3 种碰撞的处理方法；

第 150 行,定义小球与窗口边框碰撞的处理方法；

第 151、152 行,如果小球碰到窗口的左边框或右边框,则令小球运动速度的水平分量取相反值,即令小球在左侧边框或右侧边框处反弹；

第 153、154 行,如果小球碰到窗口的上边框,则令小球运动速度的竖直分量取相反值,即令小球在上边框处反弹；

第 155 行为空行,表示小球与窗口边框的碰撞处理方法的代码结束。

打砖块游戏程序的第 10 部分如图 15-12 所示。

```python
156        #球与挡板的碰撞检测
157        def ball_rect(self):
158            #定义碰撞标识
159            self.collision_sign_x = 0
160            self.collision_sign_y = 0
161
162            if self.ball_x < (self.mouse_x-self.rect_length//2):
163                self.closestpoint_x = self.mouse_x-self.rect_length//2
164                self.collision_sign_x = 1
165            elif self.ball_x > (self.mouse_x+self.rect_length//2):
166                self.closestpoint_x = self.mouse_x+self.rect_length//2
167                self.collision_sign_x = 2
168            else:
169                self.closestpoint_x = self.ball_x
170                self.collision_sign_x = 3
171
```

图 15-12　打砖块游戏程序的第 10 部分

第 157 行,定义小球与挡板碰撞的检测方法；

第 159、160 行,定义水平方向和竖直方向的碰撞标识,初始值都为 0；

第 162～164 行,如果小球位于挡板左侧,则把水平方向的碰撞标识设置为 1；

第 165～167 行,如果小球位于挡板右侧,则把水平方向的碰撞标识设置为 2；

第 168～170 行,如果小球位于挡板正上方,则把水平方向的碰撞标识设置为 3。

打砖块游戏程序的第 11 部分如图 15-13 所示。

```python
172            if self.ball_y < (self.window_wide-self.rect_wide):
173                self.closestpoint_y = (self.window_wide-self.rect_wide)
174                self.collision_sign_y = 1
175            elif self.ball_y > self.window_wide:
176                self.closestpoint_y = self.window_wide
177                self.collision_sign_y = 2
178            else:
179                self.closestpoint_y = self.ball_y
180                self.collision_sign_y = 3
```

图 15-13　打砖块游戏程序的第 11 部分

第 172～174 行,如果小球位于挡板上方,则把竖直方向的碰撞标识设置为 1；

第 175～177 行,如果小球位于挡板下方,则把竖直方向的碰撞标识设置为 2；

第 178～180 行,如果小球与挡板位于同一高度,则把竖直方向的碰撞标识设置为 3。

打砖块游戏程序的第 12 部分如图 15-14 所示。

```
181    #计算挡板到球心最近点与球心的距离
182    self.distance = math.sqrt(math.pow(self.closestpoint_x-self.ball_x,2)+
183                              math.pow(self.closestpoint_y-self.ball_y,2))
184    #小球在挡板上左、上中、上右3种情况的碰撞检测
185    if self.distance < self.radius and self.collision_sign_y == 1 and \
186        (self.collision_sign_x == 1 or self.collision_sign_x == 2):
187        if self.collision_sign_x == 1 and self.move_x > 0:
188            self.move_x = - self.move_x
189            self.move_y = - self.move_y
190        if self.collision_sign_x == 1 and self.move_x < 0:
191            self.move_y = - self.move_y
192        if self.collision_sign_x == 2 and self.move_x < 0:
193            self.move_x = - self.move_x
194            self.move_y = - self.move_y
195        if self.collision_sign_x == 2 and self.move_x > 0:
196            self.move_y = - self.move_y
197    if self.distance < self.radius and self.collision_sign_y == 1 and self.collision_sign_x == 3:
198        self.move_y = - self.move_y
199    #小球在挡板左、右两侧中间的碰撞检测
200    if self.distance < self.radius and self.collision_sign_y == 3:
201        self.move_x = - self.move_x
202
```

图 15-14　打砖块游戏程序的第 12 部分

第 181~183 行,计算挡板到球心最近的点与球心的距离;

第 185~189 行,如果小球从左上方碰撞挡板,则小球向右上方反弹;

第 190~194 行,如果小球从右上方碰撞挡板,则小球向左上方反弹;

第 195~198 行,如果小球从正上方碰撞挡板,则小球向正上方反弹;

第 199~201 行,如果小球在两侧中间碰撞挡板,则小球沿水平方向反弹;

第 202 行为空行,表示小球与挡板的碰撞检测处理的代码结束。

打砖块游戏程序的第 13 部分如图 15-15 所示。

```
203    #小球与砖块的碰撞检测
204    def ball_brick(self):
205        #定义碰撞标识
206        self.collision_sign_bx = 0
207        self.collision_sign_by = 0
208
209        if self.ball_x < self.brick_x:
210            self.closestpoint_bx = self.brick_x
211            self.collision_sign_bx = 1
212        elif self.ball_x > self.brick_x+self.brick_length:
213            self.closestpoint_bx = self.brick_x+self.brick_length
214            self.collision_sign_bx = 2
215        else:
216            self.closestpoint_bx = self.ball_x
217            self.collision_sign_bx = 3
218
```

图 15-15　打砖块游戏程序的第 13 部分

第 204 行,定义小球与砖块碰撞的处理方法;

第 206、207 行,定义水平方向和竖直方向的碰撞标识,初始值都为 0;

第 209~211 行,如果小球位于砖块左侧,则把水平方向的碰撞标识设置为 1;

第 212~214 行,如果小球位于砖块右侧,则把水平方向的碰撞标识设置为 2;

第 215~217 行,如果小球位于砖块中间,则把水平方向的碰撞标识设置为 3。

打砖块游戏程序的第 14 部分如图 15-16 所示。

```
219          if self.ball_y < self.brick_y:
220              self.closestpoint_by = self.brick_y
221              self.collision_sign_by = 1
222          elif self.ball_y > self.brick_y+self.brick_wide:
223              self.closestpoint_by = self.brick_y+self.brick_wide
224              self.collision_sign_by = 2
225          else:
226              self.closestpoint_by = self.ball_y
227              self.collision_sign_by = 3
228
229
```

图 15-16　打砖块游戏程序的第 14 部分

第 219～221 行,如果小球位于挡板下方,则把竖直方向的碰撞标识设置为 1;

第 222～224 行,如果小球位于挡板上方,则把竖直方向的碰撞标识设置为 2;

第 225～227 行,如果小球与挡板位于同一高度,则把竖直方向的碰撞标识设置为 3。

打砖块游戏程序的第 15 部分如图 15-17 所示。

```
230      #计算砖块到球心最近点与球心的距离
231      self.distanceb = math.sqrt(math.pow(self.closestpoint_bx-self.ball_x,2)+
232                                 math.pow(self.closestpoint_by-self.ball_y,2))
233      #小球在砖块上左、上中、上右3种情况的碰撞检测
234      if self.distanceb < self.radius and self.collision_sign_by == 1 and \
235          (self.collision_sign_bx == 1 or self.collision_sign_bx == 2):
236          if self.collision_sign_bx == 1 and self.move_x > 0:
237              self.move_x = - self.move_x
238              self.move_y = - self.move_y
239          if self.collision_sign_bx == 1 and self.move_x < 0:
240              self.move_y = - self.move_y
241          if self.collision_sign_bx == 2 and self.move_x < 0:
242              self.move_x = - self.move_x
243              self.move_y = - self.move_y
244          if self.collision_sign_bx == 2 and self.move_x > 0:
245              self.move_y = - self.move_y
246      if self.distanceb < self.radius and self.collision_sign_by == 1 and self.collision_sign_bx == 3:
247          self.move_y = - self.move_y
```

图 15-17　打砖块游戏程序的第 15 部分

第 230～232 行,计算砖块到球心最近的点与球心的距离;

第 234～238 行,如果小球从左上方碰撞砖块,则小球向右上方反弹;

第 239～243 行,如果小球从右上方碰撞砖块,则小球向左上方反弹;

第 244～247 行,如果小球从正上方碰撞砖块,则小球向正上方反弹。

打砖块游戏程序的第 16 部分如图 15-18 所示。

第 249～255 行,如果小球从左下方碰撞砖块,则小球向右下方反弹;

第 256～260 行,如果小球从右下方碰撞砖块,则小球向左下方反弹;

第 261～265 行,如果小球从正下方碰撞砖块,则小球向正下方反弹。

打砖块游戏程序的第 17 部分如图 15-19 所示。

第 267 行,创建主程序类 Main;

第 269 行,定义主程序的初始化方法;

第 270 行,初始化主程序;

第 271 行,初始化游戏窗口类,即调用第 9～17 行的代码;

```
248    #小球在砖块下左、下中、下右3种情况的碰撞检测
249    if self.distanceb < self.radius and self.collision_sign_by == 2 and \
250        (self.collision_sign_bx == 1 or self.collision_sign_bx == 2):
251        if self.collision_sign_bx == 1 and self.move_x > 0:
252            self.move_x = - self.move_x
253            self.move_y = - self.move_y
254        if self.collision_sign_bx == 1 and self.move_x < 0:
255            self.move_y = - self.move_y
256        if self.collision_sign_bx == 2 and self.move_x < 0:
257            self.move_x = - self.move_x
258            self.move_y = - self.move_y
259        if self.collision_sign_bx == 2 and self.move_x > 0:
260            self.move_y = - self.move_y
261    if self.distanceb < self.radius and self.collision_sign_by == 2 and self.collision_sign_bx == 3:
262        self.move_y = - self.move_y
263    #小球在砖块左、右两侧中间的碰撞检测
264    if self.distanceb < self.radius and self.collision_sign_by == 3:
265        self.move_x = - self.move_x
266
```

图 15-18　打砖块游戏程序的第 16 部分

```
267    class Main(GameWindow,Rect,Ball,Brick,Collision,Score,Win,GameOver):
268        '''创建主程序类'''
269        def __init__(self,*args,**kw):
270            super(Main,self).__init__(*args,**kw)
271            super(GameWindow,self).__init__(*args,**kw)
272            super(Rect,self).__init__(*args,**kw)
273            super(Ball,self).__init__(*args,**kw)
274            super(Brick,self).__init__(*args,**kw)
275            super(Collision,self).__init__(*args,**kw)
276            super(Score,self).__init__(*args,**kw)
277            super(Win,self).__init__(*args,**kw)
278            #定义游戏开始标识
279            start_sign = 0
280
```

图 15-19　打砖块游戏程序的第 17 部分

第 272 行,初始化挡板类,即调用第 63～67 行的代码;

第 273 行,初始化小球类,即调用第 25～30 行的代码;

第 274 行,初始化砖块类,即调用第 83～88 行的代码;

第 275 行,初始化碰撞检测类,而碰撞检测类没有定义初始化代码,因此本行可忽略;

第 276 行,初始化显示得分类,即调用第 114～122 行的代码;

第 277 行,初始化获得胜利类,即调用第 139～145 行的代码;

第 279 行,设置游戏开始的标识为 0。

打砖块游戏程序的第 18 部分如图 15-20 所示。

第 281 行,创建一个永不停止的循环,即游戏主循环,这个循环包括第 282～304 行的所有代码;

第 282 行,调用显示背景函数,即第 19～21 行的代码;

第 283 行,调用挡板移动函数,即第 69～80 行的代码;

第 284 行,调用计算得分函数,即第 124～127 行的代码;

第 285～287 行,如果游戏失败标志或游戏获胜标志为真,延时 3s,并跳出循环;

第 288～291 行,如果单击了窗口右上角的"关闭"按钮,则结束游戏;

```
281     while True:
282         self.background()
283         self.rectmove()
284         self.countscore()
285         if self.over_sign == 1 or self.win_sign == 1:
286             sleep(3)
287             break
288         #获取游戏窗口状态
289         for event in pygame.event.get():
290             if event.type == pygame.QUIT:
291                 sys.exit()
292             if event.type == MOUSEBUTTONDOWN:
293                 pressed_array = pygame.mouse.get_pressed()
294                 if pressed_array[0]:
295                     start_sign = 1
296         if start_sign == 0:
297             self.ballready()
298         else:
299             self.ballmove()
300         self.brickarrange()
301         #更新游戏窗口
302         pygame.display.update()
303         #控制游戏窗口刷新频率
304         time.sleep(0.010)
```

图 15-20 打砖块游戏程序的第 18 部分

第 292~295 行,检测单击鼠标按键事件,如果没有单击鼠标按键,则把游戏开始标志设置为 1;

第 296、297 行,如果游戏开始标志为 0,则调用小球准备函数;

第 298、299 行,如果游戏开始标志为 1,则调用小球移动函数;

第 300 行,调用碰撞检测函数,处理碰撞窗口、碰撞挡板和碰撞砖块等事件;

第 301、302 行,更新游戏窗口;

第 303、304 行,控制游戏窗口刷新频率。

打砖块游戏程序的第 19 部分如图 15-21 所示。

```
305
306     if __name__ == '__main__':
307         pygame.init()
308         pygame.font.init()
309
310         sound = pygame.mixer.Sound("du.wav")
311         channelA = pygame.mixer.Channel(1)
312
313         catchball = Main()
314
```

图 15-21 打砖块游戏程序的第 19 部分

第 306 行,如果当前函数名称为__main__,即启动游戏程序,执行第 307~313 行的所有语句;

第 307 行,初始化 Pygame 库;

第 308 行,初始化 Pygame 与文字相关的字体;

第 310 行,加载声音文件 du.wav;

第 311 行,定义声音通道为 channelA;

第 313 行,调用主函数 Main(),即调用从第 267 行开始的代码。

到这一步,这个打砖块游戏程序剖析完成。由于整个程序冗长,请耐心并细致地调试。这是修炼成为一位优秀的程序员的绝佳机会。

15.4 小结与练习

本章详细地剖析了打砖块游戏程序的工作原理。请你完成以下编程任务:

(1) 修改挡板的颜色为蓝色;

(2) 给游戏加上背景音乐;

(3) 修改小球的半径;

(4) 降低游戏的难度,使游戏过程中,小球的速度不会越来越快。

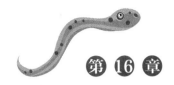

第 **16** 章

设计连连看游戏

16.1 连连看游戏的玩法

连连看是一个经典的游戏程序,共有 8 种不同动物的图像。各种动物图像都成对并随机地分布在一个 8 行×10 列的窗口中。游戏要求玩家连续两次单击来消除某一对动物。当第 1 次单击某个动物图像时,这个图像就被加上边框;然后单击另一个动物图像,如果这两个图像相同,能用直线或不超过 2 个折点的折线连起来,并且折线中间没有其他动物图像阻挡,就消掉这一对图像;否则不能消除。如果所有图像都被消除,则结束游戏。

16.2 连连看游戏的设计思路

连连看游戏的设计思路如图 16-1 所示。

16.3 连连看游戏程序的详细设计步骤

连连看游戏需要准备 8 种不同的动物图像,每种动物图像的大小都是 60×60,动物图像的文件名依次为 photo0.png~photo7.png。

这 8 种动物的图像及编号如图 16-2 所示。

连连看游戏的工作画面如图 16-3 所示。

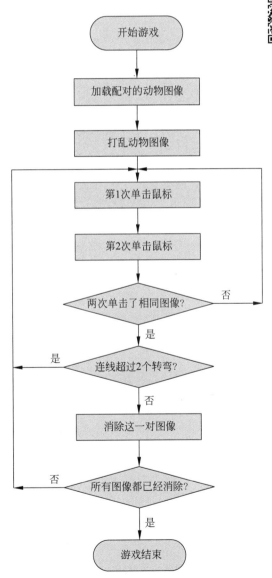

图 16-1 连连看游戏的设计思路

0 猪　　1 小鸟　　2 蝴蝶　　3 骆驼

4 猫　　5 小狗　　6 鸭子　　7 大象

图 16-2　连连看游戏的动物图像及编号

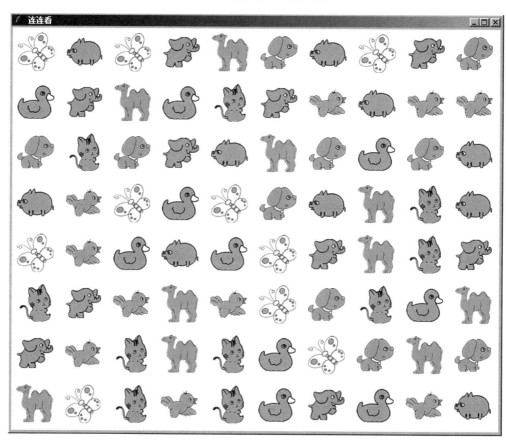

图 16-3　连连看游戏的工作画面

```
2 0 2 7 3 5 0 2 7 5
6 7 3 6 4 7 1 0 1 1
5 4 5 7 0 3 5 6 5 0
0 1 2 6 2 5 0 3 4 0
2 1 6 0 6 2 7 3 4 7
4 7 1 3 1 2 5 4 6 3
7 1 4 3 4 6 2 5 3 5
3 2 4 1 4 6 7 6 1 0
```

图 16-4　连连看游戏图像映射的
　　　　二维数组

为了便于分析和处理,本游戏程序把动物图像映射为一个 8×10 的二维数组。二维数组元素的取值为动物的编号。例如,图 16-3 的映射结果如图 16-4 所示。

在图 16-3 所示的画面中,第 1 行的动物依次为蝴蝶、猪、蝴蝶、大象、骆驼、小狗、猪、蝴蝶、大象、小狗,则根据动物的编号,二维数组第 1 行的元素依次是 2、0、2、7、3、5、0、2、7、5。

两个选中的图像之间的连接情况可以分为三种,如图 16-5 所示。

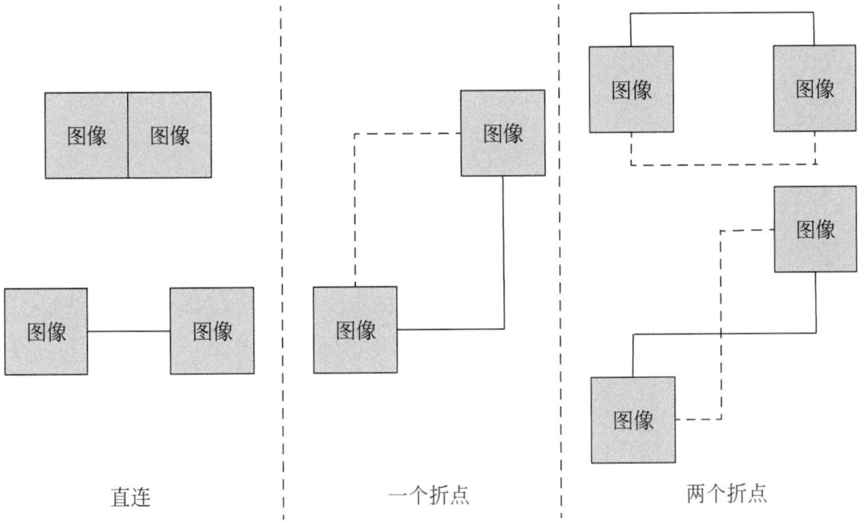

图 16-5 两个选中的图像之间的连接情况分类

（1）直连方式。直连方式是指两个图像的 x 坐标或 y 坐标相同,即在一条直线上,并且在两个图像之间没有任何其他图像,这是最简单的连接方式。

（2）一个折点。这种连接方式又称为单直角连通,相当于用两个图像画出一个矩形,而这两个图像是矩形一对对角的顶点。如果另外两个顶点中的某个顶点(即折点)能够同时与这两个图像直连,那就表示可以经过一个折点连通。

（3）两个折点。这种连接方式又称为双直角连通,连线上的两个折点 $z1$、$z2$ 必定在两个选中的图像 $p1$、$p2$ 所在的 x 方向或 y 方向的直线上。

可以分别以 $p1(x1,y1)$ 为起点向四个方向探测。以向右探测为例,每次向右前进一格,判断 $z1(x1+1,y1)$ 与 $p2(x2,y2)$ 点可否通过一个折点连通。如果可以连通,则能够实现两个折点连通;否则,超过图像的右边界区域之后,还需要判断两个折点在选中图像的右侧,即两个折点在图像区域之外连通的情况是否存在,此时可以简化为判断 $p2(x2,y2)$ 点是否可以水平直通至边界。

整个连连看游戏的程序比较长,我们同样分多个部分来详细地说明。

连连看游戏程序的第 1 部分如图 16-6 所示。

```
line.py
1    from tkinter import *
2    from tkinter.messagebox import *
3    from threading import Timer
4    import time
5    import random
6    root = Tk()
7    root.title(" 连连看")
8
9    timer_interval=0.3        #0.3秒
10   def delayrun():
11       clearTwoBlock()       #清除两个图像
12
```

图 16-6 连连看游戏程序的第 1 部分

第 1 行,导入图像界面库 tkinter;

第 2 行,导入图像界面库 tkinter 的消息框模块;

第 3 行,导入定时库的 threading 模块;

第 4 行,导入计时库 time;

第 5 行,导入随机数库 random;

第 6 行,创建图像窗口对象 root;

第 7 行,定义图像窗口的标题为"连连看";

第 9 行,定义时间间隔变量为 0.3s;

第 10 行,定义延迟执行函数 delayrun(),这个函数仅包括第 11 行的代码;

第 11 行,调用清除两个图像的函数 clearTwoBlock()。

连连看游戏程序的第 2 部分如图 16-7 所示。

```
13    '''
14    判断选中的两个图像是否可以消除
15    '''
16    def IsLink(p1,p2):
17        if lineCheck(p1, p2):          #直线相连（没有折点）的连通方式
18            return True
19        if OneCornerLink(p1, p2):      #一个转弯（一个折点）的连通方式
20            return True
21        if TwoCornerLink(p1, p2):      #两个转弯（两个折点）的连通方式
22            return True
23        return False
24    #-------------------------
25    def IsSame(p1,p2):
26        if map[p1.x][p1.y]==map[p2.x][p2.y]:
27            print ("连续两次单击了同一个图像")
28            return True
29        return False
30
```

图 16-7　连连看游戏程序的第 2 部分

第 13~15 行是注释语句;

第 16 行,定义判断两个图像是否连通的函数 IsLink();

第 17、18 行,如果直线连通则返回真;

第 19、20 行,如果有一个折点则返回真;

第 21、22 行,如果有两个折点则返回真;

第 23 行,如果以上都不是,则返回假,即两个图像不连通;

第 25 行,定义是否相同函数 IsSame(),包括第 26~29 行代码;

第 26~29 行,如果 p1 位置的图像与 p2 位置的图像相同,则返回真,并输出"连续两次单击了同一个图像",否则返回假。

连连看游戏程序的第 3 部分如图 16-8 所示。

第 31 行,定义单击鼠标左键处理函数 callback();

第 32 行,指定 Select_first、p1、p2 为全局变量;

第 33 行,指定 firstSelectRectId、SecondSelectRectId 为全局变量;

第 36 行,把棋盘的 x 坐标换算为映射的二维数组的 x 坐标;

```
31    def callback(event):            #单击鼠标左键事件处理函数
32        global Select_first,p1,p2
33        global firstSelectRectId,SecondSelectRectId
34
35        #  显示单击的坐标
36        x=(event.x)//80                 #换算棋盘坐标
37        y=(event.y)//80
38        print ("单击了坐标 ", x, y)
39
40        if map[x][y]==" ":
41            showinfo(title="提示",message="此处无图像")
```

图 16-8　连连看游戏程序的第 3 部分

第 37 行，把棋盘的 y 坐标换算为映射的二维数组的 y 坐标；

第 38 行，输出鼠标单击位置对应的坐标值；

第 40、41 行，如果鼠标单击位置没有图像则显示"此处无图像"。

连连看游戏程序的第 4 部分如图 16-9 所示。

```
42        else:
43
44            if Select_first==False:
45                p1=Point(x,y)
46                #画选定（x1,y1）处的框线
47                firstSelectRectId=cv.create_rectangle(x*80,y*80,x*80+80,y*80+80,width=2,outline="yellow")
48                Select_first = True
49            else:
50                p2=Point(x,y)
51                #判断第二次单击的图像是否已被第一次单击选取，如果是则返回.
52                if (p1.x == p2.x) and (p1.y == p2.y):
53                    return
54                #画选定（x2,y2）处的框线
55                print('第二次单击的图像的坐标 ',x,y)
56                #
57                SecondSelectRectId=cv.create_rectangle(x*80,y*80,x*80+80,y*80+80,width=2,outline="yellow")
58                print('第二次单击的图像的编号 ',SecondSelectRectId)
59                cv.pack()
60
```

图 16-9　连连看游戏程序的第 4 部分

第 42 行，开始处理鼠标单击位置有图像的情况；

第 44～48 行，如果变量 Select_first 的值为 False，即未选中第 1 个图像，则给当前位置的图像加上黄色的方框，并且把变量 Select_first 设置为 True；

第 49～53 行，如果连续两次单击了同一位置的图像，则操作无效，直接返回；

第 54～58 行，输出第 2 次单击位置的图像对应的坐标，给当前位置的图像加上黄色的方框，并且输出第 2 次单击的图像的编号；

第 59 行，刷新画布。

连连看游戏程序的第 5 部分如图 16-10 所示。

第 61～67 行，如果连续两次单击了相同的图像并且这一对图像能连通，则画连接线；

第 68、69 行，延时 0.3s；

第 70～76 行，如果这一对图像不能连通，则清除已给第 1 个图像标记的方框。

连连看游戏程序的第 6 部分如图 16-11 所示。

第 78 行，定义清除一对图像及连线的函数 clearTwoBlock()，这个函数包括第 79～91

```
61          #判断是否连通
62          if IsSame(p1,p2) and IsLink(p1,p2):
63              print('连通',x,y)
64              Select_first = False
65              # 画选中图像之间连接线
66              drawLinkLine(p1,p2)
67
68              t=Timer(timer_interval,delayrun)     #定时函数
69              t.start()
70          else:    #重新选定第一个图像
71              #清除第一个选定框线
72              cv.delete(firstSelectRectId)
73
74              firstSelectRectId=SecondSelectRectId
75              p1=Point(x,y)              #设置重新选定第一个图像的坐标
76              Select_first = True
77
```

图 16-10　连连看游戏程序的第 5 部分

```
78      def clearTwoBlock():              #清除连线及图像
79          #延时0.1秒
80          #time.sleep(0.1)
81          #清除第1个选定框线
82          cv.delete(firstSelectRectId)
83          #清除第2个选定框线
84          cv.delete(SecondSelectRectId)
85          #清空记录图像的值
86          map[p1.x][p1.y] = " "
87          cv.delete(image_map[p1.x][p1.y])
88          map[p2.x][p2.y] = " "
89          cv.delete(image_map[p2.x][p2.y])
90          Select_first = False
91          undrawConnectLine()           #清除选中图像之间连接线
92
```

图 16-11　连连看游戏程序的第 6 部分

行的所有代码；

第 82 行,清除第 1 个图像的边框；

第 84 行,清除第 2 个图像的边框；

第 86、87 行,清除第 1 个图像及对应的编号的值；

第 88、89 行,清除第 2 个图像及对应的编号的值；

第 90 行,设置变量 Select_first 的值为 False,即未选择第 1 个图像；

第 91 行,清除选中的两个图像之间的连接线。

连连看游戏程序的第 7 部分如图 16-12 所示。

第 93 行,定义输出地图函数 print_map(),包括第 94～105 行的所有代码；

第 94 行,指定 image_map 为全局变量；

第 95～100 行,绘制 8 行×10 列的图像；

第 101 行,刷新画布；

第 102～105 行,输出映射的 8 行×10 列的二维数组。

连连看游戏程序的第 8 部分如图 16-13 所示。

第 113～118 行,创建点类 Point,并初始化点类的 x 坐标和 y 坐标。

```
93   def print_map( ):              #输出map地图
94       global image_map
95       for x in range(0,Width):        #0--10
96           for y in range(0,Height):      #0--8
97               if(map[x][y]!=' '):
98                   img1= imgs[int(map[x][y])]
99                   id=cv.create_image((x*80+40,y*80+40),image=img1)
100                  image_map[x][y]=id
101      cv.pack()
102      for y in range(0,Height):       #0--8
103          for x in range(0,Width):      #0--10
104              print (map[x][y],end=' ')
105          print(" ")
```

图 16-12 连连看游戏程序的第 7 部分

```
106  '''
107  * 同行同列情况消除方法：如果两个相同的被消除元素之间的空格数
108  spaceCount等于它们的（行/列差-1）则 两者可以连通消除
109  * x代表列，y代表行
110  * 变量 p1 保存第一次选中的点的坐标
111  * 变量 p2 保存第二次选中的点的坐标
112  '''
113  class Point:
114      #点类
115      def __init__(self,x,y):
116          self.x=x
117          self.y=y
118  #------------------------------------
```

图 16-13 连连看游戏程序的第 8 部分

连连看游戏程序的第 9 部分如图 16-14 所示。

```
119  '''
120  第一种情况，直接连通
121  '''
122  def lineCheck(p1, p2):
123      absDistance = 0
124      spaceCount = 0
125      if (p1.x == p2.x or p1.y == p2.y) :   #属于同行或同列的情况吗？
126          print("属于同行同列的情况------")
127          #同列的情况
128          if (p1.x == p2.x and p1.y != p2.y) :
129              print("属于同列的情况")
130              #绝对距离(中间隔着的空格数)
131              absDistance = abs(p1.y - p2.y) - 1
132              #正负值
133              if  p1.y - p2.y > 0 :
134                  zf=-1
135              else:
136                  zf=1
137              for i in range(1,absDistance+1):
138                  if (map[p1.x][p1.y + i * zf]==" "):
139                      # 空格数加1
140                      spaceCount += 1
141                  else:
142                      break;#遇到阻碍就不用再探测了
```

图 16-14 连连看游戏程序的第 9 部分

　　第 122 行,定义直接连通检测函数 lineCheck();

　　第 123 行,定义绝对距离变量的初值为 0;

　　第 124 行,定义空格计数变量的初值为 0;

　　第 125、126 行,如果图像 p1 与图像 p2 的 x 坐标相等或 y 坐标相等,则输出"属于同行同列的情况------";

　　第 127～142 行,如果图像 p1 与图像 p2 的 x 坐标相等,则输出"属于同列的情况",计算两个图像之间的空格数并检查 p1 与 p2 之间有没有阻碍,如果有阻碍则不能连通。

　　连连看游戏程序的第 10 部分如图 16-15 所示。

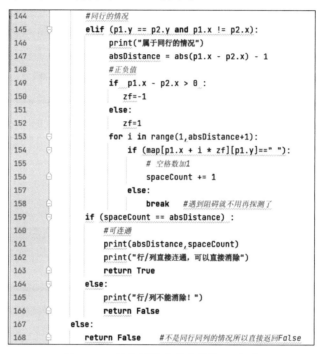

```
144                    #同行的情况
145         elif (p1.y == p2.y and p1.x != p2.x):
146             print("属于同行的情况")
147             absDistance = abs(p1.x - p2.x) - 1
148             #正负值
149             if  p1.x - p2.x > 0 :
150                 zf=-1
151             else:
152                 zf=1
153             for i in range(1,absDistance+1):
154                 if (map[p1.x + i * zf][p1.y]==" "):
155                     # 空格数加1
156                     spaceCount += 1
157                 else:
158                     break    #遇到阻碍就不用再探测了
159         if (spaceCount == absDistance) :
160             #可连通
161             print(absDistance,spaceCount)
162             print("行/列直接连通,可以直接消除")
163             return True
164         else:
165             print("行/列不能消除! ")
166             return False
167     else:
168         return False    #不是同行同列的情况所以直接返回False
```

图 16-15　连连看游戏程序的第 10 部分

　　第 145～158 行,如果图像 p1 与图像 p2 的 y 坐标相等,则输出"属于同行的情况",计算两个图像之间的空格数并检查 p1 与 p2 之间有没有阻碍,如果有阻碍则不能连通;

　　第 159～168 行,如果两个图像之间的空格数等于绝对距离,则输出"行/列直接连通,可以直接消除",并返回 True;否则输出"行/列不能消除!"并返回 False。

　　连连看游戏程序的第 11 部分如图 16-16 所示。

　　第 172 行,定义一个直角连通检测函数 OneCornerLink();

　　第 173、174 行,定义第一个直角检查点 checkP;

　　第 175、176 行,定义第二个直角检查点 checkP2;

　　第 177～182 行,对第一个直角检查点进行检测。如果第一个直角检查点为空并且与 p1 之间没有阻碍,与 p2 之间也没有阻碍,则可以连通,输出"直角消除 ok"并返回 True;

　　第 183～188 行,对第二个直角检查点进行检测。如果第二个直角检查点为空并且与 p1 之间没有阻碍,与 p2 之间也没有阻碍,则可以连通,输出"直角消除 ok"并返回 True;

　　第 189、190 行,如果以上两个直角检查点经检测都不能连通,则输出"不能直角消除"并

```
169
170    #----------------------------------------
171    #第二种情况，直角连通
172    def OneCornerLink(p1, p2):
173        #第一个直角检查点，如果这里为空则赋予相同值供检查
174        checkP = Point(p1.x, p2.y)
175        #第二个直角检查点，如果这里为空则赋予相同值供检查
176        checkP2 = Point(p2.x, p1.y);
177        #第一个直角点检测
178        if (map[checkP.x][checkP.y]==" "):
179            if (lineCheck(p1, checkP) and lineCheck(checkP, p2)):
180                linePointStack.append(checkP)
181                print("直角消除ok",checkP.x,checkP.y)
182                return True
183        #第二个直角点检测
184        if (map[checkP2.x][checkP2.y]==" "):
185            if (lineCheck(p1, checkP2) and lineCheck(checkP2, p2)):
186                linePointStack.append(checkP2)
187                print("直角消除ok",checkP2.x,checkP2.y)
188                return True
189        print("不能直角消除")
190        return False;
```

图 16-16　连连看游戏程序的第 11 部分

返回 False。

连连看游戏程序的第 12 部分如图 16-17 所示。

```
192    '''
193    #第三种情况，双直角连通
194    双直角连通判定可分两步走：
195    1. 在p1点周围4个方向寻找空格checkP
196    2. 调用OneCornerLink(checkP, p2)
197    3. 即遍历 p1 4 个方向的空格，使之成为 checkP,然后调用 OneCornerLink(checkP,
198    p2)判定是否为真，如果为真则可以双直角连通，否则当所有的空格都遍历完而没有找到一个
199    checkP使OneCornerLink(checkP, p2)为真，则两点不能连通
200    '''
```

图 16-17　连连看游戏程序的第 12 部分

第 192～200 行都是注释语句。

连连看游戏程序的第 13 部分如图 16-18 所示。

第 201 行,定义双直角连通检测函数 TwoCornerLink(),这个函数包括第 202～268 行的所有代码;

第 202～206 行,以 p1 为检测点,分别向下、向右、向左、向上进行两个折点的连通性探测,寻找可行的连通线;

第 207～216 行,如果 i 等于 3,则以 p1 为检测点,向下进行检测,即遍历向下方向的某个空格,使之成为检测点,然后调用 OneCornerLink(checkP,p2)判定直角连通是否为真。为真即双直角连通成功,显示"向下探测 OK",并且返回 True;否则若所有的空格都遍历完而没有连通,判定双直角连通失败,并且返回 False;

第 217～223 行,若检测点出了底部,则仅需判断两个折点是否都在区域外部的底侧。如果是,即双直角连通成功,显示"向下探测到游戏区域的底部",并且返回 True。

连连看游戏程序的第 14 部分如图 16-19 所示。

```
201  def TwoCornerLink(p1, p2):
202      checkP = Point(p1.x, p1.y)
203      #开始向四个方向探测
204      for i in range(0,4):
205          checkP.x=p1.x
206          checkP.y=p1.y
207          if (i == 3):      # 向下探测
208              checkP.y+=1
209              while (( checkP.y < Height) and map[checkP.x][checkP.y]==" "):
210                  linePointStack.append(checkP)
211                  if (OneCornerLink(checkP, p2)):
212                      print("向下探测OK")
213                      return True
214                  else:
215                      linePointStack.pop()
216                  checkP.y+=1
217              if checkP.y==Height:  #出了底部，则仅需判断p2能否也达到底部边界
218                  z=Point(p2.x, Height-1)    #底部边界点
219                  if lineCheck(z,p2) : #两个折点在区域外部的底侧
220                      linePointStack.append(Point(p1.x, Height))
221                      linePointStack.append(Point(p2.x, Height))
222                      print("向下探测到游戏区域的底部")
223                      return True
224
```

图 16-18　连连看游戏程序的第 13 部分

```
225          elif (i == 2):      # 向右探测
226              checkP.x+=1
227              while (( checkP.x < Width) and map[checkP.x][checkP.y]==" "):
228                  linePointStack.append(checkP)
229                  if (OneCornerLink(checkP, p2)):
230                      print("向右探测OK")
231                      return True
232                  else:
233                      linePointStack.pop()
234                  checkP.x+=1
235              #补充两个折点都在游戏区域右侧外部
236              if checkP.x==Width:  #出了右侧，则仅需判断p2能否也达到右部边界
237                  z=Point(Width-1,p2.y)    #右部边界点
238                  if lineCheck(z,p2) : #两个折点在区域外部的底侧
239                      linePointStack.append(Point(Width,p1.y))
240                      linePointStack.append(Point(Width,p2.y))
241                      print("向右探测到游戏区域的外部")
242                      return True
243
```

图 16-19　连连看游戏程序的第 14 部分

　　第 225～234 行，如果 i 等于 2，则以 p1 为检测点，向右进行检测，即遍历向右方向的某个空格，使之成为检测点，然后调用 OneCornerLink(checkP,p2) 判定直角连通是否为真。为真即双直角连通成功，显示"向右探测 OK"，并且返回 True；否则若所有的空格都遍历完而没有连通，判定双直角连通失败，并且返回 False；

　　第 235～242 行，若检测点出了右侧外部，则仅需判断两个折点是否都在区域外部的右侧。如果是，则双直角连通成功，显示"向右探测到游戏区域的外部"，并且返回 True。

　　连连看游戏程序的第 15 部分如图 16-20 所示。

```
244         elif (i == 1):   # 向左探测
245             checkP.x-=1
246             while (( checkP.x >=0) and  map[checkP.x][checkP.y]=="  "):
247                 linePointStack.append(checkP)
248                 if (OneCornerLink(checkP, p2)):
249                     print("向左探测OK")
250                     return True
251                 else:
252                     linePointStack.pop()
253                 checkP.x-=1
254
255         elif (i == 0):   # 向上探测
256             checkP.y -=1
257             while ((checkP.y >=0) and  map[checkP.x][checkP.y]==" "):
258                 linePointStack.append(checkP)
259                 if (OneCornerLink(checkP, p2)):
260                     print("向上探测OK")
261                     return True
262                 else:
263                     linePointStack.pop()
264                 checkP.y-=1
265        |
266         #四个方向探测完成都没找到适合的checkP点
267         print( "两直角连接没找到适合的checkP点")
268         return False
```

图 16-20　连连看游戏程序的第 15 部分

第 244～253 行,如果 i 等于 1,则以 p1 为检测点,向左进行检测,即遍历向左方向的某个空格,使之成为检测点,然后调用 OneCornerLink(checkP,p2)判定直角连通是否为真。为真即双直角连通成功,显示"向左探测 OK",并且返回 True;否则若所有的空格都遍历完而没有连通,判定双直角连通失败,并且返回 False;

第 255～264 行,如果 i 等于 0,则以 p1 为检测点,向上进行检测,即遍历向上方向的某个空格,使之成为检测点,然后调用 OneCornerLink(checkP,p2)判定直角连通是否为真。为真即双直角连通成功,显示"向上探测 OK",并且返回 True;

第 266～268 行,如果四个方向的所有的空格遍历完都没有连通,则双直角连通检测失败,显示"两直角连接没找到适合的 checkP 点",并且返回 False。

连连看游戏程序的第 16 部分如图 16-21 所示。

第 272 行,定义画连接线函数 drawLinkLine();

第 273、274 行,若两个图像紧密相邻,则不用画线;

第 275、276 行,若两个图像相邻,则画一条连接线;

第 277～281 行,若两个图像经一个折点连通,则绘制一折连接线,并且输出折点的坐标;

第 282～289 行,若两个图像经两个折点连通,则绘制两折连接线,并且输出两个折点的坐标。

连连看游戏程序的第 17 部分如图 16-22 所示。

第 290～294 行,定义删除连接线函数 undrawConnectLine(),删除已画的两个图像之间的连接线;

第 296～300 行,输出"drawLine p1,p2"以及图像 p1 和图像 p2 的坐标,并且绘制从图

```
269
270    #---------------------------
271    #画连接线
272    def drawLinkLine(p1,p2):
273        if ( len(linePointStack)==0 ):
274            Line_id.append(drawLine(p1,p2))
275        else:
276            print(linePointStack,len(linePointStack))
277        if ( len(linePointStack)==1 ):
278            z=linePointStack.pop()
279            print("一折连通点z",z.x,z.y)
280            Line_id.append(drawLine(p1,z))
281            Line_id.append(drawLine(p2,z))
282        if ( len(linePointStack)==2 ):
283            z1=linePointStack.pop()
284            print("2折连通点z1",z1.x,z1.y)
285            Line_id.append(drawLine(p2,z1))
286            z2=linePointStack.pop()
287            print("2折连通点z2",z2.x,z2.y)
288            Line_id.append(drawLine(z1,z2))
289            Line_id.append(drawLine(p1,z2))
```

图 16-21　连连看游戏程序的第 16 部分

```
290    #删除连接线
291    def undrawConnectLine():
292        while len(Line_id)>0:
293            idpop=Line_id.pop()
294            cv.delete(idpop)
295
296    def  drawLine(p1,p2):
297        print("drawLine p1,p2",p1.x,p1.y,p2.x,p2.y)
298        #
299        id=cv.create_line(p1.x*80+40,p1.y*80+40,p2.x*80+40,p2.y*80+40,width=5,fill='red')
300        return id
301
```

图 16-22　连连看游戏程序的第 17 部分

像 p1 至图像 p2 的连接线，线条宽度为 5，颜色为红色。

连连看游戏程序的第 18 部分如图 16-23 所示。

```
302    #---------------------------------
303    def create_map( ):        #产生map地图
304        global map
305        #生成随机地图
306        #将所有匹配成对的动物物种放进一个临时的地图中
307        tmpMap = []
308        m=(Width)*(Height)//10
309        print('m=',m)
310        for x in range(0,m):
311            for i in range(0,10):     # 每种图像有10个
312                tmpMap.append(x)
313        random.shuffle(tmpMap)
314        for x in range(0,Width):
315            for y in range(0,Height):
316                map[x][y]=tmpMap[x*Height+y]
317
```

图 16-23　连连看游戏程序的第 18 部分

第 303 行,定义产生动物图像地图的函数 create_map(),包括第 304～316 行的所有
代码;

第 304 行,定义全局变量 map;

第 307 行,创建临时地图列表变量 tmpMap;

第 308 行,计算动物种类数 m,因为宽度 Width 为 8,高度 Height 为 10,所以 m 为 8;

第 309 行,输出 m 的值;

第 310～313 行,生成动物的随机地图;

第 314～316 行,将所有匹配成对的动物物种放进临时的地图中。

连连看游戏程序的第 19 部分如图 16-24 所示。

```
318    #------------------------------------
319    # 加载所有动物的图像
320    imgs= [PhotoImage(file='photo'+str(i)+'.png') for i in range(0,10) ]
321    Select_first=False              #未选中第一个图像
322    firstSelectRectId=-1            #被选中第一块地图对象
323    SecondSelectRectId=-1           #被选中第二块地图对象
324    clearFlag=False
325    linePointStack=[]
326    Line_id=[]
327    Height=8
328    Width=10
329    map = [[" " for y in range(Height)]for x in range(Width)]
330    image_map = [[" " for y in range(Height)]for x in range(Width)]
331    cv = Canvas(root, bg = 'blue', width = 800, height = 640)
332    cv.bind("<Button-1>", callback)    #鼠标左键事件
333    cv.pack()
334    create_map()                       #产生map地图
335    print_map()                        #打印map地图
336    root.mainloop()
337
```

图 16-24 连连看游戏程序的第 19 部分

第 320 行,加载所有动物的图像;

第 321 行,开始为游戏初始化代码。这一行设置选中第 1 个图像的标志变量为 False,
即未选中第 1 个图像;

第 322 行,设置第 1 个选中的地图对象为−1;

第 323 行,设置第 2 个选中的地图对象为−1;

第 324 行,设置图像对清除标志 clearFlag 为 False,即尚未清除任何图像对;

第 325 行,定义连接点变量 linePointStack,其初始值为空;

第 326 行,定义连线标志变量 Line_id,其初始值为空;

第 327 行,定义游戏画面高度变量 Height,其初始值为 8;

第 328 行,定义游戏画面宽度变量 Width,其初始值为 10;

第 329 行,创建地图映射变量 map,即 8 行×10 列的二维数组,其初始值为" ";

第 330 行,创建地图图像变量 image_map,即 8 行×10 列的图像矩阵,其初始值为" ";

第 331 行,创建画布 cv,背景颜色为蓝色,窗口大小为 800×640 像素;

第 332 行,绑定画布的单击鼠标左键事件为调用 callback 函数;

第 333 行,刷新画布;

第 334 行，调用第 303 行的函数 create_map()产生地图；

第 335 行，调用第 93 行的函数 print_map()打印地图；

第 336 行，启动窗体的主循环 root. mainloop()。

由于程序冗长，建议读者根据每一张图逐行耐心地调试，尤其要注意代码缩进的位置。

16.4　小结与练习

本章详细地剖析了连连看游戏程序的工作原理，请根据你对程序的理解作出如下改动：

（1）把动物的图像更改为水果的图像；

（2）把游戏的窗口大小修改为 800×720 像素，即映射的二维数组为 9 行×10 列。

第 17 章

设计消消乐游戏

17.1 消消乐游戏的玩法

消消乐是一款有趣的小游戏。玩家用鼠标选择两个拼图块进行位置互换,互换后如果横排或竖排有连续 3 个以上相同的拼图块,则消去这 3 个相同的拼图块;如果互换后没有可消去的拼图块,则选中的两个拼图块回到原来的位置,消去后的空白位置由上面新的拼图块掉下来补齐。每次消除 3 个拼图块,玩家能得到 10 分,当倒计时计数变为 0 时结束游戏。

17.2 消消乐游戏的设计思路

消消乐游戏的设计思路如图 17-1 所示。

17.3 消消乐游戏程序的详细设计步骤

消消乐游戏程序需要准备 7 种不同的拼图块图像,每种拼图块图像的大小都是 64×64,拼图块图像的文件名依次为 gem1. png~gem7. png。

这 7 种拼图块的图像及编号如图 17-2 所示,放在资源的 images 文件夹中。

消消乐游戏程序还需要准备一个背景音乐文件 bg. mp3 以及 7 个音效文件 match0. wav、match1. wav、match2. wav、match3. wav、match4. wav、match5. wav 和 badswap. wav,放在资源的 audios 文件夹中。

消消乐游戏的工作画面如图 17-3 所示。

整个消消乐游戏程序由以下 3 个程序构成:

(1) 参数配置程序 config. py。这个程序用来定义游戏的基本参数,包括游戏界面的宽和高、整个方格的行列个数和总格数等。

(2) 公用程序 utils. py。这个程序用于存放基础的类和函数,包括整个消除拼图块类、游戏类、拼图块移动函数、坐标设置与获取函数、开始游戏主函数、初始化随机生成拼图块函数、时间倒计时函数、显示得分函数、加分函数、消除函数以及消除后新拼图块生成函数拼图块交换位置函数等。

(3) 主函数程序 xiao. py。这是用于界面初始化,启动游戏的主程序。

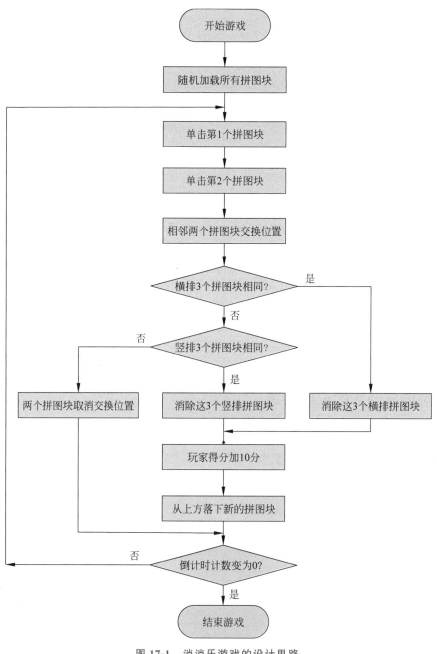

图 17-1 消消乐游戏的设计思路

图 17-2 消消乐游戏的拼图块图像及编号

下面,我们首先分析参数配置程序 config.py。这个参数配置程序供主函数程序 xiao.py 和公用程序 utils.py 调用,程序很短,仅仅有 11 行,其代码如图 17-4 所示。

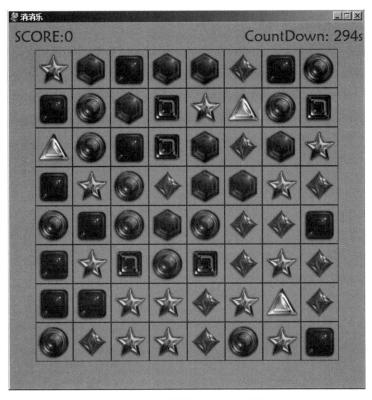

图 17-3　消消乐游戏的工作画面

```
1    import os
2
3    '''定义游戏界面参数'''
4    WIDTH = 600
5    HEIGHT = 600
6    NUMGRID = 8
7    GRIDSIZE = 64
8    XMARGIN = (WIDTH - GRIDSIZE * NUMGRID) // 2
9    YMARGIN = (HEIGHT - GRIDSIZE * NUMGRID) // 2
10   ROOTDIR = os.getcwd()
11   FPS = 30
```

图 17-4　消消乐游戏的参数配置程序

第 1 行,导入操作系统库 os;

第 4 行,设置窗口的宽度为 600 像素;

第 5 行,设置窗口的高度为 600 像素;

第 6 行,设置窗口中拼图块每行的格数为 8;

第 7 行,设置拼图块的总数为 64;

第 8 行,计算窗口中心的横坐标;

第 9 行,计算窗口中心的纵坐标;

第 10 行,获取游戏程序的根目录;

第 11 行,设置游戏的刷新频率为每秒 30 幅图。

以下我们继续分析公用程序 utils.py。由于这个程序比较长,所以分多个部分来详细说明。

公用程序 utils.py 的第 1 部分如图 17-5 所示。

```
1  import sys
2  import time
3  import random
4  import pygame
5  from config import *
6
```

图 17-5　公用程序 utils.py 的第 1 部分

第 1 行,导入系统库 sys;

第 2 行,导入计时库 time;

第 3 行,导入随机数库 random;

第 4 行,导入游戏库 Pygame;

第 5 行,导入参数配置程序 config。

公用程序 utils.py 的第 2 部分如图 17-6 所示。

```
7      '''拼图类'''
8      class gemSprite(pygame.sprite.Sprite):
9          def __init__(self, img_path, size, position, downlen, **kwargs):
10             pygame.sprite.Sprite.__init__(self)
11             self.image = pygame.image.load(img_path)
12             self.image = pygame.transform.smoothscale(self.image, size)
13             self.rect = self.image.get_rect()
14             self.rect.left, self.rect.top = position
15             self.downlen = downlen
16             self.target_x = position[0]
17             self.target_y = position[1] + downlen
18             self.type = img_path.split('/')[-1].split('.')[0]
19             self.fixed = False
20             self.speed_x = 10
21             self.speed_y = 10
22             self.direction = 'down'
```

图 17-6　公用程序 utils.py 的第 2 部分

第 8 行,创建拼图块类,涵盖初始化、拼图块移动、获取拼图块坐标、设置拼图块坐标等函数,包括第 9～46 行的所有代码;

第 9 行,定义拼图块的初始化方法,包括第 10～22 行的所有代码;

第 10 行,初始化拼图块的精灵模块;

第 11 行,指定拼图块的加载路径;

第 12 行,加载拼图块,并调整拼图块的尺寸;

第 13 行,定义拼图块的边框;

第 14 行,定义拼图块左上角的坐标;

第 15 行,定义拼图块的下落长度;

第 16 行,定义拼图块下落位置的横坐标;

第 17 行,定义拼图块下落位置的纵坐标;

第 18 行,定义拼图块对应精灵的类型;

第 19 行,定义拼图块的位置锁定标志 self.fixed 为假;

第 20 行,定义拼图块在水平方向的移动速度为 10;

第 21 行,定义拼图块在竖直方向的移动速度为 10;

第 22 行,定义拼图块的移动方向为向下。

公用程序 utils.py 的第 3 部分如图 17-7 所示。

```
23          '''拼图移动'''
24          def move(self):
25              if self.direction == 'down':
26                  self.rect.top = min(self.target_y, self.rect.top+self.speed_y)
27                  if self.target_y == self.rect.top:
28                      self.fixed = True
29              elif self.direction == 'up':
30                  self.rect.top = max(self.target_y, self.rect.top-self.speed_y)
31                  if self.target_y == self.rect.top:
32                      self.fixed = True
33              elif self.direction == 'left':
34                  self.rect.left = max(self.target_x, self.rect.left-self.speed_x)
35                  if self.target_x == self.rect.left:
36                      self.fixed = True
37              elif self.direction == 'right':
38                  self.rect.left = min(self.target_x, self.rect.left+self.speed_x)
39                  if self.target_x == self.rect.left:
40                      self.fixed = True
```

图 17-7　公用程序 utils.py 的第 3 部分

第 24 行,定义拼图块的移动方法,包括第 25～40 行的所有代码;

第 25～28 行,如果拼图块的移动方向为 down(即向下),则将拼图块向下移动,并且设置位置锁定标志 self.fixed 为真;

第 29～32 行,如果拼图块的移动方向为 up(即向上),则将拼图块向上移动,并且设置位置锁定标志 self.fixed 为真;

第 33～36 行,如果拼图块的移动方向为 left(即向左),则将拼图块向左移动,并且设置位置锁定标志 self.fixed 为真;

第 37～40 行,如果拼图块的移动方向为 right(即向右),则将拼图块向右移动,并且设置位置锁定标志 self.fixed 为真。

公用程序 utils.py 的第 4 部分如图 17-8 所示。

```
41          '''获取坐标'''
42          def getPosition(self):
43              return self.rect.left, self.rect.top
44          '''设置坐标'''
45          def setPosition(self, position):
46              self.rect.left, self.rect.top = position
47
48      '''游戏类'''
49      class gemGame():
50          def __init__(self, screen, sounds, font, gem_imgs, **kwargs):
51              self.info = '消消乐'
52              self.screen = screen
53              self.sounds = sounds
54              self.font = font
55              self.gem_imgs = gem_imgs
56              self.reset()
```

图 17-8　公用程序 utils.py 的第 4 部分

第 42、43 行,获取拼图块的坐标;

第 45、46 行,设置拼图块的坐标;

第 49 行,创建游戏类。游戏类代码很长,包括第 50~311 行的所有代码;

第 50 行,定义游戏的初始化方法,包括第 51~56 行的所有代码;

第 51 行,设置游戏的消息参数为"消消乐";

第 52 行,设置游戏的屏幕参数为 screen;

第 53 行,设置游戏的声音参数为 sounds;

第 54 行,设置游戏的字体参数为 font;

第 55 行,设置游戏的拼图参数为 gem_imgs;

第 56 行,重置游戏参数。

公用程序 utils.py 的第 5 部分如图 17-9 所示。

```
57          '''开始游戏'''
58      def start(self):
59          clock = pygame.time.Clock()
60          # 遍历整个游戏界面更新位置
61          overall_moving = True
62          # 指定某些对象个体更新位置
63          individual_moving = False
64          # 定义一些必要的变量
65          gem_selected_xy = None
66          gem_selected_xy2 = None
67          swap_again = False
68          add_score = 0
69          add_score_showtimes = 10
70          time_pre = int(time.time())
```

图 17-9　公用程序 utils.py 的第 5 部分

第 58 行,定义游戏开始时执行的代码,包括第 59~70 行的所有代码;

第 59 行,设置 Pygame 时钟间隔;

第 60、61 行,设置遍历整个游戏界面标志为真;

第 62、63 行,设置交换标志变量 individual_moving 为假;

第 65 行,设置第 1 个拼图块被选择的标志变量为 None;

第 66 行,设置第 2 个拼图块被选择的标志变量为 None;

第 67 行,设置再次交换标志为假;

第 68 行,设置变量 add_score 的值为 0;

第 69 行,设置变量 add_score_showtimes 的值为 10;

第 70 行,把当前时间值取整并保存到变量 time_pre 中。

公用程序 utils.py 的第 6 部分如图 17-10 所示。

第 72 行,定义游戏主循环,包括第 73~136 行的所有代码;

第 73~77 行,如果玩家单击了关闭窗口的按钮或按下了 Esc 键,则退出游戏程序;

第 78~80 行,如果交换位置不能消除拼图块,则执行第 82~90 行的代码;

第 81、82 行,如果未选中第 1 个拼图块,则将当前鼠标所指的拼图块作为选中的第 1 个拼图块;

第 83、84 行,如果未选中第 2 个拼图块,则将当前鼠标所指的拼图作为选中的第 2 个拼

```
71          # 游戏主循环
72          while True:
73              for event in pygame.event.get():
74                  if event.type == pygame.QUIT or (event.type == pygame.KEYUP and
75                                              event.key == pygame.K_ESCAPE):
76                      pygame.quit()
77                      sys.exit()
78                  elif event.type == pygame.MOUSEBUTTONUP:
79                      if (not overall_moving) and (not individual_moving) and (not add_score):
80                          position = pygame.mouse.get_pos()
81                          if gem_selected_xy is None:
82                              gem_selected_xy = self.checkSelected(position)
83                          else:
84                              gem_selected_xy2 = self.checkSelected(position)
85                              if gem_selected_xy2:
86                                  if self.swapGem(gem_selected_xy, gem_selected_xy2):
87                                      individual_moving = True
88                                      swap_again = False
89                                  else:
90                                      gem_selected_xy = None
```

图 17-10　公用程序 utils.py 的第 6 部分

图块；

　　第 85~90 行，如果选中第 2 个拼图块，则将选中的 2 个拼图块交换位置，并且把交换标志变量 individual_moving 设置为 True(真)，把再次交换标志设置为 False(假)；反之，如果没有选中第 2 个拼图块，则把选中第 1 个拼图块的标志变量 gem_selected_xy 设置为 None (无)。

　　公用程序 utils.py 的第 7 部分如图 17-11 所示。

```
91          if overall_moving:
92              overall_moving = not self.dropGems(0, 0)
93              # 移动一次可能可以拼出多个3连块
94              if not overall_moving:
95                  res_match = self.isMatch()
96                  add_score = self.removeMatched(res_match)
97                  if add_score > 0:
98                      overall_moving = True
99          if individual_moving:
100             gem1 = self.getGemByPos(*gem_selected_xy)
101             gem2 = self.getGemByPos(*gem_selected_xy2)
102             gem1.move()
103             gem2.move()
104             if gem1.fixed and gem2.fixed:
105                 res_match = self.isMatch()
106                 if res_match[0] == 0 and not swap_again:
107                     swap_again = True
108                     self.swapGem(gem_selected_xy, gem_selected_xy2)
109                     self.sounds['mismatch'].play()
```

图 17-11　公用程序 utils.py 的第 7 部分

　　第 91~98 行，如果交换位置后可能拼出多个 3 连块，则消除第 1 个 3 连块；

　　第 99~109 行，如果两个拼图块交换位置后能继续拼出 3 连块，则交换这两个拼图块的位置，消除这个 3 连块，并设置再次交换标志变量 swap_again 为 True(真)，然后发出一次响声。

公用程序 utils.py 的第 8 部分如图 17-12 所示。

```
110              else:
111                  add_score = self.removeMatched(res_match)
112                  overall_moving = True
113                  individual_moving = False
114                  gem_selected_xy = None
115                  gem_selected_xy2 = None
116          self.screen.fill((135, 206, 235))
117          self.drawGrids()
118          self.gems_group.draw(self.screen)
119          if gem_selected_xy:
120              self.drawBlock(self.getGemByPos(*gem_selected_xy).rect)
121          if add_score:
122              if add_score_showtimes == 10:
123                  random.choice(self.sounds['match']).play()
124              self.drawAddScore(add_score)
125              add_score_showtimes -= 1
126              if add_score_showtimes < 1:
127                  add_score_showtimes = 10
128                  add_score = 0
```

图 17-12　公用程序 utils.py 的第 8 部分

第 110～115 行,如果交换位置后不能拼出更多的 3 连块,则重置 add_score、overall_move、individual_moving、gem_selected_xy 和 gem_selected_xy2 等参数;

第 116～118 行,消除 3 连块后,重新填充窗口的背景颜色为浅蓝色,绘制方格,并且重新绘制所有拼图块;

第 119、120 行,如果单击了某个拼图块,则给这个拼图块加上一个方框;

第 121 行,如果可以得分,则执行第 122～128 行的所有代码;

第 122～124 行,如果得分加分参数等于 10,则随机发出某个响声,并且把玩家的得分加上 10 分;

第 125～128 行,把倒计时计数值减 1,如果倒计时计数值变为 0,则表示游戏结束,不再得分,并且停止倒计时。

公用程序 utils.py 的第 9 部分如图 17-13 所示。

```
129          self.remaining_time -= (int(time.time()) - time_pre)
130          time_pre = int(time.time())
131          self.showRemainingTime()
132          self.drawScore()
133          if self.remaining_time <= 0:
134              return self.score
135          pygame.display.update()
136          clock.tick(FPS)
```

图 17-13　公用程序 utils.py 的第 9 部分

第 129、130 行,以参数 time_pre 为单位进行倒计时;

第 131 行,在窗口中输出倒计时的计数值;

第 132 行,在窗口中输出当前得分;

第 133、134 行,如果倒计时计数值小于或等于 0,则结束游戏;

第 135、136 行,如果倒计时计数值大于 0,则刷新窗口。

公用程序 utils.py 的第 10 部分如图 17-14 所示。

```
137             '''初始化'''
138         def reset(self):
139             # 随机生成各个块(即初始化游戏地图各个元素)
140             while True:
141                 self.all_gems = []
142                 self.gems_group = pygame.sprite.Group()
143                 for x in range(NUMGRID):
144                     self.all_gems.append([])
145                     for y in range(NUMGRID):
146                         gem = gemSprite(img_path=random.choice(self.gem_imgs),
147                                         size=(GRIDSIZE, GRIDSIZE),
148                                         position=[XMARGIN+x*GRIDSIZE, YMARGIN+y*GRIDSIZE-NUMGRID*GRIDSIZE],
149                                         downlen=NUMGRID*GRIDSIZE)
150                         self.all_gems[x].append(gem)
151                         self.gems_group.add(gem)
152                 if self.isMatch()[0] == 0:
153                     break
154             # 得分
155             self.score = 0
156             # 拼出一个的奖励
157             self.reward = 10
158             # 时间
159             self.remaining_time = 300
```

图 17-14　公用程序 utils.py 的第 10 部分

第 138 行,定义游戏类的初始化函数 reset(),即生成 8 行×8 列的拼图块;

第 140 行,创建一个永不停止的循环,这个循环包括第 141～153 行的所有代码;

第 141 行,创建拼图块二维数组列表;

第 142 行,创建相应的游戏地图;

第 143、144 行,用循环语句随机地生成 8 行拼图块;

第 145～151 行,用循环语句随机地生成每行 8 列的拼图块;

第 152、153 行,如果某个拼图块与现有的拼图块能连成 3 连块,则游戏地图不选择这个拼图块;

第 154、155 行,设置游戏得分初始值为 0;

第 156、157 行,设置拼出一个 3 连块可得 10 分;

第 158、159 行,设置倒计时初始值为 300s。

公用程序 utils.py 的第 11 部分如图 17-15 所示。

```
160             '''显示剩余时间'''
161         def showRemainingTime(self):
162             remaining_time_render = self.font.render('CountDown: %ss' % str(self.remaining_time), 1, (85, 65, 0))
163             rect = remaining_time_render.get_rect()
164             rect.left, rect.top = (WIDTH-201, 6)
165             self.screen.blit(remaining_time_render, rect)
166             '''显示得分'''
167         def drawScore(self):
168             score_render = self.font.render('SCORE:'+str(self.score), 1, (85, 65, 0))
169             rect = score_render.get_rect()
170             rect.left, rect.top = (10, 6)
171             self.screen.blit(score_render, rect)
172             '''显示加分'''
173         def drawAddScore(self, add_score):
174             score_render = self.font.render('+'+str(add_score), 1, (85, 65, 0))
175             rect = score_render.get_rect()
176             rect.left, rect.top = (250, 6)
177             self.screen.blit(score_render, rect)
```

图 17-15　公用程序 utils.py 的第 11 部分

第 160～165 行,定义在窗口的右上角显示游戏剩余时间的函数;

第166~171行,定义在窗口的左上角显示游戏得分的函数;

第172~177行,定义在窗口顶部中间位置显示加分的函数。

公用程序 utils.py 的第 12 部分如图 17-16 所示。

```
178            '''生成新的拼图块'''
179        def generateNewGems(self, res_match):
180            if res_match[0] == 1:
181                start = res_match[2]
182                while start > -2:
183                    for each in [res_match[1], res_match[1]+1, res_match[1]+2]:
184                        gem = self.getGemByPos(*[each, start])
185                        if start == res_match[2]:
186                            self.gems_group.remove(gem)
187                            self.all_gems[each][start] = None
188                        elif start >= 0:
189                            gem.target_y += GRIDSIZE
190                            gem.fixed = False
191                            gem.direction = 'down'
192                            self.all_gems[each][start+1] = gem
193                        else:
194                            gem = gemSprite(img_path=random.choice(self.gem_imgs),
195                                            size=(GRIDSIZE, GRIDSIZE),
196                                            position=[XMARGIN+each*GRIDSIZE, YMARGIN-GRIDSIZE],
197                                            downlen=GRIDSIZE)
198                            self.gems_group.add(gem)
199                            self.all_gems[each][start+1] = gem
200                    start -= 1
```

图 17-16 公用程序 utils.py 的第 12 部分

第 179 行,定义生成新的拼图块的函数;

第180、181行,如果拼图标志变量 res_match[0] 等于 1,即当前为第 1 个拼图块,则把第 3 个拼图块的值赋值给变量 start,用于后续检测是否为 3 连块;

第 182 行,如果变量 start 的值大于-2,则执行循环,循环包括第 183~200 行的所有代码;

第183~200行,如果在水平方向上找到 3 连块则消除之,并且生成新的拼图块。

公用程序 utils.py 的第 13 部分如图 17-17 所示。

```
201            elif res_match[0] == 2:
202                start = res_match[2]
203                while start > -4:
204                    if start == res_match[2]:
205                        for each in range(0, 3):
206                            gem = self.getGemByPos(*[res_match[1], start+each])
207                            self.gems_group.remove(gem)
208                            self.all_gems[res_match[1]][start+each] = None
209                    elif start >= 0:
210                        gem = self.getGemByPos(*[res_match[1], start])
211                        gem.target_y += GRIDSIZE * 3
212                        gem.fixed = False
213                        gem.direction = 'down'
214                        self.all_gems[res_match[1]][start+3] = gem
215                    else:
216                        gem = gemSprite(img_path=random.choice(self.gem_imgs),
217                                        size=(GRIDSIZE, GRIDSIZE),
218                                        position=[XMARGIN+res_match[1]*GRIDSIZE, YMARGIN+start*GRIDSIZE],
219                                        downlen=GRIDSIZE*3)
220                        self.gems_group.add(gem)
221                        self.all_gems[res_match[1]][start+3] = gem
222                    start -= 1
```

图 17-17 公用程序 utils.py 的第 13 部分

第 201、202 行，如果拼图标志变量 res_match[0]等于 2，即当前为第 1 个拼图块，则把第 3 个拼图块的值赋值给变量 start，用于后续检测是否为 3 连块；

第 203 行，如果变量 start 的值大于−4，则执行循环，循环包括第 204～222 行的所有代码；

第 204～222 行，如果在竖直方向上找到 3 连块则消除之，并且生成新的拼图块。

公用程序 utils.py 的第 14 部分如图 17-18 所示。

```python
223          '''移除匹配的gem'''
224      def removeMatched(self, res_match):
225          if res_match[0] > 0:
226              self.generateNewGems(res_match)
227              self.score += self.reward
228              return self.reward
229          return 0
230      '''游戏界面的网格绘制'''
231      def drawGrids(self):
232          for x in range(NUMGRID):
233              for y in range(NUMGRID):
234                  rect = pygame.Rect((XMARGIN+x*GRIDSIZE, YMARGIN+y*GRIDSIZE, GRIDSIZE, GRIDSIZE))
235                  self.drawBlock(rect, color=(0, 0, 255), size=1)
236      '''画矩形block框'''
237      def drawBlock(self, block, color=(255, 0, 255), size=4):
238          pygame.draw.rect(self.screen, color, block, size)
```

图 17-18　公用程序 utils.py 的第 14 部分

第 223～229 行，定义游戏类移除匹配的拼图块函数。如果找到 3 连块，则产生新的拼图块，并且把得分加上 10 分；

第 230～235 行，绘制游戏界面的网格，线条宽度为 1，颜色为蓝色；

第 236～238 行，画矩形框，颜色为紫色，用于给拼图块加上选中标志。

公用程序 utils.py 的第 15 部分如图 17-19 所示。

```python
239          '''下落特效'''
240      def dropGems(self, x, y):
241          if not self.getGemByPos(x, y).fixed:
242              self.getGemByPos(x, y).move()
243          if x < NUMGRID-1:
244              x += 1
245              return self.dropGems(x, y)
246          elif y < NUMGRID-1:
247              x = 0
248              y += 1
249              return self.dropGems(x, y)
250          else:
251              return self.isFull()
252      '''是否每个位置都有拼图块了'''
253      def isFull(self):
254          for x in range(NUMGRID):
255              for y in range(NUMGRID):
256                  if not self.getGemByPos(x, y).fixed:
257                      return False
258          return True
```

图 17-19　公用程序 utils.py 的第 15 部分

第 239～251 行，定义拼图块掉落函数 DropGems()。如果当前位置的下一格没有拼图

块,则向下掉落拼图块;

第 253~258 行,定义检查是否每个位置都有拼图块的函数 isFull()。如果仍有位置没有拼图块,则返回 False;如果所有位置都有拼图块,则返回 True。

公用程序 utils.py 的第 16 部分如图 17-20 所示。

```python
259        '''检查有无拼图块被选中'''
260        def checkSelected(self, position):
261            for x in range(NUMGRID):
262                for y in range(NUMGRID):
263                    if self.getGemByPos(x, y).rect.collidepoint(*position):
264                        return [x, y]
265            return None
266        '''是否有连续一样的三个块(无--返回0/水平--返回1/竖直--返回2)'''
267        def isMatch(self):
268            for x in range(NUMGRID):
269                for y in range(NUMGRID):
270                    if x + 2 < NUMGRID:
271                        if self.getGemByPos(x, y).type == self.getGemByPos(x+1, y).type == self.getGemByPos(x+2, y).type:
272                            return [1, x, y]
273                    if y + 2 < NUMGRID:
274                        if self.getGemByPos(x, y).type == self.getGemByPos(x, y+1).type == self.getGemByPos(x, y+2).type:
275                            return [2, x, y]
276            return [0, x, y]
277        '''根据坐标获取对应位置的拼图对象'''
278        def getGemByPos(self, x, y):
279            return self.all_gems[x][y]
```

图 17-20　公用程序 utils.py 的第 16 部分

第 259~265 行,定义检查有无拼图块被选中函数 checkSelected()。如果有拼图块被选中,则返回该拼图块的坐标,否则返回 None;

第 266~276 行,定义检查是否有 3 连块的函数 isMatch()。如果有水平方向的 3 连块,则返回 1 和当前拼图块的坐标;如果有竖直方向的 3 连块,则返回 2 和当前拼图块的坐标;如果没有找到 3 连块,则返回 0 和当前拼图块的坐标;

第 277~279 行,根据坐标获取对应位置的拼图块对象。

公用程序 utils.py 的第 17 部分如图 17-21 所示。

```python
280        '''交换拼图'''
281        def swapGem(self, gem1_pos, gem2_pos):
282            margin = gem1_pos[0] - gem2_pos[0] + gem1_pos[1] - gem2_pos[1]
283            if abs(margin) != 1:
284                return False
285            gem1 = self.getGemByPos(*gem1_pos)
286            gem2 = self.getGemByPos(*gem2_pos)
287            if gem1_pos[0] - gem2_pos[0] == 1:
288                gem1.direction = 'left'
289                gem2.direction = 'right'
290            elif gem1_pos[0] - gem2_pos[0] == -1:
291                gem2.direction = 'left'
292                gem1.direction = 'right'
293            elif gem1_pos[1] - gem2_pos[1] == 1:
294                gem1.direction = 'up'
295                gem2.direction = 'down'
296            elif gem1_pos[1] - gem2_pos[1] == -1:
297                gem2.direction = 'up'
298                gem1.direction = 'down'
```

图 17-21　公用程序 utils.py 的第 17 部分

第 281 行,定义交换拼图块函数 swapGem(),包括第 282~307 行代码;

第 282～284 行,如果两个拼图块之间的距离不等于 1,则不交换位置;

第 285 行,用变量 gem1 保存第 1 个拼图块的位置坐标;

第 286 行,用变量 gem2 保存第 2 个拼图块的位置坐标;

第 287～289 行,如果第 1 个拼图块位于第 2 个拼图块的右边,则交换时第 1 个拼图块移动方向为向左,第 2 个拼图块移动方向为向右;

第 290～292 行,如果第 1 个拼图块位于第 2 个拼图块的左边,则交换时第 1 个拼图块移动方向为向右,第 2 个拼图块移动方向为向左;

第 293～295 行,如果第 1 个拼图块位于第 2 个拼图块的下边,则交换时第 1 个拼图块移动方向为向上,第 2 个拼图块移动方向为向下;

第 296～298 行,如果第 1 个拼图块位于第 2 个拼图块的上边,则交换时第 1 个拼图块移动方向为向下,第 2 个拼图块移动方向为向上;

公用程序 utils.py 的第 18 部分如图 17-22 所示。

```
299         gem1.target_x = gem2.rect.left
300         gem1.target_y = gem2.rect.top
301         gem1.fixed = False
302         gem2.target_x = gem1.rect.left
303         gem2.target_y = gem1.rect.top
304         gem2.fixed = False
305         self.all_gems[gem2_pos[0]][gem2_pos[1]] = gem1
306         self.all_gems[gem1_pos[0]][gem1_pos[1]] = gem2
307         return True
308     '''info'''
309     def __repr__(self):
310         return self.info
311
```

图 17-22 公用程序 utils.py 的第 18 部分

第 299～307 行是交换拼图块函数的后续部分,把第 1 个拼图块的坐标与第 2 个拼图块的坐标交换,交换位置后返回 True;

第 309、310 行,定义报告函数,返回游戏类的 info 属性;

第 311 行为空行,从第 49 行开始直到此处,整个公用程序 utils.py 的游戏类代码全部完成。

以下我们继续分析主程序 xiao.py。由于这个程序比较长,所以分多个部分来详细说明。

主程序 xiao.py 的第 1 部分如图 17-23 所示。

第 1 行,导入操作系统库 os;

第 2 行,导入游戏库 Pygame;

第 3 行,导入自定义的公用程序 utils;

第 4 行,导入自定义的配置程序 config;

第 7 行,创建游戏主函数 main();

第 8 行,初始化 Pygame;

第 9 行,定义游戏窗口的宽度和高度;

第 10 行,设置窗口的标题为"消消乐";

第 11～15 行,初始化混音器,加载背景音乐文件 bg.mp3,并设置音量为 0.6,循环播放;

```
1   import os
2   import pygame
3   from utils import *
4   from config import *
5
6   '''游戏主程序'''
7   def main():
8       pygame.init()
9       screen = pygame.display.set_mode((WIDTH, HEIGHT))
10      pygame.display.set_caption('消消乐')
11      # 加载背景音乐
12      pygame.mixer.init()
13      pygame.mixer.music.load(os.path.join(ROOTDIR, "resources/audios/bg.mp3"))
14      pygame.mixer.music.set_volume(0.6)
15      pygame.mixer.music.play(-1)
16      # 加载音效
17      sounds = {}
18      sounds['mismatch'] = pygame.mixer.Sound(os.path.join(ROOTDIR, 'resources/audios/badswap.wav'))
19      sounds['match'] = []
20      for i in range(6):
21          sounds['match'].append(pygame.mixer.Sound(os.path.join(ROOTDIR, 'resources/audios/match%s.wav' % i)))
```

图 17-23　主程序 xiao.py 的第 1 部分

第 16～18 行,加载不能交换拼图块位置时的音效;

第 19～21 行,加载能交换拼图块位置时的 6 种不同的音效,用于随机地播放。

主程序 xiao.py 的第 2 部分如图 17-24 所示。

```
22      # 加载字体
23      font = pygame.font.Font(os.path.join(ROOTDIR, 'resources/font.TTF'), 25)
24      # 图片加载
25      gem_imgs = []
26      for i in range(1, 8):
27          gem_imgs.append(os.path.join(ROOTDIR, 'resources/images/gem%s.png' % i))
28      # 主循环
29      game = gemGame(screen, sounds, font, gem_imgs)
30      while True:
31          score = game.start()
32          flag = False
33          # 一轮游戏结束后玩家选择重玩或者退出
34          while True:
35              for event in pygame.event.get():
36                  if event.type == pygame.QUIT or (event.type == pygame.KEYUP and event.key == pygame.K_ESCAPE):
37                      pygame.quit()
38                      sys.exit()
39                  elif event.type == pygame.KEYUP and event.key == pygame.K_r:
40                      flag = True
```

图 17-24　主程序 xiao.py 的第 2 部分

第 22、23 行,定义游戏显示文字时所用的字体;

第 24～27 行,加载 8 种拼图块的图像;

第 29 行,调用公用程序中的游戏类函数 gemGame();

第 30 行,创建一个永不停止的主循环,包括第 31～60 行的所有代码;

第 31 行,设置得分的初始值;

第 32 行,设置游戏结束标志 flag 为 False(假);

第 34～38 行,如果玩家单击了"关闭窗口"按钮或按下了 Esc 键则结束游戏程序;

第 39、40 行,如果玩家按下了 R 键,则重新开始游戏。

主程序 xiao.py 的第 3 部分如图 17-25 所示。

第 41、42 行,如果结束游戏标志为真,则退出游戏程序;

第 43 行,把窗口的背景颜色填充为浅蓝色;

```
41          if flag:
42              break
43          screen.fill((135, 206, 235))
44          text0 = 'Final score: %s' % score
45          text1 = 'Press <R> to restart the game.'
46          text2 = 'Press <Esc> to quit the game.'
47          y = 150
48          for idx, text in enumerate([text0, text1, text2]):
49              text_render = font.render(text, 1, (85, 65, 0))
50              rect = text_render.get_rect()
51              if idx == 0:
52                  rect.left, rect.top = (212, y)
53              elif idx == 1:
54                  rect.left, rect.top = (122.5, y)
55              else:
56                  rect.left, rect.top = (126.5, y)
57              y += 100
58              screen.blit(text_render, rect)
59          pygame.display.update()
60      game.reset()
61
```

图 17-25　主程序 xiao.py 的第 3 部分

第 44 行,定义文本变量 text0,用于显示得分;

第 45 行,定义文本变量 text1,用于提示"按 R 键重新玩游戏";

第 46 行,定义文本变量 text2,用于提示"按 Esc 键重新玩游戏";

第 47～58 行,当本轮游戏结束时,在窗口中显示文本变量 text0、text1 和 text2,即游戏最终得分、按 R 键重新玩游戏和按 ESC 键重新玩游戏等信息;

第 59 行,刷新屏幕;

第 60 行,调用游戏初始化函数 game.reset();

第 61 行,跳回第 30 行,重复执行主循环。

主程序 xiao.py 的第 4 部分如图 17-26 所示。

```
62
63      '''test'''
64   ▶  if __name__ == '__main__':
65          main()
66
```

图 17-26　主程序 xiao.py 的第 4 部分

第 64、65 行,如果函数名为"__name__",则调用游戏主函数 main()。

17.4　小结与练习

本章详细地剖析了消消乐游戏程序的工作原理,请根据你对程序的理解作出如下改动:

(1) 把这个游戏的拼图块图像更改为动物的图像;

(2) 把游戏的背景音乐修改为一首你喜欢的歌曲;

(3) 修改游戏的得分规则,每次消除 3 连块可得 20 分。

设计俄罗斯方块游戏

18.1　俄罗斯方块游戏的玩法

俄罗斯方块是一款由俄罗斯人阿列克谢·帕基特诺夫于 1984 年 6 月发明的休闲游戏。

俄罗斯方块游戏的基本规则是移动、旋转和摆放游戏随机产生的某个板块,使之排列成完整的一行或多行,从而消除整行方块。由小方块组成的不同形状的板块陆续从屏幕上方落下来,玩家通过调整板块的位置和方向,使它们在屏幕底部拼出完整的一个或几个横条。这些完整的横条会随即消失,给新落下来的板块腾出空间,与此同时,玩家得到分数奖励。没有被消除掉的方块不断堆积起来,一旦堆到屏幕顶端,玩家便失败,游戏结束。

18.2　俄罗斯方块游戏的设计思路

俄罗斯方块游戏的设计思路如图 18-1 所示。

18.3　俄罗斯方块游戏程序的详细设计步骤

俄罗斯方块游戏的工作界面如图 18-2 所示。

俄罗斯方块游戏共有 7 种不同的板块图像,如图 18-3 所示。

俄罗斯方块游戏程序还需要准备一个音效文件 sound.wav,用于在移动板块时发出声音。

由于整个游戏程序比较长,因此我们分多个部分来详细说明。

俄罗斯方块游戏程序的第 1 部分如图 18-4 所示。

第 1 行,导入随机数库 random、计时库 time、游戏库 Pygame 和系统库 sys;

第 2 行,导入游戏库 Pygame 的相关模块;

第 4 行,定义屏幕刷新频率为 25 每秒次;

第 5 行,定义窗口的宽度为 640 像素;

第 6 行,定义窗口的高度为 480 像素;

第 7 行,定义每个方块的边长为 20 像素;

第 8 行,定义游戏板的宽度为 10 像素;

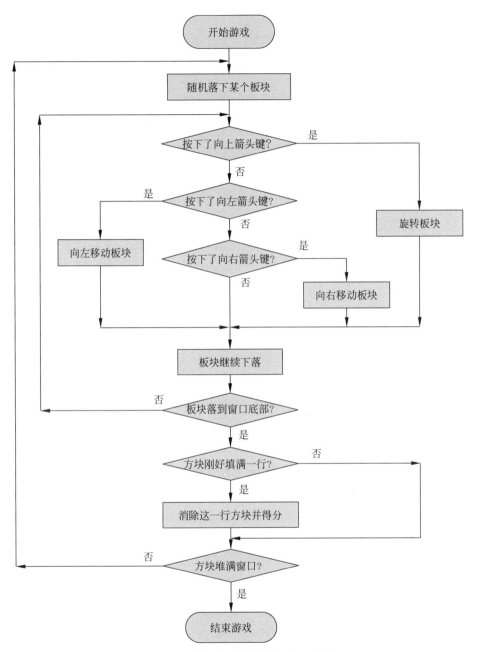

图 18-1 俄罗斯方块游戏的设计思路

第 9 行,定义游戏板的高度为 20 像素;

第 10 行,定义空白常量 BLANK,用于表示游戏板数据结构中的一个空格;

第 12 行,设置 MOVESIDEWAYSFREQ 常量,当玩家按住←键或→键的持续时间超过 0.15s 时,板块相应地向左或向右移动一个空格;

第 13 行,设置 MOVEDOWNFREQ 常量,当玩家按住↓键的持续时间超过 0.1s 时,板块相应地向下移动一个空格。

俄罗斯方块游戏程序的第 2 部分如图 18-5 所示。

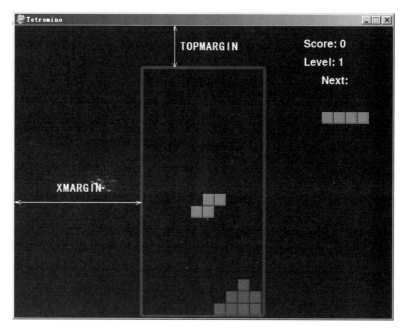

图 18-2　俄罗斯方块游戏的工作界面

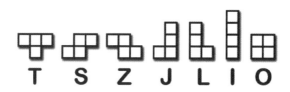

图 18-3　俄罗斯方块游戏的 7 种板块图像及名称

```
1   import random, time, pygame, sys
2   from pygame.locals import *
3
4   FPS = 25
5   WINDOWWIDTH = 640
6   WINDOWHEIGHT = 480
7   BOXSIZE = 20
8   BOARDWIDTH = 10
9   BOARDHEIGHT = 20
10  BLANK = '.'
11
12  MOVESIDEWAYSFREQ = 0.15
13  MOVEDOWNFREQ = 0.1
```

图 18-4　俄罗斯方块游戏程序的第 1 部分

第 15 行,计算游戏板到游戏窗口左边沿的距离 XMARGIN,如图 18-2 所示;

第 16 行,计算游戏板到游戏窗口顶部的距离 TOPMARGIN,如图 18-2 所示;

第 18 行,定义白色;

第 19 行,定义灰色;

第 20 行,定义黑色;

第 21 行,定义红色;

```
14
15    XMARGIN = int((WINDOWWIDTH - BOARDWIDTH * BOXSIZE) / 2)
16    TOPMARGIN = WINDOWHEIGHT - (BOARDHEIGHT * BOXSIZE) - 5
17    #         R    G    B
18    WHITE      = (255, 255, 255)
19    GRAY       = (185, 185, 185)
20    BLACK      = (  0,   0,   0)
21    RED        = (155,   0,   0)
22    LIGHTRED   = (175,  20,  20)
23    GREEN      = (  0, 155,   0)
24    LIGHTGREEN = ( 20, 175,  20)
25    BLUE       = (  0,   0, 155)
26    LIGHTBLUE  = ( 20,  20, 175)
27    YELLOW     = (155, 155,   0)
28    LIGHTYELLOW = (175, 175,  20)
29
```

图 18-5 俄罗斯方块游戏程序的第 2 部分

第 22 行,定义浅红色;

第 23 行,定义绿色;

第 24 行,定义浅绿色;

第 25 行,定义蓝色;

第 26 行,定义浅蓝色;

第 27 行,定义黄色;

第 28 行,定义浅黄色。

俄罗斯方块游戏程序的第 3 部分如图 18-6 所示。

```
30    BORDERCOLOR = BLUE
31    BGCOLOR = BLACK
32    TEXTCOLOR =   WHITE
33    TEXTSHADOWCOLOR = GRAY
34    COLORS     = (   BLUE,     GREEN,     RED,    YELLOW)
35    LIGHTCOLORS = (LIGHTBLUE, LIGHTGREEN, LIGHTRED, LIGHTYELLOW)
36    assert len(COLORS) == len(LIGHTCOLORS) # each color must have light color
37
```

图 18-6 俄罗斯方块游戏程序的第 3 部分

第 30 行,定义板块出现区域的边框为蓝色;

第 31 行,定义窗口的背景为黑色;

第 32 行,定义文字的颜色为白色;

第 33 行,定义文字的阴影为灰色;

第 34 行,定义包含蓝、绿、红、黄这四种颜色的元组 COLORS;

第 35 行,定义包含浅蓝、浅绿、浅红、浅黄这四种颜色的元组 LIGHTCOLORS;

第 36 行,确定元组 COLORS 中的每种颜色都与浅颜色元组 LIGHTCOLORS 的颜色相对应。

俄罗斯方块游戏程序的第 4 部分如图 18-7 所示。

第 38 行,定义板块的宽度为 5;

第 39 行,定义板块的高度为 5;

第 41~45 行,定义名称为 S 的板块的形状;

第46～50行,定义名称为 S 的板块顺时针旋转 90°后的形状;

第52～56行,定义名称为 Z 的板块的形状;

第57～61行,定义名称为 Z 的板块顺时针旋转 90°后的形状。

俄罗斯方块游戏程序的第 5 部分如图 18-8 所示。

```
38    TEMPLATEWIDTH = 5
39    TEMPLATEHEIGHT = 5
40
41    S_SHAPE_TEMPLATE = [['.....',
42                         '.....',
43                         '..00.',
44                         '.00..',
45                         '.....'],
46                        ['.....',
47                         '..0..',
48                         '..00.',
49                         '...0.',
50                         '.....']]
51
52    Z_SHAPE_TEMPLATE = [['.....',
53                         '.....',
54                         '.00..',
55                         '..00.',
56                         '.....'],
57                        ['.....',
58                         '..0..',
59                         '.00..',
60                         '.0...',
61                         '.....']]
```

图 18-7　俄罗斯方块游戏程序的第 4 部分

```
62
63    I_SHAPE_TEMPLATE = [['..0..',
64                         '..0..',
65                         '..0..',
66                         '..0..',
67                         '.....'],
68                        ['.....',
69                         '.....',
70                         '0000.',
71                         '.....',
72                         '.....']]
73
74    O_SHAPE_TEMPLATE = [['.....',
75                         '.....',
76                         '.00..',
77                         '.00..',
78                         '.....']]
79
```

图 18-8　俄罗斯方块游戏程序的第 5 部分

第63～67行,定义名称为 I 的板块的形状;

第68～72行,定义名称为 I 的板块顺时针旋转 90°后的形状;

第74～78行,定义名称为 O 的板块的形状。

俄罗斯方块游戏程序的第 6 部分如图 18-9 所示。

第80～84行,定义名称为 J 的板块顺时针旋转 90°后的形状;

第85～89行,定义名称为 J 的板块顺时针旋转 180°后的形状;

第90～94行,定义名称为 J 的板块顺时针旋转 270°后的形状;

第95～99行,定义名称为 J 的板块的形状。

俄罗斯方块游戏程序的第 7 部分如图 18-10 所示。

第101～105 行,定义名称为 L 的板块顺时针旋转 270°后的形状;

第106～110行,定义名称为 L 的板块的形状;

第111～115行,定义名称为 L 的板块顺时针旋转 90°后的形状;

第116～120行,定义名称为 L 的板块顺时针旋转 180°后的形状。

俄罗斯方块游戏程序的第 8 部分如图 18-11 所示。

第122～126行,定义名称为 T 的板块顺时针旋转 180°后的形状;

第127～131行,定义名称为 T 的板块顺时针旋转 270°后的形状;

第132～136行,定义名称为 T 的板块的形状;

```
80     J_SHAPE_TEMPLATE = [['.....',
81                          '.0...',
82                          '.000.',
83                          '.....',
84                          '.....'],
85                         ['.....',
86                          '..00.',
87                          '..0..',
88                          '..0..',
89                          '.....'],
90                         ['.....',
91                          '.....',
92                          '.000.',
93                          '...0.',
94                          '.....'],
95                         ['.....',
96                          '..0..',
97                          '..0..',
98                          '.00..',
99                          '.....']]
100
```

图 18-9 俄罗斯方块游戏程序的第 6 部分

```
101    L_SHAPE_TEMPLATE = [['.....',
102                          '...0.',
103                          '.000.',
104                          '.....',
105                          '.....'],
106                         ['.....',
107                          '..0..',
108                          '..0..',
109                          '..00.',
110                          '.....'],
111                         ['.....',
112                          '.....',
113                          '.000.',
114                          '.0...',
115                          '.....'],
116                         ['.....',
117                          '.00..',
118                          '..0..',
119                          '..0..',
120                          '.....']]
121
```

图 18-10   俄罗斯方块游戏程序的第 7 部分

第 137~141 行,定义名称为 T 的板块顺时针旋转 90°后的形状。

俄罗斯方块游戏程序的第 9 部分如图 18-12 所示。

```
122    T_SHAPE_TEMPLATE = [['.....',
123                          '..0..',
124                          '.000.',
125                          '.....',
126                          '.....'],
127                         ['.....',
128                          '..0..',
129                          '..00.',
130                          '..0..',
131                          '.....'],
132                         ['.....',
133                          '.....',
134                          '.000.',
135                          '..0..',
136                          '.....'],
137                         ['.....',
138                          '..0..',
139                          '..00.',
140                          '..0..',
141                          '.....']]
142
```

图 18-11   俄罗斯方块游戏程序的第 8 部分

```
143    PIECES = {'S': S_SHAPE_TEMPLATE,
144              'Z': Z_SHAPE_TEMPLATE,
145              'J': J_SHAPE_TEMPLATE,
146              'L': L_SHAPE_TEMPLATE,
147              'I': I_SHAPE_TEMPLATE,
148              'O': O_SHAPE_TEMPLATE,
149              'T': T_SHAPE_TEMPLATE}
150
151
```

图 18-12   俄罗斯方块游戏程序的第 9 部分

第 143~149 行,创建板块字典变量 PIECES,该字典包含了每一种板块所有可能的形状和所有旋转后可能的形状。

俄罗斯方块游戏程序的第 10 部分如图 18-13 所示。

第 152 行,创建主函数 main(),包含第 153~170 行的所有代码;

第 153 行,定义全局变量 FPSCLOCK、DISPLAYSURF、BASICFONT、BIGFONT;

第 154 行,初始化 Pygame;

```
152  def main():
153      global FPSCLOCK, DISPLAYSURF, BASICFONT, BIGFONT
154      pygame.init()
155      FPSCLOCK = pygame.time.Clock()
156      DISPLAYSURF = pygame.display.set_mode((WINDOWWIDTH, WINDOWHEIGHT))
157      BASICFONT = pygame.font.Font('freesansbold.ttf', 18)
158      BIGFONT = pygame.font.Font('freesansbold.ttf', 100)
159      pygame.display.set_caption('Tetromino')
160
161      showTextScreen('Tetromino')
162      while True: # game loop
163          if random.randint(0, 1) == 0:
164              pygame.mixer.music.load('sound.wav')
165          else:
166              pygame.mixer.music.load('sound.wav')
167          pygame.mixer.music.play(-1, 0.0)
168          runGame()
169          pygame.mixer.music.stop()
170          showTextScreen('Game Over')
171
172
```

图 18-13 俄罗斯方块游戏程序的第 10 部分

第 155 行,定义时钟刷新频率;

第 156 行,定义窗口的尺寸;

第 157 行,定义文字的基本字体;

第 158 行,定义大字的字体;

第 159 行,定义窗口的标题为 Tetromino;

第 161 行,在窗口中间用大字显示游戏标题 Tetromino;

第 162 行,创建一个永不停止的循环,循环体包括第 163~170 行的所有代码;

第 163~166 行,调用随机数函数生成 0 或 1 两个随机数之一,如果结果为 0,则加载音效文件 sound.wav;否则加载另一个音效文件 sound.wav。(注:为简化程序,这里加载的音效文件相同。)

第 167 行,开始播放音效文件;

第 168 行,调用 runGame()函数(注:该函数从第 173 行开始);

第 169 行,当游戏结束返回此处时,停止播放音效文件;

第 170 行,在窗口中间用大字显示游戏标题"Game Over"。

俄罗斯方块游戏程序的第 11 部分如图 18-14 所示。

第 173 行,创建 runGame()函数,包括第 174~293 行的所有代码;

第 174 行是注释语句,说明以下设置与游戏开始相关的变量;

第 175 行,定义初始的游戏板,游戏开始时没有任何板块;

第 176 行,设置上次板块向下移动的时间 lastMoveDownTime 为当前时间;

第 177 行,设置上次板块水平方向移动的时间 lastMoveSidewaysTime 为当前时间;

第 178 行,设置上次板块落下的时间 lastFallTime 为当前时间;

第 179 行,设置板块下移标志为 False(假);

第 180 行,设置板块左移标志为 False(假);

第 181 行,设置板块右移标志为 False(假);

```
173  def runGame():
174      # setup variables for the start of the game
175      board = getBlankBoard()
176      lastMoveDownTime = time.time()
177      lastMoveSidewaysTime = time.time()
178      lastFallTime = time.time()
179      movingDown = False # note: there is no movingUp variable
180      movingLeft = False
181      movingRight = False
182      score = 0
183      level, fallFreq = calculateLevelAndFallFreq(score)
184
185      fallingPiece = getNewPiece()
186      nextPiece = getNewPiece()
187
```

图 18-14 俄罗斯方块游戏程序的第 11 部分

第 182 行,设置得分初始值为 0;

第 183 行,根据当前得分计算游戏位于第几关及板块下落的速度;

第 185 行,调用"得到新的板块"函数 getNewPiece(),得到当前下落的板块;

第 186 行,再次调用"得到新的板块"函数 getNewPiece(),得到下一个下落的板块。

俄罗斯方块游戏程序的第 12 部分如图 18-15 所示。

```
188  while True: # game loop
189      if fallingPiece == None:
190          # No falling piece in play, so start a new piece at the top
191          fallingPiece = nextPiece
192          nextPiece = getNewPiece()
193          lastFallTime = time.time() # reset lastFallTime
194
195          if not isValidPosition(board, fallingPiece):
196              return # can't fit a new piece on the board, so game over
```

图 18-15 俄罗斯方块游戏程序的第 12 部分

第 188 行,定义游戏循环;

第 189~193 行,如果下落的板块已经着陆,即正在下落变量 fallingPiece 的值为 None,则将当前的下一个板块变量 nextPiece 赋值给正在下落变量 fallingPiece,调用得到新的板块函数 getNewPiece()生成下一个板块变量 nextPiece,并且把当前时间赋值给上次下落时间变量 lastFallTime;

第 195、196 行,如果板块已经堆满游戏板,则返回第 169 行,结束游戏。

俄罗斯方块游戏程序的第 13 部分如图 18-16 所示。

第 198 行,调用第 341 行的检查退出函数 checkForQuit();

第 199 行,开始 Pygame 事件处理循环;

第 200 行,如果玩家按下了某个按键,则执行第 201~215 行的代码;

第 201~205 行,如果玩家按下了 P 键,则暂停游戏,填充窗口为空白,停止播放音乐,并且在窗口中间显示 Paused,等待玩家按下一个键以继续游戏;

第 206 ~ 209 行,当玩家按下了某个键时,继续播放音乐,并且把 lastFallTime、lastMoveDownTime 和 lastMoveSidewayTime 这三个变量都设置为当前时间;

第 210 ~ 215 行,当玩家松开一个箭头键时,将会把相应的变量 movingLeft、

```
197
198         checkForQuit()
199         for event in pygame.event.get(): # event handling loop
200             if event.type == KEYUP:
201                 if (event.key == K_p):
202                     # Pausing the game
203                     DISPLAYSURF.fill(BGCOLOR)
204                     pygame.mixer.music.stop()
205                     showTextScreen('Paused') # pause until a key press
206                     pygame.mixer.music.play(-1, 0.0)
207                     lastFallTime = time.time()
208                     lastMoveDownTime = time.time()
209                     lastMoveSidewaysTime = time.time()
210                 elif (event.key == K_LEFT or event.key == K_a):
211                     movingLeft = False
212                 elif (event.key == K_RIGHT or event.key == K_d):
213                     movingRight = False
214                 elif (event.key == K_DOWN or event.key == K_s):
215                     movingDown = False
216
```

图 18-16　俄罗斯方块游戏程序的第 13 部分

movingRight 或 movingDown 设置为 False,表示玩家不再打算让板块向该方向移动。随后的代码将根据这些 moving 变量中的值来确定板块的运动方向。

俄罗斯方块游戏程序的第 14 部分如图 18-17 所示。

```
217         elif event.type == KEYDOWN:
218             # moving the piece sideways
219             if (event.key == K_LEFT or event.key == K_a) and isValidPosition(board, fallingPiece, adjX=-1):
220                 fallingPiece['x'] -= 1
221                 movingLeft = True
222                 movingRight = False
223                 lastMoveSidewaysTime = time.time()
224
225             elif (event.key == K_RIGHT or event.key == K_d) and isValidPosition(board, fallingPiece, adjX=1):
226                 fallingPiece['x'] += 1
227                 movingRight = True
228                 movingLeft = False
229                 lastMoveSidewaysTime = time.time()
230
```

图 18-17　俄罗斯方块游戏程序的第 14 部分

第 217 行,如果玩家按下了某个按键,则执行第 218～256 行的所有代码;

第 219～223 行,如果玩家按下了←键或 A 键,则将板块向左移动一格;

第 225～229 行,如果玩家按下了→键或 D 键,则将板块向右移动一格。

俄罗斯方块游戏程序的第 15 部分如图 18-18 所示。

第 231～235 行,如果玩家按下了↑键或 W 键,则将板块顺时针旋转 90°;

第 236～239 行,如果玩家按下了 Q 键,则将板块逆时针旋转 90°;

第 241～246 行,如果玩家按下了↓键或 S 键,则令板块以较快的速度向下移动。

俄罗斯方块游戏程序的第 16 部分如图 18-19 所示。

第 248～256 行,如果玩家按下 Space 键,则令板块立即向下坠落到底部,直到碰到游戏板或着陆。程序需要计算板块要移动多少个空格才会着陆。其中,第 250～252 行会把所有移动变量设置为 False;

```
231          # rotating the piece (if there is room to rotate)
232          elif (event.key == K_UP or event.key == K_w):
233              fallingPiece['rotation'] = (fallingPiece['rotation'] + 1) % len(PIECES[fallingPiece['shape']])
234              if not isValidPosition(board, fallingPiece):
235                  fallingPiece['rotation'] = (fallingPiece['rotation'] - 1) % len(PIECES[fallingPiece['shape']])
236          elif (event.key == K_q): # rotate the other direction
237              fallingPiece['rotation'] = (fallingPiece['rotation'] - 1) % len(PIECES[fallingPiece['shape']])
238              if not isValidPosition(board, fallingPiece):
239                  fallingPiece['rotation'] = (fallingPiece['rotation'] + 1) % len(PIECES[fallingPiece['shape']])
240
241          # making the piece fall faster with the down key
242          elif (event.key == K_DOWN or event.key == K_s):
243              movingDown = True
244              if isValidPosition(board, fallingPiece, adjY=1):
245                  fallingPiece['y'] += 1
246              lastMoveDownTime = time.time()
247
```

图 18-18　俄罗斯方块游戏程序的第 15 部分

```
248          # move the current piece all the way down
249          elif event.key == K_SPACE:
250              movingDown = False
251              movingLeft = False
252              movingRight = False
253              for i in range(1, BOARDHEIGHT):
254                  if not isValidPosition(board, fallingPiece, adjY=i):
255                      break
256              fallingPiece['y'] += i - 1
257
258      # handle moving the piece because of user input
259      if (movingLeft or movingRight) and time.time() - lastMoveSidewaysTime > MOVESIDEWAYSFREQ:
260          if movingLeft and isValidPosition(board, fallingPiece, adjX=-1):
261              fallingPiece['x'] -= 1
262          elif movingRight and isValidPosition(board, fallingPiece, adjX=1):
263              fallingPiece['x'] += 1
264          lastMoveSidewaysTime = time.time()
265
266      if movingDown and time.time() - lastMoveDownTime > MOVEDOWNFREQ and isValidPosition(board, fallingPiece, adjY=1):
267          fallingPiece['y'] += 1
268          lastMoveDownTime = time.time()
269
```

图 18-19　俄罗斯方块游戏程序的第 16 部分

第 258～261 行，如果玩家按住←键或 A 键，且持续时间超过 0.15s，则令板块向左移动；

第 262～264 行，如果玩家按住→键或 D 键，且持续时间超过 0.15s，则令板块向右移动；

第 266～268 行，如果玩家按住↓键或 S 键，且持续时间超过 0.15s，则令板块向下移动。

俄罗斯方块游戏程序的第 17 部分如图 18-20 所示。

第 271 行，如果当前时间减去上次下落的时间大于下落频率变量 fallFreq，则令板块自然落下；

第 272～278 行，如果板块已经着陆，则计算本次着陆的得分，并调用第 350 行的 calculateLevelAndFallFreq() 函数，从而重新计算游戏当前属于第几关的关数变量 level 和下落频率变量 fallFreq；关数越大，下落频率变量 fallFreq 的值就越小，即下落速度就会越快；

第 279～282 行，如果板块尚未着陆，则令板块继续下落。

```
270        # let the piece fall if it is time to fall
271        if time.time() - lastFallTime > fallFreq:
272            # see if the piece has landed
273            if not isValidPosition(board, fallingPiece, adjY=1):
274                # falling piece has landed, set it on the board
275                addToBoard(board, fallingPiece)
276                score += removeCompleteLines(board)
277                level, fallFreq = calculateLevelAndFallFreq(score)
278                fallingPiece = None
279            else:
280                # piece did not land, just move the piece down
281                fallingPiece['y'] += 1
282                lastFallTime = time.time()
283
```

图 18-20　俄罗斯方块游戏程序的第 17 部分

俄罗斯方块游戏程序的第 18 部分如图 18-21 所示。

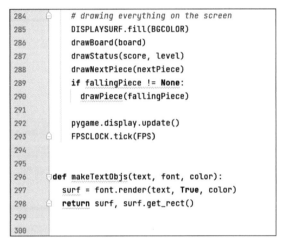

```
284        # drawing everything on the screen
285        DISPLAYSURF.fill(BGCOLOR)
286        drawBoard(board)
287        drawStatus(score, level)
288        drawNextPiece(nextPiece)
289        if fallingPiece != None:
290            drawPiece(fallingPiece)
291
292        pygame.display.update()
293        FPSCLOCK.tick(FPS)
294
295
296    def makeTextObjs(text, font, color):
297        surf = font.render(text, True, color)
298        return surf, surf.get_rect()
299
300
```

图 18-21　俄罗斯方块游戏程序的第 18 部分

第 285 行，填充背景颜色；

第 286 行，绘制游戏板；

第 287 行，绘制得分 score 和关数 level；

第 288 行，绘制下一个板块；

第 289、290 行，如果板块尚未着陆，则绘制板块；

第 292 行，刷新屏幕；

第 293 行，暂停 25ms，以使游戏程序不会运行得太快；

第 296~298 行，定义创建文本函数 makeTextObjs()，该函数可以指定文本和颜色，供程序调用，以简化在窗口中绘制文本的代码。

俄罗斯方块游戏程序的第 19 部分如图 18-22 所示。

第 301~303 行，定义终止函数 terminate()，结束游戏程序；

第 306 行，定义函数 checkForKeyPress()，包括第 307~315 行的所有代码，检测按键事件；

第 309 行，调用第 341 行的检查退出函数 checkForQuit()，处理退出事件。如果玩家按

```
301    def terminate():
302        pygame.quit()
303        sys.exit()
304
305
306    def checkForKeyPress():
307        # Go through event queue looking for a KEYUP event.
308        # Grab KEYDOWN events to remove them from the event queue.
309        checkForQuit()
310
311        for event in pygame.event.get([KEYDOWN, KEYUP]):
312            if event.type == KEYDOWN:
313                continue
314            return event.key
315        return None
316
317
```

图 18-22　俄罗斯方块游戏程序的第 19 部分

下了 Esc 键或者关闭了窗口,则终止程序;

第 311～315 行,从事件队列中提取出所有的 KEYUP 和 KEYDOWN 事件。并忽略任何的 KEYDOWN 事件。如果事件队列中没有 KEYUP 事件,那么该函数返回 None。

俄罗斯方块游戏程序的第 20 部分如图 18-23 所示。

```
318    def showTextScreen(text):
319        # This function displays large text in the
320        # center of the screen until a key is pressed.
321        # Draw the text drop shadow
322        titleSurf, titleRect = makeTextObjs(text, BIGFONT, TEXTSHADOWCOLOR)
323        titleRect.center = (int(WINDOWWIDTH / 2), int(WINDOWHEIGHT / 2))
324        DISPLAYSURF.blit(titleSurf, titleRect)
325
326        # Draw the text
327        titleSurf, titleRect = makeTextObjs(text, BIGFONT, TEXTCOLOR)
328        titleRect.center = (int(WINDOWWIDTH / 2) - 3, int(WINDOWHEIGHT / 2) - 3)
329        DISPLAYSURF.blit(titleSurf, titleRect)
330
331        # Draw the additional "Press a key to play." text.
332        pressKeySurf, pressKeyRect = makeTextObjs('Press a key to play.', BASICFONT, TEXTCOLOR)
333        pressKeyRect.center = (int(WINDOWWIDTH / 2), int(WINDOWHEIGHT / 2) + 100)
334        DISPLAYSURF.blit(pressKeySurf, pressKeyRect)
335
336        while checkForKeyPress() == None:
337            pygame.display.update()
338            FPSCLOCK.tick()
339
340
```

图 18-23　俄罗斯方块游戏程序的第 20 部分

第 318 行,定义通用文本屏幕函数 showTextScreen( ),包括第 319～338 行的所有代码;

第 319～321 行为注释语句,提示本函数的功能,即在屏幕中间显示某些大字及其阴影,直到玩家按下某个按键为止;

第 322～324 行,绘制大字的阴影;

第 326～329 行,绘制大字;

第 331～334 行,绘制文字"Press a key to play";

第 336～338 行,如果玩家没有按下某个键,则刷新屏幕,暂停 25ms,以使游戏程序不会运行得太快。

俄罗斯方块游戏程序的第 21 部分如图 18-24 所示。

```
341  def checkForQuit():
342      for event in pygame.event.get(QUIT): # get all the QUIT events
343          terminate() # terminate if any QUIT events are present
344      for event in pygame.event.get(KEYUP): # get all the KEYUP events
345          if event.key == K_ESCAPE:
346              terminate() # terminate if the KEYUP event was for the Esc key
347          pygame.event.post(event) # put the other KEYUP event objects back
348
349
350  def calculateLevelAndFallFreq(score):
351      # Based on the score, return the level the player is on and
352      # how many seconds pass until a falling piece falls one space.
353      level = int(score / 10) + 1
354      fallFreq = 0.27 - (level * 0.02)
355      return level, fallFreq
356
```

图 18-24 俄罗斯方块游戏程序的第 21 部分

第 341～347 行,定义 checkForQuit()函数,用于处理将会导致游戏终止的任何事件。如果玩家单击了关闭窗口按钮,或者按下了 Esc 键,则终止程序;如果键盘事件不是按下 Esc 键,则调用 pygame.event.post()函数将其放回事件队列中;

第 350～355 行,定义关卡数和方块下落频率函数 calculateLevelAndFallFreq()。关卡数和板块下落频率都是根据当前得分通过这个函数来计算的。玩家每填满一行方块,得分将增加 1 分;每增加 10 分,游戏就进入下一关卡,板块的下落速度会更快。

关卡数的计算公式为:

level = int(score/10) + 1

板块下落频率的计算公式则为:

fallFreq = 0.27 - (level * 0.02)

第 355 行,返回关卡数和方块下落频率。

俄罗斯方块游戏程序的第 22 部分如图 18-25 所示。

第 357 行,定义产生新的板块的函数 getNewPiece(),包括第 358～365 行的所有代码;

第 359 行,随机生成新板块的形状,新板块的形状为图 18-3 所示的 7 种形状之一;

第 360～364 行,定义新板块的字典,包括形状、旋转次数(注:每次旋转 90°)、中间坐标和颜色等参数;

第 365 行,返回新板块的字典的值;

第 368～373 行,定义向游戏板添加板块的函数 addToBoard(),游戏板用来记录之前着陆的板块占据了哪些位置。当前下落的板块在游戏板中并没有标记,addToBoard()函数的作用就是将板块添加到游戏板中。

俄罗斯方块游戏程序的第 23 部分如图 18-26 所示。

```
357  def getNewPiece():
358      # return a random new piece in a random rotation and color
359      shape = random.choice(list(PIECES.keys()))
360      newPiece = {'shape': shape,
361              'rotation': random.randint(0, len(PIECES[shape]) - 1),
362              'x': int(BOARDWIDTH / 2) - int(TEMPLATEWIDTH / 2),
363              'y': -2, # start it above the board (i.e. less than 0)
364              'color': random.randint(0, len(COLORS)-1)}
365      return newPiece
366
367
368  def addToBoard(board, piece):
369      # fill in the board based on piece's location, shape, and rotation
370      for x in range(TEMPLATEWIDTH):
371          for y in range(TEMPLATEHEIGHT):
372              if PIECES[piece['shape']][piece['rotation']][y][x] != BLANK:
373                  board[x + piece['x']][y + piece['y']] = piece['color']
374
375
```

图 18-25 俄罗斯方块游戏程序的第 22 部分

```
376  def getBlankBoard():
377      # create and return a new blank board data structure
378      board = []
379      for i in range(BOARDWIDTH):
380          board.append([BLANK] * BOARDHEIGHT)
381      return board
382
383
384  def isOnBoard(x, y):
385      return x >= 0 and x < BOARDWIDTH and y < BOARDHEIGHT
386
387
388  def isValidPosition(board, piece, adjX=0, adjY=0):
389      # Return True if the piece is within the board and not colliding
390      for x in range(TEMPLATEWIDTH):
391          for y in range(TEMPLATEHEIGHT):
392              isAboveBoard = y + piece['y'] + adjY < 0
393              if isAboveBoard or PIECES[piece['shape']][piece['rotation']][y][x] == BLANK:
394                  continue
395              if not isOnBoard(x + piece['x'] + adjX, y + piece['y'] + adjY):
396                  return False
397              if board[x + piece['x'] + adjX][y + piece['y'] + adjY] != BLANK:
398                  return False
399      return True
```

图 18-26 俄罗斯方块游戏程序的第 23 部分

第 376～378 行，创建新的空白的游戏板函数 getBlankBoard()。游戏板由 10×20 的空格组成，用来表示板块落下堆积的空间。游戏板用一个列表来表示，如果列表元素的值等于BLANK，则这是一个空格；如果这个元素的值是一个整数，那么它是一个某种颜色的板块，0 表示蓝色，1 表示绿色，2 表示红色，3 表示黄色；

第 379～380 行，创建一个空白的游戏板，使用列表复制来创建 BLANK 值的一个列表，以表示一列。针对游戏板中的每一列，都创建这样一个列表；

第 381 行，返回以上创建的列表 board；

第 384、385 行，创建检查坐标(x,y)是否位于游戏板内的函数 isOnBoard()。只要 x 坐标不少于 0，并且 x 坐标不大于或等于 BOARDWIDTH（游戏板的宽度），y 坐标不大于 BOARDHEIGHT（游戏板的高度），这个函数就返回 True（真）；

第 388、389 行，创建检查板块能否在游戏板着陆的函数 isValidPosition（）；如果所有板块都在游戏板之上，并且没有和游戏板上的任何方块重叠，那么这个函数就返回 True（真）；

第 390、391 行，用嵌套的 for 循环遍历下落的板块上的每一个可能的坐标；

第 392 行，创建一个名为 isAboveBoard 的变量。如果下落的板块的坐标 x 和 y 位置在游戏板之上，则将其值设置为 True（真），否则将其设置为 False（假）；

第 393、394 行，检查板块中的空格是否在游戏板之上或者是否为空白。如果任何一项为 True（真），则执行 continue 语句，直接进入下一次循环；

第 395、396 行，检查板块是否不在游戏板之上；

第 397、399 行，检查板块所在的游戏板空格是否不为空白。如果不为空白，则函数 isValidPosition（）将返回 False。

俄罗斯方块游戏程序的第 24 部分如图 18-27 所示。

```
400
401   def isCompleteLine(board, y):
402       # Return True if the line filled with boxes with no gaps.
403       for x in range(BOARDWIDTH):
404           if board[x][y] == BLANK:
405               return False
406       return True
407
408
```

图 18-27　俄罗斯方块游戏程序的第 24 部分

第 401~406 行，创建是否填满一行的函数 isCompleteLine（），用 for 循环遍历游戏板的某一行。如果这一行中的某一个空格为空白，则返回 False（假）；否则，如果这一行中所有空格都不为空白，即这一行已经填满，则返回 True（真）。

俄罗斯方块游戏程序的第 25 部分如图 18-28 所示。

```
409   def removeCompleteLines(board):
410       # Remove any completed lines on the board, move everything above them down, and return the number of complete lines.
411       numLinesRemoved = 0
412       y = BOARDHEIGHT - 1 # start y at the bottom of the board
413       while y >= 0:
414           if isCompleteLine(board, y):
415               # Remove the line and pull boxes down by one line.
416               for pullDownY in range(y, 0, -1):
417                   for x in range(BOARDWIDTH):
418                       board[x][pullDownY] = board[x][pullDownY-1]
419               # Set very top line to blank.
420               for x in range(BOARDWIDTH):
421                   board[x][0] = BLANK
422               numLinesRemoved += 1
423               # Note on the next iteration of the loop, y is the same.
424               # This is so that if the line that was pulled down is also
425               # complete, it will be removed.
426           else:
427               y -= 1 # move on to check next row up
428       return numLinesRemoved
429
430
```

图 18-28　俄罗斯方块游戏程序的第 25 部分

第 409~428 行，创建移除整行方块的函数 removeCompleteLines（），从最底行开始，向上用 while 循环逐行找出所有已经填满的行。如果填满，则删除这一行，把删除的行的总数 numLinesRemoved 加 1，然后将游戏板该行之上的所有方块都下移一行，该函数最后返回所删除的行的总数 numLinesRemoved。

俄罗斯方块游戏程序的第 26 部分如图 18-29 所示。

```python
431  def convertToPixelCoords(boxx, boxy):
432      # Convert the given xy coordinates of the board to xy
433      # coordinates of the location on the screen.
434      return (XMARGIN + (boxx * BOXSIZE)), (TOPMARGIN + (boxy * BOXSIZE))
435
436
437  def drawBox(boxx, boxy, color, pixelx=None, pixely=None):
438      # draw a single box (each tetromino piece has four boxes)
439      # at xy coordinates on the board. Or, if pixelx & pixely
440      # are specified, draw to the pixel coordinates stored in
441      # pixelx & pixely (this is used for the "Next" piece).
442      if color == BLANK:
443          return
444      if pixelx == None and pixely == None:
445          pixelx, pixely = convertToPixelCoords(boxx, boxy)
446      pygame.draw.rect(DISPLAYSURF, COLORS[color], (pixelx + 1, pixely + 1, BOXSIZE - 1, BOXSIZE - 1))
447      pygame.draw.rect(DISPLAYSURF, LIGHTCOLORS[color], (pixelx + 1, pixely + 1, BOXSIZE - 4, BOXSIZE - 4))
448
449
```

图 18-29 俄罗斯方块游戏程序的第 26 部分

第 431～434 行，把游戏板坐标转换为像素坐标；

第 437～447 行，创建绘制板块函数 drawBox()。该函数能够接受板块在游戏板上的坐标(boxx,boxy)，在这个位置绘制板块。如果调用这个绘制板块函数时指定了像素坐标(pixelx,pixelxy)，则在像素坐标处绘制板块。在这个游戏程序中，像素坐标用来绘制下一个方块。

俄罗斯方块游戏程序的第 27 部分如图 18-30 所示。

```python
450  def drawBoard(board):
451      # draw the border around the board
452      pygame.draw.rect(DISPLAYSURF, BORDERCOLOR, (XMARGIN - 3, TOPMARGIN - 7, (BOARDWIDTH * BOXSIZE) + 8,
453                                                  (BOARDHEIGHT * BOXSIZE) + 8), 5)
454      # fill the background of the board
455      pygame.draw.rect(DISPLAYSURF, BGCOLOR, (XMARGIN, TOPMARGIN, BOXSIZE * BOARDWIDTH, BOXSIZE * BOARDHEIGHT))
456      # draw the individual boxes on the board
457      for x in range(BOARDWIDTH):
458          for y in range(BOARDHEIGHT):
459              drawBox(x, y, board[x][y])
460
461
462  def drawStatus(score, level):
463      # draw the score text
464      scoreSurf = BASICFONT.render('Score: %s' % score, True, TEXTCOLOR)
465      scoreRect = scoreSurf.get_rect()
466      scoreRect.topleft = (WINDOWWIDTH - 150, 20)
467      DISPLAYSURF.blit(scoreSurf, scoreRect)
468      # draw the level text
469      levelSurf = BASICFONT.render('Level: %s' % level, True, TEXTCOLOR)
470      levelRect = levelSurf.get_rect()
471      levelRect.topleft = (WINDOWWIDTH - 150, 50)
472      DISPLAYSURF.blit(levelSurf, levelRect)
473
```

图 18-30 俄罗斯方块游戏程序的第 27 部分

第 450～459 行,创建绘制游戏板函数 drawBoard(),绘制游戏板的边框,填充游戏板的背景颜色,并且用两个嵌套的 for 循环绘制游戏板上的所有板块;

第 462～472 行,创建绘制得分及关卡数的函数 drawStatus(),这个函数在窗口的右上角用基本字体显示游戏的得分,并且在下一行显示关卡数。其中,基本字体 BASICFONT 在第 157 行定义,而文本的颜色 TEXTCOLOR 在第 32 行定义,即为白色。

俄罗斯方块游戏程序的第 28 部分如图 18-31 所示。

```
474   def drawPiece(piece, pixelx=None, pixely=None):
475       shapeToDraw = PIECES[piece['shape']][piece['rotation']]
476       if pixelx == None and pixely == None:
477           # if pixelx & pixely hasn't been specified, use the location stored in the piece data structure
478           pixelx, pixely = convertToPixelCoords(piece['x'], piece['y'])
479
480       # draw each of the boxes that make up the piece
481       for x in range(TEMPLATEWIDTH):
482           for y in range(TEMPLATEHEIGHT):
483               if shapeToDraw[y][x] != BLANK:
484                   drawBox(None, None, piece['color'], pixelx + (x * BOXSIZE), pixely + (y * BOXSIZE))
485
486   def drawNextPiece(piece):
487       # draw the "next" text
488       nextSurf = BASICFONT.render('Next:', True, TEXTCOLOR)
489       nextRect = nextSurf.get_rect()
490       nextRect.topleft = (WINDOWWIDTH - 120, 80)
491       DISPLAYSURF.blit(nextSurf, nextRect)
492       # draw the "next" piece
493       drawPiece(piece, pixelx=WINDOWWIDTH-120, pixely=100)
494
495   if __name__ == '__main__':
496       main()
497
```

图 18-31　俄罗斯方块游戏程序的第 28 部分

第 474～484 行,创建绘制板块函数 drawPiece(),这个函数用于在游戏板中绘制板块中的每一个方块。这个函数首先取得板块当前的经过移动后或者旋转后的形状,然后用嵌套的两个 for 循环遍历板块中的每一个方块。如果某个方块不为空,则在像素坐标位置绘制这个方块;

第 486～493 行,创建绘制下一个板块函数 drawNextPiece(),这个函数通过调用绘制板块函数 drawPiece() 来实现,在屏幕的右上角显示下一个板块;

第 495、496 行是本游戏程序的最后一个函数,会在前面所有的函数定义执行之后运行,并且调用第 152 行的主函数 main() 开始程序的主要部分。

到此为止,整个俄罗斯方块游戏程序剖析完成。

18.4　小结与练习

本章详细地剖析了俄罗斯方块游戏程序的工作原理,请根据你对程序的理解作出如下改动:

（1）修改这个游戏的背景颜色和板块的颜色;

（2）删除游戏过程中移动和旋转板块时的音效;

（3）修改游戏的得分规则,每次消除一整行方格可得 10 分。

第 **19** 章

设计愤怒的小猫游戏

19.1　愤怒的小猫游戏的玩法

本游戏是一个射击类游戏,主角色是一只愤怒的大母猫,位于窗口左侧,连续单击鼠标左键可以发射炮弹,炮弹是 5 种小猫。在窗口右侧,会随机地出现猫、螃蟹、鸭子、鱼、青蛙、蛇等动物,这些动物会向左移动。如果炮弹命中猫可得 1 分;如果炮弹误中除猫以外的其他动物则倒扣 5 分;如果主角色直接撞到猫,则倒扣 3 分;如果直接撞到其他动物,则可得3 分。游戏总时间设定为 120s,如果倒计时数字变为 0,则结束游戏。

19.2　愤怒的小猫游戏的设计思路

愤怒的小猫游戏的设计思路如图 19-1 所示。

19.3　愤怒的小猫游戏程序的详细设计步骤

愤怒的小猫游戏的工作界面如图 19-2 所示。

愤怒的小猫程序的图片素材需要大母猫和 5 种不同的小猫炮弹的图像,分别命名为 mother.png、cat1.png、cat2.png、cat3.png、cat4.png 和 cat5.png,如图 19-3 所示。

愤怒的小猫程序的图片素材还包括猫、螃蟹、鸭子、鱼、青蛙和蛇这 6 种动物的图像,分别命名为 cat.png、crab.png、duck.png、fish.png、frog.png 和 snake.png,如图 19-4 所示。

这个游戏程序还需要一张背景图片 background.png 和游戏结束的图片 gameover.png。以上所有图片文件都放在文件夹 pic 中。

在音效方面,这个游戏程序需要猫的叫声文件 cat.mp3 和其他声音文件 other.wav。当炮弹命中猫或主角撞到猫时播放猫的叫声,当炮弹命中其他动物或主角撞到其他动物时则播放其他声音。此外,这个游戏程序还需要准备背景音乐文件 music.mp3。

整个游戏程序比较长,以下分多个部分来详细说明。

愤怒的小猫游戏程序的第 1 部分如图 19-5 所示。

第 1 行,导入游戏库 Pygame;

第 2 行,导入数学库 math;

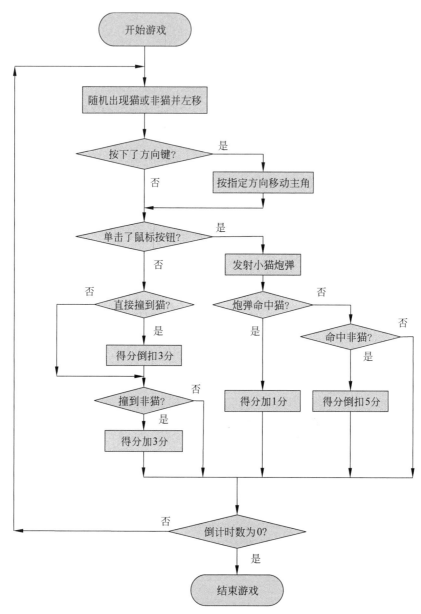

图 19-1　愤怒的小猫游戏的设计思路

第 3 行, 导入随机数库 random;

第 5 行为注释语句, 说明第 6~22 行的作用为初始化及设置有关参数;

第 6 行, 定义主角色的移动速度参数 MovementSpeed 的初值为 50;

第 7 行, 定义炮弹的移动速度参数 CannonballSpeed 的初值为 30;

第 8 行, 定义猫的移动速度参数 CatSpeed 的初值为 7;

第 9 行, 定义窗口的大小为 1300×680 像素;

第 10 行, 定义主角色的大小为 200×95 像素;

第 11 行, 定义猫的大小为 150×123 像素;

第 12 行, 定义游戏的时间为 120s;

图 19-2 愤怒的小猫游戏的工作界面

图 19-3 大母猫和 5 种小猫炮弹的图像

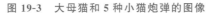

图 19-4 猫和其他 5 种动物的图像

第 13 行,设置游戏得分变量 Score 的初值为 0;

第 14、15 行,定义计数器 badtimer 的初值为 100,计数器 badtimer1 的初值为 0,计数器 badtimer 和 badtimer1 共同实现计数功能,控制猫出现的频率和时间;

第 16 行为注释语句,说明 cats 是一个嵌套的列表,每一个元素代表一只猫或者一只非猫动物,包含三个参数:前两个参数确定坐标,第三个参数代表动物种类;

第 17 行,定义列表 cats 的初值,即游戏开始时第一只猫的坐标为(640,300);

第 18 行,定义炮弹计数 acc 变量,第一个参数是打中猫的数目,第二个参数是已经发射的炮弹总数;

第 19 行,定义炮弹列表 cannonballs,包含三个参数:前两个参数确定炮弹的坐标,第三个参数代表小猫炮弹的种类(共 5 种小猫炮弹);

第 20、21 行,定义主角色的初始位置;

第 22 行,定义上(W)、下(S)、左(A)、右(D)四个方向的列表变量 keys。

愤怒的小猫游戏程序的第 2 部分如图 19-6 所示。

第 24、25 行为注释语句,说明以下语句初始化游戏窗口以及导入各种声音、图片素材;

```
1   import pygame
2   import math
3   import random
4
5   #++++++++++++++++++初始化参数及设置++++++++++++++++++++++++++++++++++++
6   MovementSpeed = 50                          # 主角色移动速度（通过按键W、S、A、D实现上下左右移动）
7   CannonballSpeed = 30                        # 炮弹移动速度
8   CatSpeed = 7                                # 猫的移动速度
9   width, height = 1300, 680                   # 游戏窗口大小（像素值）
10  width1, height1 = 200, 95                   # 主角色大小（像素值）
11  width2, height2 = 150, 123                  # 猫的大小（像素值）
12  TotalTime = 120                            # 设置游戏时间为120s
13  score=0                                     # 设置游戏得分的初值为0
14  badtimer=100                                # 计数器：badtimer和badtimer1共同实现计数功能，控制猫出现的频率和时间
15  badtimer1=0
16  # cats是一个嵌套的列表，每一个元素代表一个猫或者非猫角色，包含三个参数：前两个参数确定坐标，第三个参数代表动物种类
17  cats=[[640,300,0]]                          # 初始元素指定了游戏开始时第一只猫出现的位置
18  acc=[0,0]                                   # 炮弹计数，第一个参数是打中猫的数目，第二个参数是已经发射的炮弹总数
19  cannonballs=[]                              # 炮弹列表，包含三个参数：前两个参数确定炮弹的坐标，第三个参数代表炮弹的种类
20  HorizontalAxis, VerticalAxis = width1/2, height/2  # 主角色初始位置（主角色中心点的位置）
21  playerpos=[HorizontalAxis, VerticalAxis]
22  keys = [False, False, False, False]                 # 按键设置
23
```

图 19-5　愤怒的小猫游戏程序的第 1 部分

```
24  #++++++++++++++++++游戏窗口初始化及素材导入++++++++++++++++++++++++++++++
25  # 初始化游戏窗口以及导入各种声音、图片素材
26  pygame.init()
27
28  pygame.mixer.init(48000,-16,1,1024)         # 声音通道初始化
29  sound = pygame.mixer.Sound("cat.mp3")       # 猫的叫声
30  channelA=pygame.mixer.Channel(1)
31
32  sound1 = pygame.mixer.Sound("other.wav")    # 其他动物的叫声
33  channelB=pygame.mixer.Channel(2)
34
35  track=pygame.mixer.music.load("music.mp3")  # 加载背景音乐
36  pygame.mixer.music.play(-1)                 # 循环播放背景音乐
37
38  screen=pygame.display.set_mode((width, height))     # 设置窗口的尺寸
39  background = pygame.image.load("pic/background.png") # 背景图片
40  mothercat = pygame.image.load("pic/mother.png")     # 主角色图片
41
42  cannonballimg1 = pygame.image.load("pic/cat1.png")  # 加载5种不同的小猫炮弹
43  cannonballimg2 = pygame.image.load("pic/cat2.png")
44  cannonballimg3 = pygame.image.load("pic/cat3.png")
45  cannonballimg4 = pygame.image.load("pic/cat4.png")
46  cannonballimg5 = pygame.image.load("pic/cat5.png")
47  cannonballimgs = [cannonballimg1,cannonballimg2,cannonballimg3,cannonballimg4,cannonballimg5]
```

图 19-6　愤怒的小猫游戏程序的第 2 部分

第 26 行,初始化游戏库 Pygame;

第 28 行,声音通道初始化;

第 29 行,加载猫的叫声;

第 30 行,设定猫的叫声使用的声道为 channelA;

第 32 行,加载非猫动物的声音;

第 33 行,设定非猫动物的声音使用的声道为 channelB;

第 35 行,加载背景音乐 music.mp3;

第 36 行,循环播放背景音乐;

第 38 行,根据第 9 行定义的参数设置窗口的大小;

第 39 行,加载背景图片 background.png;

第 40 行,加载主角色图片 mother.png;

第 42~46 行,加载 5 种小猫炮弹的图片,即图 19-3 中的小猫图片;

第 47 行,定义小猫炮弹列表 cannonballimgs。

愤怒的小猫游戏程序的第 3 部分如图 19-7 所示。

```
48
49    catimg = pygame.image.load("pic/cat.png")                          # 猫的图片
50    duckimg = pygame.image.load("pic/duck.png")                        # 鸭
51    snakeimg = pygame.image.load("pic/snake.png")                      # 蛇
52    frogimg = pygame.image.load("pic/frog.png")                        # 青蛙
53    crabimg = pygame.image.load("pic/crab.png")                        # 螃蟹
54    fishimg = pygame.image.load("pic/fish.png")                        # 鱼
55    animalimgs = [catimg, duckimg, snakeimg, frogimg, crabimg, fishimg]
56
57    gameover = pygame.image.load("pic/gameover.png")                   # 游戏结束判定输赢后显示的图片
58
```

图 19-7 愤怒的小猫游戏程序的第 3 部分

第 49 行,加载猫的图片;

第 50 行,加载鸭的图片;

第 51 行,加载蛇的图片;

第 52 行,加载青蛙的图片;

第 53 行,加载螃蟹的图片;

第 54 行,加载鱼的图片;

第 55 行,创建动物列表 animalimgs;

第 57 行,加载游戏结束时显示的图片。

愤怒的小猫游戏程序的第 4 部分如图 19-8 所示。

```
59    #++++++++++++++++++游戏运行主体++++++++++++++++++++++++++++++++++++++++
60    exitcode = 0    # 输赢判定标志
61    running = 1     # 循环启动
62    # 主循环
63    while running:
64        badtimer-=1
65        screen.fill(0)                            # 在重新绘制之前清空屏幕
66        screen.blit(background, (0,0))            # 显示屏幕窗口背景
67        # 处理主角色旋转
68        position = pygame.mouse.get_pos()         # 获取鼠标位置
69        angle = math.atan2( position[1]-playerpos[1], position[0]-playerpos[0] )  # 计算旋转角度
70        playerrot = pygame.transform.rotate(mothercat, 360-angle*57.29)
71        playerpos1 = (playerpos[0]-playerrot.get_rect().width/2, playerpos[1]-playerrot.get_rect().height/2)
72        screen.blit(playerrot, playerpos1)    # 将旋转后的主角色显示在屏幕上
73
```

图 19-8 愤怒的小猫游戏程序的第 4 部分

第 60 行,定义游戏输赢判定标志变量 exitcode 的初值为 0,即游戏未输;

第 61 行,定义游戏运行标志变量 running 的初值为 1;

第 63 行,创建游戏主循环,主循环包括第 64～227 行的所有语句;

第 64 行,将计数器变量 badtimer 的值减 1;

第 65 行,清空屏幕;

第 66 行,在屏幕上显示背景图片;

第 68 行,获取鼠标的位置坐标;

第 69 行,根据主角色和鼠标的位置坐标计算主角色旋转的角度;

第 70 行,根据第 69 行的结果旋转主角色;

第 71 行,重新计算主角色的位置坐标;

第 72 行,将旋转后的主角色显示在屏幕上。

愤怒的小猫游戏程序的第 5 部分如图 19-9 所示。

```
74      # 炮弹
75      for cannonball in cannonballs:
76          index=0
77          # 炮弹移动速度（横轴和纵轴上两个分量）
78          velx=math.cos(cannonball[0])*CannonballSpeed
79          vely=math.sin(cannonball[0])*CannonballSpeed
80          cannonball[1]+=velx
81          cannonball[2]+=vely
82          # 控制炮弹在一定范围（基本等同于游戏窗口的范围）内, 出了这个限定范围就会被删除
83          if cannonball[1]<-width1 or cannonball[1]>width or cannonball[2]<-height1 or cannonball[2]>height:
84              cannonballs.pop(index)
85      # 获得转向后的图片并显示
86      for cannonball in cannonballs:
87          cannonballimg = cannonballimgs[ cannonball[3] ]      # 当前炮弹样式（炮弹生成的时候决定的）
88          cannonball1 = pygame.transform.rotate(cannonballimg, 360-cannonball[0]*57.29)
89          screen.blit(cannonball1, (cannonball[1], cannonball[2]))
90
```

图 19-9　愤怒的小猫游戏程序的第 5 部分

第 74 行为注释语句,说明以下为处理发射炮弹的语句;

第 75 行,用 for 循环遍历列表 cannonballs 中的所有炮弹;

第 76 行,设置索引值 index 为 0;

第 78 行,计算当前炮弹在水平方向的速度分量 velx;

第 79 行,计算当前炮弹在竖直方向的速度分量 vely;

第 80 行,根据当前炮弹在水平方向的速度分量 velx 计算炮弹移动后的横坐标;

第 81 行,根据当前炮弹在竖直方向的速度分量 vely 计算炮弹移动后的纵坐标;

第 83、84 行,控制炮弹在一定范围(基本等同于游戏窗口的范围)内移动,超出了这个限定范围就会被删除。执行完这一行后跳回第 75 行,继续处理下一枚炮弹;

第 86 行,用 for 循环遍历列表 cannonballs 中的所有炮弹;

第 87 行,取出当前炮弹的样式图片,这张图片是在炮弹生成时选定的;

第 88 行,旋转当前炮弹的图像;

第 89 行,显示旋转后的炮弹图像。执行完这一行后跳回第 86 行,继续处理下一枚炮弹。

愤怒的小猫游戏程序的第 6 部分如图 19-10 所示。

第 92 行,如果计数器 badtimer 的值递减到 0,则执行第 93～102 行的代码;

```
91          # 添加猫
92      if badtimer==0:
93          mark = random.randint(0,19)
94          if mark > 5:      # 以一定的概率（四分之一）出现非猫角色，角色出现的种类随机
95              mark = 0      # 标记角色种类（猫或者非猫中的某一种）
96          cats.append([width, random.randint(0,height-height2), mark])
97          # badtimer和badtimer1联合控制猫出现的时间和频率，一开始出现时速度逐渐增加，最后稳定在一定的水平，间接控制游戏难度逐渐增大
98          badtimer=100-(badtimer1*2)
99          if badtimer1>=35:
100             badtimer1=35
101         else:
102             badtimer1+=5
103
```

图 19-10　愤怒的小猫游戏程序的第 6 部分

第 93 行，生成一个位于 0～19 之间的随机整数，并且保存到标记变量 mark 中，用于生成一个新的角色；

第 94、95 行，如果标记变量 mark 大于 5，则把标记变量 mark 重置为 0。这两行代码的作用是以四分之一的概率随机地生成某种非猫角色；

第 96 行，在窗口右侧的某个随机高度的位置生成一只猫或者其他动物；

第 97 行，用 100 减去计数器 badtimer1 值的 2 倍，作为计数器 badtimer 的当前值；

第 98～102 行，如果计数器 badtimer1 的值大于或等于 35，则把它置为 35；否则，把它的当前值加上 5。计数器 badtimer 和计数器 badtimer1 联合控制猫出现的时间和频率。刚开始游戏时，猫和其他动物的速度逐渐增加，最后稳定在一定的水平，从而间接控制游戏难度，使之逐渐增大。

愤怒的小猫游戏程序的第 7 部分如图 19-11 所示。

```
104         index=0
105     for cat in cats:
106         if cat[0]<-width2:              # 猫移动到屏幕边界外后删除
107             cats.pop(index)
108         if cat[2] != 0:
109             MoveSpeed = CatSpeed*1.3    # 控制非猫角色移动速度为猫的1.3倍
110         else:
111             MoveSpeed = CatSpeed
112         # 猫往左移动，速度为MoveSpeed，但这时候猫并没有真正移动，等到运行更新显示到屏幕上的时候，才能看到移动
113         cat[0]-=MoveSpeed
114         # 处理漏网之猫
115         catrect=pygame.Rect(catimg.get_rect())     # 获取猫（或者非猫角色）当前的位置
116         catrect.top=cat[1]
117         catrect.left=cat[0]
118         if catrect.left<-width2:                   # 如果猫移动到屏幕边界外则删除猫
119             cats.pop(index)
```

图 19-11　愤怒的小猫游戏程序的第 7 部分

第 104 行，设置索引值 index 为 0；

第 105 行，用 for 循环遍历列表 cats 中的猫和其他动物；

第 106、107 行，如果猫移动到屏幕边界外，则将其删除；

第 108～111 行，如果当前动物不是猫，则将其移动速度设置为猫速度的 1.3 倍，否则，将其移动速度设置为猫的速度；

第 113 行，令猫往左移动，速度为 MoveSpeed，但是这时候猫并没有真正移动。等到运

行更新显示到屏幕上的时候，才能看到移动；

第 115～117 行，获取猫（或者非猫角色）当前的位置；

第 118、119 行，如果猫移动到屏幕边界外，则删除猫。

愤怒的小猫游戏程序的第 8 部分如图 19-12 所示。

```
121         index1=0    # 炮弹计数
122         # 调节碰撞的精度（尽可能从游戏窗口看到炮弹和猫接触后再判断为碰撞并删除炮弹和猫，以提升游戏体验）
123         Acc_Left = catrect.left+20
124         Acc_Top = catrect.top+20
125         Acc_Width = catrect.width-40
126         Acc_Height = catrect.height-40
127         # 计算调整后的猫的位置，不影响游戏窗口显示猫出现的位置，只用来判断碰撞
128         CatrectAdj = pygame.Rect(Acc_Left,Acc_Top,Acc_Width,Acc_Height)
```

图 19-12　愤怒的小猫游戏程序的第 8 部分

第 121 行，设置炮弹的索引值 index1 为 0；

第 123～126 行，调节碰撞的精度（尽可能从游戏窗口看到炮弹和猫接触后再判断为碰撞并删除炮弹和猫，以提升游戏体验）；

第 128 行，计算调整后的猫的位置。计算结果不影响游戏窗口显示猫出现的位置，只用来判断碰撞事件。

愤怒的小猫游戏程序的第 9 部分如图 19-13 所示。

```
129         # 处理碰撞，删除猫和炮弹，更正精确度
130         for cannonball in cannonballs:
131             ballrect=pygame.Rect(cannonballimg.get_rect())
132             ballrect.left=cannonball[1]
133             ballrect.top=cannonball[2]
134             if CatrectAdj.colliderect(ballrect):
135                 if cat[2]==0:
136                     score=score+1          # 如果打中的是一只猫，则加1分
137                     channelA.play(sound)    # 命中猫发出猫叫声
138                 else:
139                     channelB.play(sound1)   # 如果打中其他动物发出一次短促响声
140                     score= score - 5        # 打中其他动物，则倒扣5分
141                     if score<0:
142                         score=0
143                 cats.pop(index)
144                 cannonballs.pop(index1)
145             index1+=1
```

图 19-13　愤怒的小猫游戏程序的第 9 部分

第 129 行是注释语句；

第 130 行，用 for 循环遍历所有炮弹，判断炮弹是否命中目标；

第 131～133 行，获取当前炮弹的位置；

第 134 行，如果调整后角色的位置等于当前炮弹的位置，即炮弹命中角色，则执行第 135～144 行的代码；

第 135～137 行，如果打中的是一只猫，则加 1 分，并发出猫叫声；

第 138～140 行，如果打中的是其他动物，则倒扣 5 分，并发出一次短促响声；

第 141、142 行，如果得分值小于 0，则把得分设置为 0；

第 143 行，删除命中的猫或其他角色；

第 144 行,删除当前炮弹;

第 145 行,把炮弹的索引值 index1 加 1,跳回第 130 行,继续执行循环,处理下一枚炮弹。

愤怒的小猫游戏程序的第 10 部分如图 19-14 所示。

```
146            # 处理直接碰撞到猫或其他动物的事件
147            if CatrectAdj.colliderect( pygame.Rect(playerpos[0]-50,playerpos[1]-50,80,80) ):
148                if cat[2]==0:        # 如果碰到猫(被猫咬了),则得分减少3分
149                    channelA.play(sound)        # 直接碰到猫,发出猫叫声
150                    score = score - 3
151                    if score < 0:
152                        score = 0
153                else:# 如果碰到的不是猫,则得分增加3分
154                    channelB.play(sound1)        # 直接碰到其他动物,发出一次短促响声
155                    score = score + 3
156                cats.pop(index)
157
158            # 下一只猫
159            index+=1
160            for cat in cats:
161                img = animalimgs[cat[2]]
162                screen.blit(img, cat[0:2])        # 显示到游戏窗口中
163
```

图 19-14 愤怒的小猫游戏程序的第 10 部分

第 146 行为注释语句,说明以下代码处理直接碰撞到猫或其他动物的情况;

第 147 行,判断主角色是否直接碰到猫或其他动物;

第 148~150 行,如果主角色直接碰到猫(被猫咬了),则发出猫叫声,并把得分减 3 分;

第 151、152 行,如果当前得分值少于 0,则把得分设置为 0;

第 153~155 行,如果主角色直接碰到其他动物,则把得分加 3 分;

第 156 行,删除当前的猫或其他动物;

第 159 行,把当前猫的索引值 index 加 1,然后跳回到第 130 行,处理下一只猫;

第 160~162 行,用 for 循环遍历所有的猫或其他动物,并且把这些动物都显示到游戏窗口中。

愤怒的小猫游戏程序的第 11 部分如图 19-15 所示。

第 165 行,设置显示文本所用的字体为默认字体,字号为 30;

第 166 行,计算游戏的剩余时间,以秒(s)为单位;

第 168~171 行,在窗口顶部中间偏右处显示游戏剩余时间;

第 174 行,设置显示文本所用的字体为默认字体,字号为 30;

第 175~178 行,在窗口右上角显示游戏当前的得分;

第 181 行,更新显示到屏幕(前面很多的控制步骤都是通过这一步才最终表现到游戏窗口中)。

愤怒的小猫游戏程序的第 12 部分如图 19-16 所示。

第 184 行,检测键盘或鼠标事件;

第 185~187 行,如果玩家单击了游戏窗口右上角的红叉,就退出程序;

第 189 行,如果按下了某个键,则执行第 190~197 行的代码;

```
164        # 显示游戏剩余时间
165        font = pygame.font.Font(None, 30)                              # 设置字号
166        Time_Left = TotalTime-pygame.time.get_ticks()//1000   # 剩余时间，以秒为单位
167        # 设置显示的内容
168        survivedtext = font.render( "Time Left: " + str(Time_Left) + "s", True, (0,0,0))
169        textRect = survivedtext.get_rect()
170        textRect.topright=[width-250,12]                              # 设置显示位置
171        screen.blit(survivedtext, textRect)
172
173        # 显示游戏当前得分
174        font = pygame.font.Font(None, 30)                              # 设置字号
175        survivedtext = font.render( 'Score= ' + str(score), True, (0,0,0))# 设置显示的内容
176        textRect = survivedtext.get_rect()
177        textRect.topright=[width-25,12]                               # 设置显示位置
178        screen.blit(survivedtext, textRect)
179
180        # 更新显示到屏幕（前面很多的控制步骤都是通过这一步才最终表现到游戏窗口中）
181        pygame.display.flip()
182
```

图 19-15　愤怒的小猫游戏程序的第 11 部分

```
183        # 获取键盘或鼠标事件
184        for event in pygame.event.get():
185            if event.type==pygame.QUIT:       # 单击游戏窗口红叉就退出
186                pygame.quit()
187                exit(0)
188            # 获取键盘事件，按下或者松开，按了什么键
189            if event.type == pygame.KEYDOWN:
190                if event.key==pygame.K_w:
191                    keys[0]=True
192                elif event.key==pygame.K_a:
193                    keys[1]=True
194                elif event.key==pygame.K_s:
195                    keys[2]=True
196                elif event.key==pygame.K_d:
197                    keys[3]=True
198            if event.type == pygame.KEYUP:
199                if event.key==pygame.K_w:
200                    keys[0]=False
201                elif event.key==pygame.K_a:
202                    keys[1]=False
203                elif event.key==pygame.K_s:
204                    keys[2]=False
205                elif event.key==pygame.K_d:
206                    keys[3]=False
```

图 19-16　愤怒的小猫游戏程序的第 12 部分

第 190、191 行，如果按下了 W 键，则把变量 keys[0]设置为 True；

第 192、193 行，如果按下了 A 键，则把变量 keys[1]设置为 True；

第 194、195 行，如果按下了 S 键，则把变量 keys[2]设置为 True；

第 196、197 行，如果按下了 D 键，则把变量 keys[3]设置为 True；

第 198 行，如果松开了某个键，则执行第 199～206 行的代码；

第 199、200 行，如果松开了 W 键，则把变量 keys[0]设置为 False；

第 201、202 行，如果松开了 A 键，则把变量 keys[1]设置为 False；

第 203、204 行，如果松开了 S 键，则把变量 keys[2]设置为 False；

第 205、206 行，如果松开了 D 键，则把变量 keys[3]设置为 False。

愤怒的小猫游戏程序的第 13 部分如图 19-17 所示。

```
207          # 鼠标事件，增加炮弹
208          if event.type==pygame.MOUSEBUTTONDOWN:
209              position=pygame.mouse.get_pos()         # 获取鼠标位置
210              acc[1]+=1                                # 炮弹总数+1
211              cannonballs.append( [ math.atan2(position[1]-(playerpos1[1]+width1/2),
212                                          position[0]-(playerpos1[0]+height1/2)),
213                                    playerpos1[0]+width1/2, playerpos1[1]+height1/2, random.randint(0,4) ] )
214          # 控制主角色移动（限制移动范围）
215          if keys[0] and playerpos[1]-height1/2>=MovementSpeed:              # W
216              playerpos[1]-=MovementSpeed
217          elif keys[2] and height-playerpos[1]-height1/2>=MovementSpeed:     # S
218              playerpos[1]+=MovementSpeed
219          if keys[1] and playerpos[0]-width1/2>=MovementSpeed:               # A
220              playerpos[0]-=MovementSpeed
221          elif keys[3] and width*0.15-playerpos[0]-width1/2 >= -MovementSpeed:  # D
222              playerpos[0]+=MovementSpeed
223
```

图 19-17　愤怒的小猫游戏程序的第 13 部分

第 208 行，如果单击了鼠标左键，则执行第 209～213 行；

第 209 行，获取鼠标的位置；

第 210 行，炮弹总数加 1；

第 211～213 行，向炮弹列表 cannonballs 随机地添加一枚炮弹；

第 215、216 行，如果按下了 W 键，则向上移动主角色；

第 217、218 行，如果按下了 S 键，则向下移动主角色；

第 219、220 行，如果按下了 A 键，则向左移动主角色；

第 221、222 行，如果按下了 D 键，则向右移动主角色。

愤怒的小猫游戏程序的第 14 部分如图 19-18 所示。

```
224          # 判断输赢
225          if pygame.time.get_ticks()>=TotalTime*1000:
226              running=0
227              exitcode=1
228
229  #++++++++++++++++++游戏结束后需要处理的事++++++++++++++++++++++++++++++++++++
230  # 显示最终得分
231  if exitcode==1:      # 如果游戏结束
232      pygame.font.init()
233      font = pygame.font.Font(None, 100)
234      text = font.render("Score= "+ str(score), True, (0,255,0))         # 显示得分
235      textRect = text.get_rect()
236      textRect.centerx = screen.get_rect().centerx
237      textRect.centery = screen.get_rect().centery+24
238      screen.blit(gameover, (0,0))
239      screen.blit(text, textRect)
240
```

图 19-18　愤怒的小猫游戏程序的第 14 部分

第 225～227 行，如果游戏计时达到 120s，则把游戏结束标志 exitcode 置为 1；

第 231 行，如果游戏结束标志 exitcode 等于 1，则执行第 232～239 行的代码；

第 232 行，初始化字体，为显示文本做准备；

第 233 行，设置字体为默认字体，字号为 100（大字）；

第 234 行，设置得分显示为"Score＝"及变量 score 的值；

第 235～237 行，指定显示文本的位置；

第 238 行，显示游戏结束的背景图片；

第 239 行，显示得分。

愤怒的小猫游戏程序的第 15 部分如图 19-19 所示。

```python
241    # 等待关闭游戏窗口（点红叉）
242    while True:
243        for event in pygame.event.get():
244            # 点击窗口红叉就退出
245            if event.type == pygame.QUIT:
246                pygame.quit()
247                exit(0)
248        pygame.display.flip()
249
250
```

图 19-19　愤怒的小猫游戏程序的第 15 部分

第 241 行是注释语句，说明要等待玩家关闭游戏窗口；

第 242 行，创建一个不停运转的循环，循环地执行第 243～248 行的所有代码；

第 243 行，检测键盘或鼠标事件；

第 244 行是注释语句；

第 245～247 行，如果单击了窗口的红叉，就退出程序；

第 248 行，刷新屏幕；

第 249 行，跳回到第 242 行，重复地执行循环。

亲爱的读者，到这里为止，愤怒的小猫游戏程序全部剖析完成。

19.4　小结与练习

本章详细地剖析了愤怒的小猫游戏程序的工作原理，请根据你对程序的理解作出如下改动：

（1）修改这个游戏的背景图片和背景音乐；

（2）修改命中其他动物时的音效；

（3）修改游戏的得分规则：每次命中猫可得 10 分，每次命中其他动物则减少 10 分；

（4）修改游戏的总时间为 5min。

第 **20** 章

设计雷电战机游戏

20.1　雷电战机游戏的玩法

　　雷电战机是一款经典的飞机对战游戏。敌方战机随机地出现在屏幕上方并不停地发射炮弹,玩家可以用方向键移动我方战机躲避炮弹,如果我方战机被击中或者直接被敌机碰撞,则游戏失败。玩家可用 Space 键发射炮弹,命中敌机可得 10 分;当得分大于或等于 150 分时顶部会出现 BOSS 敌机,BOSS 敌机的初始生命值为 1000,命中 BOSS 敌机将使其生命值减 1。当 BOSS 敌机生命值变为 0 时游戏胜利。

20.2　雷电战机游戏的设计思路

　　雷电战机游戏的设计思路如图 20-1 所示。

20.3　雷电战机游戏程序的详细设计步骤

　　雷电战机游戏启动时的工作界面如图 20-2 所示。

　　单击界面中的"开始游戏"按钮即开始游戏。游戏的对战界面如图 20-3 所示。

　　雷电战机游戏程序的图片素材包括敌方 BOSS 战机和 5 种敌机,分别命名为 boss_1. png、alien_1. png、alien_2. png、alien_3. png、alien_4. png 和 alien_5. png,如图 20-4 所示。

　　我方战机包括 5 种不同的姿态,放在同一个图片文件 hero. png 中,如图 20-5 所示。

　　我方战机发射的子弹的图片文件为 bullet_1. png,敌方战机发射的子弹的图片文件名为 alien_bullet. png,如图 20-6 所示。

　　雷电战机游戏程序还需要一张背景图片 map. png。以上所有的图片文件都放在文件夹 images 中。

　　在音效方面,雷电战机游戏程序需要准备我方战机发射炮弹的声音文件 fire. wav 和敌方战机发射炮弹的声音文件 bomb. wav。此外,这个游戏程序还需要准备背景音乐文件 enviro. mp3。这些声音文件都放在文件夹 sounds 中。

　　此外,还需要准备一个用于显示中文的字体文件 msyh. ttf,放在文件夹 fonts 中。

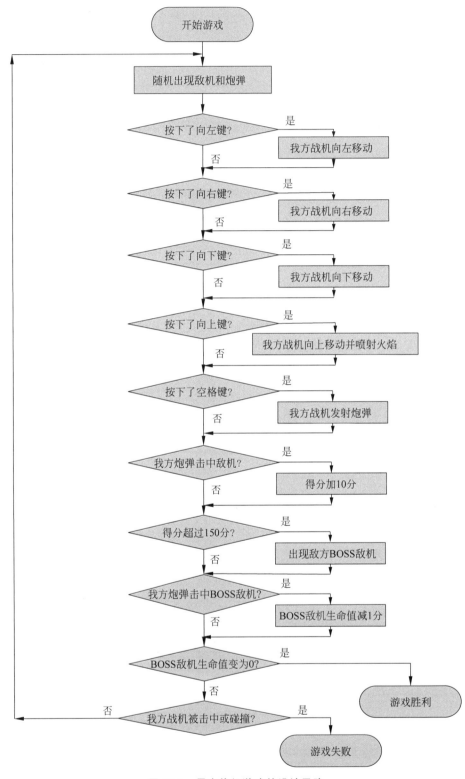

图 20-1　雷电战机游戏的设计思路

图 20-2　雷电战机游戏启动时的工作界面

整个游戏程序比较长，以下分多个部分来详细说明。

雷电战机游戏程序的第 1 部分如图 20-7 所示。

第 1～3 行为注释语句；

第 4 行，导入游戏库 Pygame 和操作系统库 os；

第 5 行，导入计时库 time；

第 6 行，导入随机数库 random；

第 7 行，导入游戏库 Pygame 的精灵模块；

第 8 行，导入游戏库 Pygame 的群组模块；

第 11 行，定义我方开火音效函数 fire_sound1()；

第 12 行，这是一条空语句，不做任何事情；

第 14 行，从文件夹 sounds 中加载开火音效文件 fire.wav；

第 15 行，播放我方开火音效。

雷电战机游戏程序的第 2 部分如图 20-8 所示。

第 17 行，定义敌方开火音效函数 fire_sound2()；

第 18 行，这是一条空语句，不做任何事情；

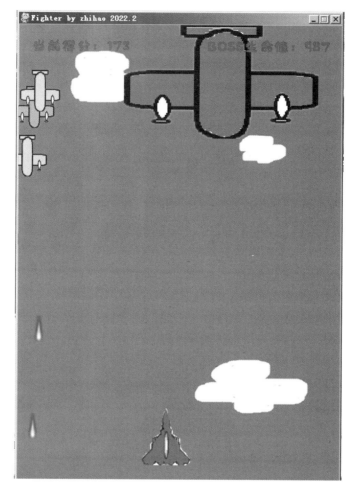

图 20-3　雷电战机的对战界面

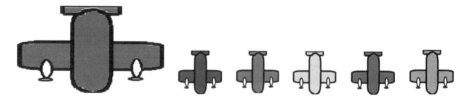

图 20-4　敌方 BOSS 战机和 5 种敌机的图像

图 20-5　我方战机的 5 种不同姿态

第 20 行,从文件夹 sounds 中加载开火音效文件 bomb. wav;

第 21 行,播放敌方开火音效;

第 23 行,创建敌方 BOSS 类;

图 20-6　我方战机及敌方战机发射的子弹

```
1      '''
2          雷电战机
3      '''
4      import pygame, os
5      import time
6      import random
7      from pygame.sprite import Sprite
8      from pygame.sprite import Group
9
10
11     def fire_sound1():
12         pass
13         # 设置开火音效1
14         effect = pygame.mixer.Sound('sounds/fire.wav')
15         pygame.mixer.Sound.play(effect)
16
```

图 20-7　雷电战机游戏程序的第 1 部分

```
17     def fire_sound2():
18         pass
19         # 设置开火音效2
20         effect1 = pygame.mixer.Sound('sounds/bomb.wav')
21         pygame.mixer.Sound.play(effect1)
22
23     class Boss(Sprite):        #创建BOSS类
24         def __init__(self,boss_img_name):
25             super().__init__()
26             # 加载BOSS图片
27             self.image = pygame.image.load('images/'+boss_img_name+'.png').convert_alpha()
28             # 生成BOSS矩形框架
29             self.rect = self.image.get_rect()
30             self.blood = 1000
31             # boss左右移动的速度
32             self.speed = 3.5
33
34         def move(self):         #BOSS移动
35             if self.rect.centerx>=512:
36                 self.speed =-self.speed
37             if self.rect.centerx<=0:
38                 self.speed = -self.speed
39             self.rect.centerx +=self.speed
40
```

图 20-8　雷电战机游戏程序的第 2 部分

第 24 行，定义 BOSS 类的初始化函数，这个函数包括第 25～32 行的所有代码；

第 25 行，初始化 BOSS 类；

第 27 行，从文件夹 images 中加载 BOSS 图片；

第 29 行，生成 BOSS 敌机的矩形框架；

第 30 行,设置 BOSS 敌机的初始生命值为 1000;

第 32 行,设置 BOSS 敌机的移动速度为 3.5;

第 34 行,定义 BOSS 敌机的移动函数 move(),使 BOSS 敌机在顶部水平缓慢移动;

第 35、36 行,如果 BOSS 敌机到达右边界,则将其速度参数 speed 取相反值,即令 BOSS 敌机向左移动;

第 37、38 行,如果 BOSS 敌机到达左边界,则将其速度参数 speed 取相反值,即令 BOSS 敌机向右移动;

第 39 行,根据 BOSS 敌机当前的速度值 speed 在水平方向移动 BOSS 敌机。

雷电战机游戏程序的第 3 部分如图 20-9 所示。

```
41
42  class Enemy(Sprite):        #创建敌机类
43      def __init__(self,screen):
44          # 敌机精灵初始化
45          super().__init__()
46          # 获取屏幕对象
47          self.screen = screen
48          # 生成1-5之间的某个随机整数
49          alien_num = random.randint(1,5)
50          # 随机加载五种敌机中的某一种敌机
51          self.image = pygame.image.load('images/alien_' + str(alien_num) + '.png')
52          # 调整敌机尺寸
53          self.image = pygame.transform.scale(self.image,(64,64))
54          # 获取敌机的矩形区域
55          self.rect = self.image.get_rect()
56          # 击中本机获得的分数
57          self.score = 10
```

图 20-9　雷电战机游戏程序的第 3 部分

第 42 行,创建敌机类,敌机类包括第 44~93 行的所有代码;

第 43 行,定义敌机类的初始化函数,这个函数包括第 44~67 行的所有代码;

第 44、45 行,敌机精灵初始化;

第 46、47 行,获取屏幕对象;

第 48、49 行,生成 1~5 之间的某个随机整数;

第 50、51 行,随机加载 5 种敌机中的某一种敌机;

第 52、53 行,调整敌机尺寸为 64×64 像素;

第 54、55 行,获取敌机的矩形区域,可用于检测是否命中敌机;

第 56、57 行,设置击中敌机时可以获得的分数为 10 分。

雷电战机游戏程序的第 4 部分如图 20-10 所示。

第 58、59 行,加载敌机的子弹图片;

第 60、61 行,调整敌机子弹的尺寸为 16×40 像素;

第 62、63 行,设置敌机的移动速度为 3~5 之间的某个随机整数;

第 64、65 行,生成子弹精灵组合;

第 66、67 行,设置敌机射击频率 shoot_frequency 的初始值为 0;

第 68 行为空行,代表敌机的初始化函数结束;

第 70 行,定义敌机的移动函数 move();

```
58          # 加载子弹的图片
59          self.bullet_img = pygame.image.load("images/alien_bullet.png").convert_alpha()
60          # 以下为可以调节子弹尺寸的代码
61          self.bullet_img = pygame.transform.scale(self.bullet_img, (16, 40))
62          #飞机的移动速度
63          self.speed = random.randint(3,5)
64          #生成子弹精灵组合
65          self.bullets = Group()
66          # 敌机射击频率
67          self.shoot_frequency = 0
68
69      # 敌机出现
70      def move(self):
71          self.rect.top += 5          #设置敌机向下移动速度为5
72
```

图 20-10　雷电战机游戏程序的第 4 部分

第 71 行,设置敌机向下移动,速度为 5;

第 72 行为空行,代表敌机的移动函数 move()结束。

雷电战机游戏程序的第 5 部分如图 20-11 所示。

```
73      # 发射子弹
74      def shoot(self):
75          if self.shoot_frequency % 200 == 0:
76              bullet = Enemy_Bullet(self.bullet_img, self.rect.midbottom)
77              self.bullets.add(bullet)
78          self.shoot_frequency += 1
79          if self.shoot_frequency > 200:
80              self.shoot_frequency = 1
81
82      # 删除子弹
83      def moveBullet(self):
84          for bullet in self.bullets:
85              bullet.move()
86              if bullet.rect.bottom < 0:
87                  self.bullets.remove(bullet)
88
89      # 绘制子弹
90      def drawBullets(self, scr):
91          self.bullets.draw(scr)
92
93
```

图 20-11　雷电战机游戏程序的第 5 部分

第 74 行,定义敌机类的发射子弹函数 shoot(),包括第 75～80 行的所有代码;

第 75～77 行,如果发射子弹的频率值 shoot_frequency 除以 200 的余数为 0,则发射 1 颗子弹;

第 78 行,把发射子弹的频率值 shoot_frequency 加 1;

第 79、80 行,如果发射子弹的频率值 shoot_frequency 大于 200,则把发射子弹的频率值 shoot_frequency 重置为 1;

第 83 行,定义敌机类的移动和删除子弹函数 moveBullet(),包括第 84～87 行的所有代码;

第 84 行,用 for 循环遍历子弹集合中的所有子弹;

第 85 行,令子弹移动;

第 86、87 行,如果子弹到达屏幕底部,则删除子弹;

第 90、91 行,定义绘制子弹函数 drawBullet(),在屏幕上绘制子弹。

雷电战机游戏程序的第 6 部分如图 20-12 所示。

```python
94  class Enemy_Bullet(pygame.sprite.Sprite):        #创建敌机子弹类
95      def __init__(self, init_pos):
96          pygame.sprite.Sprite.__init__(self)
97
98          self.image = pygame.image.load("images/alien_bullet.png").convert_alpha()
99          self.image = pygame.transform.scale(self.image, (16, 40))
100         self.rect = self.image.get_rect()
101         # 敌机子弹初始位置设置
102         self.rect.midbottom = init_pos
103         self.rect.centery +=36
104         self.speed = 30
105
106     def move(self):
107         self.rect.top += self.speed
108
109
```

图 20-12   雷电战机游戏程序的第 6 部分

第 94 行,创建敌机子弹类,这个类包括第 95～109 行的所有代码;

第 95 行,定义敌机子弹类的初始化函数,这个函数包括第 96～104 行;

第 96 行,初始化敌机子弹类;

第 98 行,加载敌机的子弹图片;

第 99 行,把敌机子弹的尺寸调整为 16×40 像素;

第 100 行,获取敌机子弹的矩形区域;

第 102 行,设置敌机子弹的初始位置;

第 103 行,把敌机子弹的矩形区域下移 36;

第 104 行,设置敌机子弹的移动速度 speed 为 30;

第 106、107 行,定义敌机子弹的移动函数 move(),以速度 speed 向下移动。

雷电战机游戏程序的第 7 部分如图 20-13 所示。

```python
110  class MyHero(Sprite):                            #创建我方战机类
111      _rate = 100 # 每帧停留的毫秒数
112      def __init__(self,screen,size = 1):
113          super().__init__()
114          # 获取屏幕对象
115          self.screen = screen
116          # 获取整张图片
117          self.image_big = pygame.image.load('images/hero.png').convert_alpha()
118          # subsurface 形成大图的子表面框架
119          # 获取飞机正面图片
120          self.image = self.image_big.subsurface(pygame.Rect(120, 0, 318 - 240, 87))
121          # 获取飞机正面矩形框架尺寸
122          self.rect = self.image.get_rect()
123          # 获取屏幕对象矩形
124          self.screen_rect = screen.get_rect()
125          # 获取屏幕正中处的x坐标
126          self.rect.centerx = self.screen_rect.centerx
127          # 获取屏幕底部的y坐标
128          self.rect.centery = self.screen_rect.bottom - self.rect.height
```

图 20-13   雷电战机游戏程序的第 7 部分

第 110 行,创建我方战机类,包括第 111~180 行的所有代码;

第 111 行,设置屏幕显示时每帧停留的时间为 100ms;

第 112 行,定义我方战机类的初始化函数,包括第 113~138 行的所有代码;

第 113 行,初始化我方战机类;

第 114、115 行,获取屏幕对象;

第 116、117 行,加载我方战机的 5 种姿态图片,如图 20-5 所示;

第 118~120 行,从以上我方战机的 5 种姿态图片中截取战机的正面图片;

第 121、122 行,获取飞机正面矩形框架尺寸;

第 123、124 行,获取屏幕对象的矩形区域;

第 125、126 行,获取屏幕正中处的 x 坐标;

第 127、128 行,获取屏幕底部的 y 坐标。

雷电战机游戏程序的第 8 部分如图 20-14 所示。

```
129        # 设置飞机初始位置
130        self.centerX = float(self.rect.centerx)
131        self.centerY = float(self.rect.centery)
132        # 飞机尾焰
133        self.air = None
134        # 设置飞机尾焰位置
135        self.air_rect = pygame.Rect(self.centerX - 20,self.centerY+int((self.rect.height+72)/2)-10-36,40,72)
136        #玩家所有发射子弹的集合
137        self.bullets = Group()
138        self.bullet_image = pygame.image.load('images/bullet_1.png').convert_alpha()
139
```

图 20-14　雷电战机游戏程序的第 8 部分

第 129~131 行,设置我方战机的初始位置;

第 132、133 行,设置飞机的尾焰为无;

第 134、135 行,设置飞机尾焰的位置为我方战机的底部;

第 136、137 行,创建我方战机的子弹群组;

第 138 行,加载我方战机发射的子弹图像。

雷电战机游戏程序的第 9 部分如图 20-15 所示。

```
140        # 子弹射击
141        def shoot(self):
142            # 产生一颗子弹实例
143            bullet = Bullet(self.bullet_image,self.rect.midtop)
144            # 在子弹精灵集合中加入子弹
145            self.bullets.add(bullet)
146
147        # 子弹删除
148        def moveBullet(self):
149            # 逐个检查子弹精灵集合 到达屏幕顶端的子弹删除
150            for bullet in self.bullets:
151                bullet.move()
152                if bullet.rect.bottom < 0:
153                    self.bullets.remove(bullet)
154        # 子弹显示
155        def drawBullets(self, scr):
156            # 将精灵集合中的子弹绘制到屏幕上
157            self.bullets.draw(scr)
158
```

图 20-15　雷电战机游戏程序的第 9 部分

第 141 行,定义我方战机的子弹射击函数 shoot(),包括第 142～145 行的所有代码;

第 142、143 行,产生一个子弹实例;

第 144、145 行,在子弹精灵集合中加入子弹;

第 148 行,定义我方战机的子弹移动和删除函数 moveBullet(),包括第 149～153 行的所有代码;

第 150～153 行,逐个检查我方战机发射的子弹,删除到达屏幕顶端的子弹;

第 155～157 行,定义子弹显示函数 drawBullet(),将精灵集合中的子弹绘制到屏幕上。

雷电战机游戏程序的第 10 部分如图 20-16 所示。

```
159        # 向上飞时, 增加喷射火焰
160    def set_air(self, case):
161        if case == 'up':
162            air = pygame.image.load('images/air.png').convert_alpha()
163            img = air.subsurface(pygame.Rect(80, 0, 50, 87))
164            self.air = img
165        elif case == 'remove':
166            self.air = None
167
168        # 根据移动方向获取飞机移动状态的图片
169    def set_image(self, case):
170        if case=='left':                        #如果我方飞机向左移动
171            rect = pygame.Rect(195,0,318-248,87)
172            image = self.image_big.subsurface(rect)
173        elif case =='right':                    #如果我方飞机向右移动
174            rect = pygame.Rect(195,0,318-248,87)
175            image = pygame.transform.flip(self.image_big.subsurface(rect), True, False)
176        elif case == 'up' or case == 'down':    #如果我方飞机向上或向下移动
177            rect = pygame.Rect(120, 0, 318 - 240, 87)
178            image = self.image_big.subsurface(rect)
179        self.image = image
180
```

图 20-16 雷电战机游戏程序的第 10 部分

第 160 行,定义设置尾焰函数 set_air(),包括第 161～166 行的所有代码;

第 161～164 行,如果我方战机的飞行状态为向上飞行,则加载尾焰图片,并且在战机的底部添加尾焰;

第 165、166 行,如果我方战机的飞行状态为其他状态,则删除尾焰;

第 169 行,定义设置飞机图像函数 set_image(),包括第 170～179 行的所有代码;

第 170～172 行,如果我方战机处于向左移动状态,则设置姿态图片 image 为左倾的图片,即图 20-5 中的第 4 张飞机的图片;

第 173～175 行,如果我方战机处于向右移动状态,则设置姿态图片 image 为右倾的图片,即图 20-5 中的第 2 张飞机的图片;

第 176～178 行,如果我方战机处于向上或向下移动状态,则设置姿态图片 image 为正面的图片,即图 20-5 中的第 3 张飞机的图片;

第 179 行,将我方战机设置为姿态图片 image。

雷电战机游戏程序的第 11 部分如图 20-17 所示。

第 181 行,创建子弹类,包括第 182～190 行的所有代码;

第 182 行,定义子弹类的初始化函数,包括第 183～187 行的所有代码;

```
181  class Bullet(pygame.sprite.Sprite):          #创建子弹类
182      def __init__(self, bullet_img, init_pos):
183          pygame.sprite.Sprite.__init__(self)
184          self.image = bullet_img
185          self.rect = bullet_img.get_rect()
186          self.rect.midbottom = init_pos
187          self.speed = 100
188
189      def move(self):
190          self.rect.top -= self.speed
191
```

图 20-17　雷电战机游戏程序的第 11 部分

第 183 行,子弹精灵初始化;

第 184 行,设置子弹精灵图像为子弹图像;

第 185 行,设置子弹精灵区域为子弹区域;

第 186 行,设置子弹精灵区域初始位置的坐标;

第 187 行,设置子弹的速度为 100;

第 189 行,定义子弹的移动函数 move();

第 190 行,子弹以速度 100 向上移动。

雷电战机游戏程序的第 12 部分如图 20-18 所示。

```
192  # --------------------------------------------------
193  #
194  #   初始化pygame
195  #
196  pygame.init()
197  pygame.mixer.init()
198  pygame.mixer_music.load('sounds/enviro.mp3')   # 加载播放音乐
199  pygame.mixer.music.play(-1)                    #-1 为循环播放
200  # 设置游戏主题
201  pygame.display.set_caption('Fighter by zhihao 2022.2')
202  # 初始化屏幕大小
203  screen = pygame.display.set_mode((512,720))
204
205  # 设置游戏背景图片
206  # 游戏刚开始时的背景图
207  bg_img0 = pygame.image.load('images/start_bg.jpg').convert()
208  # 加载游戏开始图标
209  start_img = pygame.image.load('images/start.png').convert_alpha()
210  start_rect = start_img.get_rect()
211  start_rect.centerx = 262
212  start_rect.centery = 455
```

图 20-18　雷电战机游戏程序的第 12 部分

第 192 行以下是游戏的主程序;

第 196 行,初始化 Pygame;

第 197 行,初始化混音器;

第 198 行,从 sounds 文件夹中加载背景音乐文件 enviro. mp3;

第 199 行,循环播放背景音乐;

第 200、201 行,设置游戏窗口的标题;

第 202、203 行,初始化屏幕大小为 512×720 像素;

第 205～207 行,设置游戏刚开始时的背景图片;

第 208、209 行,加载"开始"按钮图片;

第 210 行,获取"开始"按钮的矩形区域;

第 211、212 行,设置"开始"按钮的 x 坐标和 y 坐标。

雷电战机游戏程序的第 13 部分如图 20-19 所示。

```
213    #   游戏进行中的背景图
214    bg_img1 = pygame.image.load('images/map.png').convert()
215    bg_img2 = bg_img1.copy()
216    # 游戏结束时的背景图
217    bg_img3 = pygame.image.load('images/map3.jpg').convert()
218    # 加载游戏结束图标
219    gameover_img = pygame.image.load('images/gameover.png').convert_alpha()
220    # 加载游戏成功图标
221    gamesuccess = pygame.image.load('images/success.png').convert_alpha()
222
223    # 加载重玩按钮图标
224    restart_img = pygame.image.load('images/restart.png').convert_alpha()
225    restart_rect = restart_img.get_rect()
226    restart_rect.centerx = 249
227    restart_rect.centery = 420
228    # 背景图片初始位置
229    pos_y1 = -720
230    pos_y2 = 0
231
```

图 20-19　雷电战机游戏程序的第 13 部分

第 213～215 行,加载游戏中的背景图;

第 216、217 行,加载游戏结束时的背景图;

第 218、219 行,加载游戏结束图标;

第 220、221 行,加载游戏成功图标;

第 223、224 行,加载"重玩"按钮图标;

第 225 行,设置"重玩"按钮的矩形区域;

第 226、227 行,设置"重玩"按钮的矩形区域的 x 坐标和 y 坐标;

第 228～230 行,设置背景图片的初始位置。

雷电战机游戏程序的第 14 部分如图 20-20 所示。

第 232、233 行,调用 Boss() 函数,实例化 BOSS 敌机;

第 234 行,创建 bosses 群组;

第 235 行,向 bosses 群组添加一架 BOSS 敌机;

第 236、237 行,生成我方战机;

第 238～240 行,生成敌方战机;

第 241、242 行,生成敌机子弹;

第 243 行,设置敌机总数的最大值为 12;

第 244、245 行,设置敌机随机出现的节奏参数;

第 246、247 行,设置计时频率变量 sec 的初值为 0;

第 248、249 行,设置得分变量的初值为 0;

第 250、251 行,设置系统字体为 fonts 文件夹中的 msyh. ttf,字号为 24。

```
232    # 实例化BOSS
233    boss = Boss('boss_1')
234    bosses = Group()
235    bosses.add(boss)
236    # 生成我方飞机
237    student_plane = MyHero(screen)
238    # 生成敌方飞机
239    # 生成敌机group
240    enemies = Group()
241    # 生成敌机子弹
242    enemy_bullets = Group()
243    max_enemies = 12        # 设置敌机总数最大值为12
244    # 敌机随机出现的节奏 下方randint参数 为30,40
245    ran1,ran2 = 30,40
246    # 生成计时频率变量
247    sec = 0
248    # 生成分数
249    score = 0
250    # 设置系统字体
251    my_font = pygame.font.Font('fonts/msyh.ttf', 24)
252
```

图 20-20　雷电战机游戏程序的第 14 部分

雷电战机游戏程序的第 15 部分如图 20-21 所示。

```
253    # ------------------------------------------------
254    #
255    #   游戏主循环
256    #
257    # 设置游戏状态为等待
258    game = 'wait'
259
260    while True:
261        # 游戏在等待状态
262        if game =='wait':
263            # 监听键盘鼠标事件
264            for event in pygame.event.get():
265                if event.type == pygame.QUIT:
266                    pygame.quit()
267
268            # 检测鼠标是否单击了"重新开始"按钮
269                if event.type == pygame.MOUSEBUTTONDOWN:
270                    # 检测鼠标点击位置是否与重启rect重叠
271                    if start_rect.collidepoint(event.pos):
272                        student_plane.__init__(screen)
273                        game = 'ing'
```

图 20-21　雷电战机游戏程序的第 15 部分

第 253 行以下都是游戏主循环的代码；

第 253～257 行都是注释语句；

第 258 行，设置游戏状态为等待；

第 260 行，创建一个永不停止的主循环；

第 261、262 行，如果游戏状态为等待，则执行第 263～279 行的所有代码；

第 263～266 行，监听键盘鼠标事件，如果按下了"关闭"按钮，则退出程序；

第 268～273 行，监听鼠标事件，如果用鼠标单击了"开始"按钮，则我方战机初始化，并把游戏状态设置为"进行中"。

雷电战机游戏程序的第 16 部分如图 20-22 所示。

```
274         #  游戏结束游戏画面暂停
275         screen.blit(bg_img0, (0, 0))
276         screen.blit(start_img, start_rect)
277         #  刷新屏幕
278         pygame.display.flip()
279         time.sleep(0.05)
280
281     #  游戏进行状态
282     elif game == 'ing':
283         #  屏幕滚动
284         screen.blit(bg_img1, (0, pos_y1))
285         screen.blit(bg_img2, (0, pos_y2))
286         pos_y1 += 1
287         pos_y2 += 1
288         #  屏幕背景滚动完毕后重置位置
289         if pos_y1 >= 0:
290             pos_y1 = -720
291         if pos_y2 >= 720:
292             pos_y2 = 0
293
```

图 20-22 雷电战机游戏程序的第 16 部分

第 274、275 行,游戏结束时游戏画面暂停;

第 276 行,显示"开始游戏"按钮;

第 277、278 行,刷新屏幕;

第 279 行,延时 0.05s;

第 282 行,如果当前游戏状态为"进行中",则执行第 283~429 行的所有代码;

第 283~287 行,屏幕的背景图片缓慢向下滚动,模拟我方战机向上飞翔的情景;

第 288~292 行,当背景图片向下滚动完毕后,重置背景图片的位置,继续滚动。

雷电战机游戏程序的第 17 部分如图 20-23 所示。

```
294     for event in pygame.event.get():
295         if event.type == pygame.QUIT:
296             pygame.quit()
297         #  监听键盘事件
298         #  按键弹起删除飞机向上尾焰 矫正飞机姿态
299         if event.type == pygame.KEYUP:
300             student_plane.set_image('down')
301             student_plane.air = None
302         #  发射子弹
303         if event.type == pygame.KEYDOWN:
304             #  如果按下空格键并且子弹集合的数量小于子弹最大数量6,则发射子弹
305             if event.key == pygame.K_SPACE and len(student_plane.bullets) <6:
306                 fire_sound1()        #播放开火音效
307                 #  产生一颗子弹实例
308                 #  在group子弹精灵集合中加入子弹
309                 student_plane.shoot()
310     #  将精灵集合中的子弹绘制到屏幕上
311     student_plane.drawBullets(screen)
312     #  逐个检查子弹精灵集合删除到达屏幕顶端的子弹
313     student_plane.moveBullet()
314
```

图 20-23 雷电战机游戏程序的第 17 部分

第 294～296 行,监听鼠标事件,如果单击了"关闭"按钮则退出程序;

第 297～301 行,监听键盘弹起事件。如果弹起了↑键,则关闭我方战机的尾焰;

第 302～309 行,监听键盘按下事件。如果按下了 Space 键,并且我方已经发射的子弹总数小于 6,则令我方战机发射子弹,并播放开火音效;

第 310、311 行,将精灵集合中的子弹绘制到屏幕上;

第 312、313 行,逐个检查子弹精灵集合中的子弹,如果到达屏幕顶端则删除子弹。

雷电战机游戏程序的第 18 部分如图 20-24 所示。

```
315         keys = pygame.key.get_pressed()
316         if keys[pygame.K_a] or keys[pygame.K_LEFT]:        # 左移
317             # 设置飞机状态图片
318             student_plane.set_image('left')
319             if student_plane.rect.centerx>=40:
320                 student_plane.rect.centerx -=8.5
321
322         elif keys[pygame.K_d] or keys[pygame.K_RIGHT]:       # 右移
323             # 设置飞机状态图片
324             student_plane.set_image('right')
325             if student_plane.rect.centerx <= 478:
326                 student_plane.rect.centerx +=8.5
327
328         elif keys[pygame.K_w] or keys[pygame.K_UP]:         # 上移
329             #设置飞机状态图片
330             student_plane.set_image('up')
331             student_plane.set_air('up')
332
333             if student_plane.rect.centery >= 45:
334                 student_plane.rect.centery -=8.5
335
```

图 20-24　雷电战机游戏程序的第 18 部分

第 315 行,把当前按键的值保存至字符串变量 keys 中;

第 316～320 行,如果按下了 A 键或←键,则显示我方战机左倾的图片,并且令我方战机以 8.5 的速度向左移动;

第 322～326 行,如果按下了 D 键或→键,则显示我方战机右倾的图片,并且令我方战机以 8.5 的速度向右移动;

第 328～334 行,如果按下了 W 键或↑键,则显示我方战机正面的图片和尾焰,并且令我方战机以 8.5 的速度向上移动。

雷电战机游戏程序的第 19 部分如图 20-25 所示。

```
336         elif keys[pygame.K_s] or keys[pygame.K_DOWN]:       # 下移
337             # 设置飞机状态图片
338             student_plane.set_image('down')
339             if student_plane.rect.centery <= 727:
340                 student_plane.rect.centery +=8.5
341
342     # 显示飞机及火焰
343     screen.blit(student_plane.image,student_plane.rect)
344     if student_plane.air != None:
345         screen.blit(student_plane.air, (student_plane.rect.centerx-30, student_plane.rect.centery+33))
346
```

图 20-25　雷电战机游戏程序的第 19 部分

第 336～340 行,如果按下了 S 键或↓键,则显示我方战机正面的图片和尾焰,并且令我方战机以 8.5 的速度向下移动;

第 342、343 行,显示我方战机;

第 344、345 行,如果我方战机的尾焰不为空,则显示尾焰。

雷电战机游戏程序的第 20 部分如图 20-26 所示。

```
347          # 敌机 --------------------------------------------------
348
349          # 敌机移动
350          # 控制时间节奏 sec 变量
351          sec +=1
352          #随机控制生成敌机的节奏
353          rhy = random.randint(ran1,ran2)
354          # 敌机最多数量
355
356          if sec%rhy ==0 and len(enemies) < max_enemies or sec ==1:  # 设置敌机数量总数为9
357              # 生成一架敌机
358              enemy = Enemy(screen)
359              enemy.rect.centerx=random.randint(0,512)
360              # 生成上述敌机的子弹
361              enemy_bullet = Enemy_Bullet((enemy.rect.centerx,enemy.rect.centery))
362              # 敌机group 和 敌机子弹group加载敌机和子弹
363              fire_sound2()
364              enemies.add(enemy)
365              enemy_bullets.add(enemy_bullet)
366          # 敌机出现 和 敌机子弹出现
367          enemies.draw(screen)
368          enemy_bullets.draw(screen)
```

图 20-26　雷电战机游戏程序的第 20 部分

第 347 行以下是涉及敌机的代码;

第 351 行,把控制时间节奏变量 sec 加 1;

第 352、353 行,用位于 ran1 与 ran2 之间的随机数 rhy 控制生成敌机的节奏;

第 356～365 行,如果变量 sec 能被随机数 rhy 整除并且敌机总数少于 12,则生成一架敌机。敌机随机出现在顶部某个位置,发射子弹,并且播放开火音效;

第 367 行,在屏幕上绘制敌机;

第 368 行,在屏幕上绘制敌机发射的子弹。

雷电战机游戏程序的第 21 部分如图 20-27 所示。

第 369、370 行,用 for 循环遍历所有敌机;

第 371、372 行,让每架敌机移动起来;

第 373～378 行,如果敌机撞到我方战机,则游戏失败,删除敌机,并且把代表游戏状态的变量 game 的值设置为 over;

第 379、380 行,如果敌机到达屏幕的底部,则删除敌机;

第 381 行,用 for 循环遍历敌方的所有子弹;

第 382、383 行,让敌方的每颗子弹移动起来;

第 384～388 行,如果敌方的子弹击中我方战机,则游戏失败,删除子弹,并且把代表游戏状态的变量 game 的值设置为 over;

第 389～391 行,如果敌方的子弹到达屏幕的底部,则删除子弹。

雷电战机游戏程序的第 22 部分如图 20-28 所示。

```
369        # 迭代敌机集合
370        for enemy in enemies:
371            # 让每个对象移动起来
372            enemy.move()
373            # 如果敌机撞到我方战机，则删除敌机，并且把变量game的值设置为over
374            collision_over1 = pygame.sprite.collide_rect(student_plane, enemy)
375            if collision_over1:
376                # 为了重启游戏时 防止有旧子弹和飞机存在
377                enemies.remove(enemy)
378                game = 'over'
379            if enemy.rect.bottom >720:
380                enemies.remove(enemy)
381        for enemy_bullet in enemy_bullets:
382            # 让每个对象移动起来
383            enemy_bullet.move()
384            collision_over2 = pygame.sprite.collide_rect(student_plane, enemy_bullet)
385            if collision_over2:
386                # 为了重启游戏时 防止有旧子弹和飞机存在
387                enemy_bullets.remove(enemy_bullet)
388                game = 'over'
389            # 敌机子弹超出屏幕边界后 自动删除敌机
390            if enemy_bullet.rect.bottom >720:
391                enemy_bullets.remove(enemy_bullet)
392
```

图 20-27　雷电战机游戏程序的第 21 部分

```
393        # --------------------------- Boss ---------------------------
394        if score >=150:              #当得分大于或等于150分时，出现BOSS敌机
395            # 小敌机出现的节奏
396            ran1,ran2 = 15,25
397            max_enemies = 18
398            screen.blit(boss.image,boss.rect)
399            boss.move()
400            for my_bullet in student_plane.bullets:
401                hit_boss = pygame.sprite.collide_rect(boss,my_bullet)
402                if hit_boss:         #如果命中BOSS，BOSS生命值减1
403                    boss.blood -=1
404                    score+=1
405                if boss.blood <=0:
406                    game = 'success'
407
408        # --------------------------- 碰撞检测 ---------------------------
409        #
410        collisions = pygame.sprite.groupcollide(student_plane.bullets, enemies, True, True)
411        if collisions:
412            score+=10                # 如果击中敌机，得分加10分
413
```

图 20-28　雷电战机游戏程序的第 22 部分

第 393 行为注释语句，从这一行开始，是涉及 BOSS 敌机的代码；

第 394 行，当玩家得分大于或等于 150 分时，出现 BOSS 敌机；

第 396 行，设置小敌机出现的节奏的两个参数为 15 和 25；

第 397 行，设置小敌机总数的最大值为 18，即出现更多的小敌机，以加大游戏的难度；

第 398 行，显示 BOSS 敌机；

第 399 行，让 BOSS 敌机移动；

第 400 行，用 for 循环遍历我方的子弹；

第 401～404 行，如果我方子弹击中 BOSS 敌机，则 BOSS 敌机的生命值减 1，并且游戏得分加 1 分；

第 405、406 行,如果 BOSS 敌机的生命值小于 0,则游戏胜利,把代表游戏状态的变量 game 的值设置为 success(成功);

第 410～412 行,如果我方子弹击中敌机,则令得分加 10 分。

雷电战机游戏程序的第 23 部分如图 20-29 所示。

```
414         # ------------------------- 显示得分和BOSS敌机的生命值 -------------------------------
415         # 显示分数
416         surface1 = my_font.render(u"当前得分: %s"%(score),True,[255,0,0])
417         # 显示BOSS敌机的生命值
418         surface2 = my_font.render(u"BOSS生命值: %s"%(boss.blood),True,[255,0,0])
419         screen.blit(surface1,[20,20])
420         screen.blit(surface2,[300,20])
421         # 更新画面
422         pygame.display.flip()
423         # 设置帧数和延迟
424         time.sleep(0.05)
425
```

图 20-29　雷电战机游戏程序的第 23 部分

第 415、416 行,计算游戏得分;

第 417、418 行,计算 BOSS 敌机的生命值;

第 419 行,将游戏得分定位到坐标(20,20)处;

第 420 行,将 BOSS 敌机的生命值定位到坐标(300,20)处;

第 421、422 行,更新画面,即在屏幕上显示游戏得分和 BOSS 敌机的生命值;

第 423、424 行,延时 0.05s。

雷电战机游戏程序的第 24 部分如图 20-30 所示。

```
426         #游戏结束状态
427         elif game == 'over':
428             score = 0
429             boss.blood = 1000
430             # 是否关闭窗口事件
431             for event in pygame.event.get():
432                 if event.type == pygame.QUIT:
433                     pygame.quit()
434             # 检测鼠标是否单击了 "重新开始" 按钮
435                 if event.type == pygame.MOUSEBUTTONDOWN:
436                     # 检测鼠标点击位置是否与重启rect重叠
437                     if restart_rect.collidepoint(event.pos):
438                         student_plane.__init__(screen)
439                         game = 'ing'
440             # 显示GAMEOVER和重玩按钮
441             screen.blit(bg_img1, (0, pos_y1))
442             screen.blit(bg_img2, (0, pos_y2))
443             screen.blit(gameover_img, (163, 310))
444             screen.blit(restart_img, restart_rect)
445             # 游戏结束, 游戏画面暂停
446             pos_y1 += 0
447             pos_y2 += 0
448             pygame.display.flip()
449             time.sleep(0.05)
450
```

图 20-30　雷电战机游戏程序的第 24 部分

第 426 行为注释语句,从这一行开始,是涉及游戏失败的代码;

第 427 行,如果游戏进入失败(over)状态,则执行第 428~449 行的所有代码;

第 428 行,把得分变量 score 设置为 0,即把得分清零;

第 429 行,把 BOSS 敌机的生命值重置为 1000,为下一轮游戏做准备;

第 430~433 行,如果单击了窗口的"关闭"按钮,则结束程序;

第 434~439 行,如果单击了"重新开始"按钮,则初始化我方战机,并且把游戏状态标志变量设置为进行中(ing);

第 441、442 行,重新显示背景图片;

第 443 行,显示"game over";

第 444 行,显示"重新开始"按钮;

第 445~447 行,暂停移动背景图片;

第 448 行,刷新屏幕;

第 449 行,延时 0.05s。

雷电战机游戏程序的第 25 部分如图 20-31 所示。

```
451      elif game == 'success':          #如果游戏胜利
452          score = 0
453          boss.blood = 1000
454          # 检测键盘和鼠标事件
455          for event in pygame.event.get():
456              if event.type == pygame.QUIT:
457                  pygame.quit()
458          # 检测鼠标是否按下 重新开始按钮
459              if event.type == pygame.MOUSEBUTTONDOWN:
460                  # 检测鼠标点击位置是否与重启rect重叠
461                  if restart_rect.collidepoint(event.pos):
462                      student_plane.__init__(screen)
463                      game = 'ing'
464          # 游戏胜利画面暂停
465          screen.blit(bg_img1, (0, pos_y1))
466          screen.blit(bg_img2, (0, pos_y2))
467          pos_y1 += 0
468          pos_y2 += 0
469          screen.blit(gamesuccess, (170, 220))
470          screen.blit(restart_img, restart_rect)
471          pygame.display.flip()
472          time.sleep(0.05)
473
```

图 20-31　雷电战机游戏程序的第 25 部分

第 451 行,如果游戏获得胜利,则执行第 452~472 行的所有代码;

第 452 行,把得分变量 score 设置为 0,即把得分清零;

第 453 行,把 BOSS 敌机的生命值重置为 1000,为下一轮游戏做准备;

第 454~457 行,如果单击了窗口的"关闭"按钮,则结束程序;

第 458~463 行,如果单击了"重新开始"按钮,则初始化我方战机,并且把游戏状态标志变量设置为进行中(ing);

第 465~468 行,背景图片暂停移动;

第 469 行,显示游戏成功标志;

第 470 行,显示"重新开始"按钮;

第 471 行,刷新屏幕;

第 472 行,延时 0.05s;

第 473 行,跳回第 260 行,重复执行主循环。

亲爱的读者,到这里为止,雷电战机游戏程序剖析完成。

20.4 小结与练习

本章详细地剖析了雷电战机游戏程序的工作原理。请根据你对程序的理解作出如下改动:

(1)修改这个游戏的背景图片和背景音乐;

(2)修改发射子弹的音效;

(3)修改游戏的得分规则:每次命中敌机可得 20 分,每次命中 BOSS 敌机得 50 分;

(4)修改 BOSS 敌机的图像;

(5)设置我方战机的生命值为 3,即我方共有 3 架战机。当我方 3 架战机全部被击中时,游戏失败。

设计推箱子游戏

21.1 推箱子游戏的玩法

推箱子是一款源自日本的智力游戏。在一个狭小的仓库中有若干个箱子,要求玩家把所有箱子都推到指定的目的地,但是玩家在移动箱子的过程中只能推箱子,不能拉箱子。稍有不慎,就会出现箱子无法移动或者通道被堵住的情况。玩家需要巧妙地利用有限的空间和通道推动箱子,并合理地安排推动的次序和位置,才能顺利地完成任务。按下 Space 键可以重新开始游戏。

21.2 推箱子游戏的设计思路

推箱子游戏的设计思路如图 21-1 所示。

21.3 推箱子游戏程序的详细设计步骤

推箱子游戏的工作界面如图 21-2 所示。

推箱子游戏程序的图片素材共有 7 种,都放在文件夹 box_images 中,包括墙壁、工人、箱子、通道、目的地、工人在目的地、箱子在目的地等图片,分别命名为 Wall. gif、Worker. png、Box. gif、Passageway. gif、Destination. png、WorkerInDest. png 和 RedBox. png,如图 21-3 所示。

推箱子游戏程序用 Tkinter 库来实现。整个程序比较长,以下分多个部分来详细说明。

推箱子游戏程序的第 1 部分如图 21-4 所示。

第 1 行,导入 Tkinter 库;

第 2 行,导入 Tkinter 库的消息框模块;

第 3 行,导入复制库;

第 4 行,创建 Tkinter 库的窗口;

第 5 行,定义窗口的标题为"推箱子";

第 7 行,加载墙壁的图片;

第 8 行,加载工人的图片;

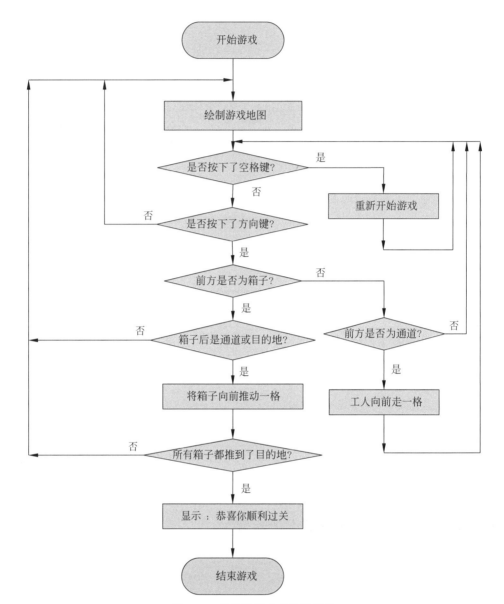

图 21-1　推箱子游戏的设计思路

图 21-2　推箱子游戏的工作界面

图 21-3　推箱子游戏程序的图片素材

```
1   from tkinter import *
2   from tkinter.messagebox import *
3   import copy
4   root = Tk()
5   root.title(" 推箱子 ")
6
7   imgs= [PhotoImage(file='box_images\\Wall.gif'),
8          PhotoImage(file='box_images\\Worker.png'),
9          PhotoImage(file='box_images\\Box.gif'),
10         PhotoImage(file='box_images\\Passageway.gif'),
11         PhotoImage(file='box_images\\Destination.png'),
12         PhotoImage(file='box_images\\WorkerInDest.png'),
13         PhotoImage(file='box_images\\RedBox.png') ]
14
```

图 21-4　推箱子游戏程序的第 1 部分

第 9 行,加载箱子的图片;

第 10 行,加载通道的图片;

第 11 行,加载目的地的图片;

第 12 行,加载工人位于目的地的图片;

第 13 行,加载箱子位于目的地的图片。

推箱子游戏程序的第 2 部分如图 21-5 所示。

```
15   Wall = 0          # 0代表墙壁
16   Worker = 1        # 1代表工人
17   Box = 2           # 2代表箱子
18   Passageway = 3    # 3代表通道
19   Destination = 4   # 4代表目的地
20   WorkerInDest = 5  # 5代表工人位于目的地
21   RedBox = 6        # 6代表箱子位于目的地
22
23   # 游戏地图
24   myArray1 = [[0,0,0,3,0,0,0,0,0],
25               [0,0,3,3,0,0,0,3,3],
26               [0,3,2,3,3,3,3,3,3],
27               [3,3,3,1,2,3,0,3,3],
28               [0,0,3,2,0,0,0,3,3],
29               [0,0,3,3,0,4,4,3,3],
30               [0,0,3,0,0,4,0,3,0],
31               [0,3,3,3,3,3,0,0],
32               [0,3,3,3,3,3,0,0,0]]
33
34
```

图 21-5　推箱子游戏程序的第 2 部分

第 15 行,定义 0 代表墙壁,对应的变量为 Wall;

第 16 行,定义 1 代表工人,对应的变量为 Worker;

第 17 行,定义 2 代表箱子,对应的变量为 Box;

第 18 行,定义 3 代表通道,对应的变量为 Passageway;

第 19 行,定义 4 代表目的地,对应的变量为 Destination;

第 20 行,定义 5 代表工人位于目的地,对应的变量为 WorkerInDest;

第 21 行,定义 6 代表箱子位于目的地,对应的变量为 RedBox;

第 23～32 行,定义游戏地图。整个游戏在一个 9×9 的区域中进行,使用二维数组列表 myArray1 存储。

推箱子游戏的地图如图 21-6 所示,地图中的所有元素与图 21-2 的元素逐一对应。

0	0	0	3	0	0	0	0	0
0	0	3	3	0	0	0	3	3
0	3	2	3	3	3	3	3	3
3	3	3	1	2	3	0	3	3
0	0	3	2	0	0	0	3	3
0	0	3	3	0	4	4	3	3
0	0	3	0	0	4	0	3	0
0	3	3	3	3	3	3	0	0
0	3	3	3	3	3	0	0	0

图 21-6　推箱子游戏的地图

推箱子游戏程序的第 3 部分如图 21-7 所示。

```
35      #绘制整个游戏区域图形
36      def drawGameImage( ):
37          global x,y
38
39          for i in range(0,9) :        #0--8
40              for j in range(0,9) :    #0--8
41                  if myArray[i][j] == Worker :
42                      x=i                  #工人当前位置(x,y)
43                      y=j
44                      print("工人当前位置:",x,y)
45                  img1= imgs[myArray[i][j]]
46                  cv.create_image((i*32+20,j*32+20),image=img1)
47                  cv.pack()
48
```

图 21-7　推箱子游戏程序的第 3 部分

第 35 行是注释语句;

第 36 行,创建绘制整个游戏区域图形的函数 drawGameImage(),这个函数包括第 37～48 行的所有代码;

第 37 行,定义全局变量 x 和 y;

第 39 行,用 for 循环遍历二维数组 myArray() 的每一行;

第 40 行,用 for 循环遍历二维数组 myArray() 某一行中的每一列;

第 41～44 行,如果工人位于第 i 行第 j 列,则显示"工人当前位置:"和坐标;

第 45、46 行,在画布 cv 上生成第 i 行第 j 列位置对应的图像;

第 47 行,更新画布。

推箱子游戏程序的第 4 部分如图 21-8 所示。

第 49 行,创建按键处理函数 callback(),这个函数包括第 50～86 行的所有代码;

第 50 行,定义 x、y 和 myArray 为全局变量;

```
49   def callback(event) :      #按键处理函数
50       global x,y,myArray
51       print ("按下键: ", event.char)
52       KeyCode = event.keysym
53       #工人当前位置(x,y)，而(x1,y1)、(x2,y2)分别代表工人移动前方的两个方格的坐标
54       if KeyCode=="Up":      #如果按了向上键
55       #工人向上推进一步
56           x1 = x;
57           y1 = y - 1;
58           x2 = x;
59           y2 = y - 2;
60           #将所有位置输入以判断并作地图更新
61           MoveTo(x1, y1, x2, y2);
62       #工人向下推进一步
63       elif KeyCode=="Down":    #如果按了向下键
64           x1 = x;
65           y1 = y + 1;
66           x2 = x;
67           y2 = y + 2;
68           MoveTo(x1, y1, x2, y2);
```

图 21-8　推箱子游戏程序的第 4 部分

第 51 行,屏幕显示按下了某个键;

第 52 行,获取当前按键编码;

第 53 行为注释语句,说明工人当前位置坐标为(x,y),而(x1,y1)(x2,y2)分别代表工人移动前方的两个方格的坐标;

第 54～61 行,如果玩家按了↑键,则把变量 x 赋值给 x1,把变量 y－1 赋值给 y1,把变量 x 赋值给 x2,把变量 y－2 赋值给 y2,并且调用 MoveTo()函数,即实现工人向上推进一步;

第 62～68 行,如果玩家按了↓键,则把变量 x 赋值给 x1,把变量 y＋1 赋值给 y1,把变量 x 赋值给 x2,把变量 y＋2 赋值给 y2,并且调用 MoveTo()函数,即实现工人向下推进一步。

推箱子游戏程序的第 5 部分如图 21-9 所示。

```
69       #工人向推前进一步
70       elif KeyCode=="Left":    #如果按了向左键
71           x1 = x - 1;
72           y1 = y;
73           x2 = x - 2;
74           y2 = y;
75           MoveTo(x1, y1, x2, y2);
76       #工人向右推进一步
77       elif KeyCode=="Right":    #如果按了向右键
78           x1 = x + 1;
79           y1 = y;
80           x2 = x + 2;
81           y2 = y;
82           MoveTo(x1, y1, x2, y2);
83       elif KeyCode=="space":    #如果按了空格键
84           print ("按下键: 空格", event.char)
85           myArray=copy.deepcopy(myArray1)    #恢复原始地图
86           drawGameImage( )
87
```

图 21-9　推箱子游戏程序的第 5 部分

第69~75行,如果玩家按了←键,则把变量 x−1 赋值给 x1,把变量 y 赋值给 y1,把变量 x−2 赋值给 x2,把变量 y 赋值给 y2,并且调用 MoveTo()函数,即实现工人向左推进一步;

第76~82行,如果玩家按了→键,则把变量 x+1 赋值给 x1,把变量 y 赋值给 y1,把变量 x+2 赋值给 x2,把变量 y 赋值给 y2,并且调用 MoveTo()函数,即实现工人向右推进一步;

第83~86行,如果玩家按下了 Space 键,则显示按下了空格,调用深复制函数恢复原始地图,并且调用第 36 行的函数 drawGameImage(),重新绘制整个游戏区域图形。

推箱子游戏程序的第 6 部分如图 21-10 所示。

```
88    #判断是否在游戏区域
89    def IsInGameArea(row, col) :
90        return (row >= 0 and row < 9 and col >= 0 and col < 9)
91
92    def MoveTo(x1, y1, x2, y2) :          #定义移动工人和箱子的函数
93        global x,y
94        P1=None
95        P2=None
96        if IsInGameArea(x1, y1) :          #判断是否在游戏区域
97            P1=myArray[x1][y1];
98        if IsInGameArea(x2, y2) :
99            P2 = myArray[x2][y2]
100       if P1 ==  Passageway :            #如果P1处为通道
101           MoveMan(x,y);
102           x = x1; y = y1;
103           myArray[x1][y1] =  Worker;
104       if P1 ==  Destination :           #如果P1处为目的地
105           MoveMan(x, y);
106           x = x1; y = y1;
107           myArray[x1][y1] =  WorkerInDest;
```

图 21-10　推箱子游戏程序的第 6 部分

第88~90行,定义判断角色是否在游戏区域内的函数 IsInGameArea()。如果在游戏区域内则返回 True(真),否则返回 False(假);

第92行,定义移动到函数 MoveTo(),这个函数包括第 93~136 行的所有代码。这个函数需要四个参数,即 x1、y1、x2、y2;

第93行,设置 x、y 为全局变量;

第94、95行,设置坐标变量 P1 和 P2 的初值为空;

第96、97行,如果(x1,y1)在游戏区域内,则把地图(x1,y1)处的元素赋值给 P1;

第98、99行,如果(x2,y2)在游戏区域内,则把地图(x2,y2)处的元素赋值给 P2;

第100~103行,如果 P1 处为通道,则工人前进到此处,把 x1 赋值给 x,把 y1 赋值给 y,并把地图(x1,y1)的元素设置为工人;

第104~107行,如果 P1 处为目的地,则工人前进到此处,把 x1 赋值给 x,把 y1 赋值给 y,并把地图(x1,y1)的元素设置为工人在目的地。

推箱子游戏程序的第 7 部分如图 21-11 所示。

第108、109行,如果 P1 处为墙壁或出界,则不能移动箱子,直接返回;

第110~112行,如果 P1 为箱子,且 P2 处为墙壁或出界,则不能移动箱子,直接返回;

```
108        if P1 == _Wall or _not IsInGameArea(x1, y1) :  #如果P1处为墙壁或出界
109            return;
110        if P1 == _Box :                                  #如果P1处为箱子
111            if P2 == _Wall or _not IsInGameArea(x1, y1) or P2 == _Box :  #如果P2处为墙或出界
112                return;
113        if P1 == _Box and P2 == _Passageway :           #如果P1处为箱子,P2处为通道
114            MoveMan(x, y);
115            x = x1; y = y1;
116            myArray[x2][y2]= Box;
117            myArray[x1][y1] = _Worker;
118        if P1 == _Box and P2 == _Destination :          #如果P1处为箱子,P2处为目的地
119            MoveMan(x, y);
120            x = x1; y = y1;
121            myArray[x2][y2]= RedBox;
122            myArray[x1][y1] = _Worker;
123        if P1 == _RedBox and P2 == _Passageway :        #如果P1处为放到目的地的箱子,P2处为通道
124            MoveMan(x, y);
125            x = x1; y = y1;
126            myArray[x2][y2] = _Box;
127            myArray[x1][y1] = _WorkerInDest;
```

图 21-11　推箱子游戏程序的第 7 部分

第 113～117 行,如果 P1 为箱子,且 P2 处为通道,则可以正常移动,即工人前进一步,并把箱子向前推一步。把 x1 赋值给 x,把 y1 赋值给 y,把地图(x2,y2)处设置为箱子,并且把地图(x1,y1)处设置为工人;

第 118～122 行,如果 P1 为箱子,且 P2 处为目的地,则可以正常移动,即工人前进一步,并把箱子向前推一步。把 x1 赋值给 x,把 y1 赋值给 y,把地图(x2,y2)处设置为箱子在目的地(红色箱子),并且把地图(x1,y1)处设置为工人;

第 123～127 行,如果 P1 为红色箱子,且 P2 处为通道,则可以正常移动,即工人前进一步,并把箱子向前推一步。把 x1 赋值给 x,把 y1 赋值给 y,把地图(x2,y2)处设置为箱子,并且把地图(x1,y1)处设置为工人在目的地。

推箱子游戏程序的第 8 部分如图 21-12 所示。

```
128        if P1 == _RedBox and P2 == _Destination :       #P1处为放到目的地的箱子,P2处为目的地
129            MoveMan(x, y);
130            x = x1; y = y1;
131            myArray[x2][y2] = _RedBox;
132            myArray[x1][y1] = _WorkerInDest;
133        drawGameImage()
134        #这里要验证游戏是否过关
135        if IsFinish() :
136            showinfo(title="提示",message=" 恭喜你顺利过关" )
137
138 def MoveMan(x, y) :
139        if myArray[x][y] == Worker :
140            myArray[x][y] = Passageway;
141        elif myArray[x][y] == WorkerInDest :
142            myArray[x][y] = Destination;
143
```

图 21-12　推箱子游戏程序的第 8 部分

第 128～132 行,如果 P1 为红色箱子,且 P2 处为目的地,则可以正常移动,即工人前进一步,并把箱子向前推一步。把 x1 赋值给 x,把 y1 赋值给 y,把地图(x2,y2)处设置为红色

箱子,并且把地图(x1,y1)处设置为工人在目的地;

第 133 行,调用第 36 行的绘制整个游戏区域图形的函数 drawGameImage();

第 134～136 行,调用 IsFinish()函数,检查是否所有箱子都已经推到了目的地,如果是,则显示"恭喜你顺利过关";

第 137 行是空行;

第 138～142 行,定义移动工人函数 MoveMan()。如果地图(x,y)处为工人,则把此处设置为通道;如果地图(x,y)处为工人的目的地,则把此处设置为目的地;

第 143 行是空行。

推箱子游戏程序的第 9 部分如图 21-13 所示。

```
144  def IsFinish( ):          #验证是否过关
145      bFinish = True;
146      for i in range(0,9) :#0--9
147          for j in range(0,9) :#0--9
148              if (myArray[i][j] == Destination
149                  or myArray[i][j] == WorkerInDest) :
150                  bFinish = False;
151      return bFinish;
152
153  def drawQiPan( ):          #画棋盘
154      for i in range(0,15) :
155          cv.create_line(20,20+40*i,580,20+40*i,width=2)
156      for i in range(0,15) :
157          cv.create_line(20+40*i,20,20+40*i,580,width=2)
158      cv.pack()
159
```

图 21-13　推箱子游戏程序的第 9 部分

第 144 行,定义验证是否过关的函数 IsFinish(),这个函数包括第 145～151 行的所有代码;

第 145 行,设置游戏完成标志变量 bFinish 的值为 True(真);

第 146 行,用 for 循环遍历每一行;

第 147 行,用 for 循环遍历当前行的每一列;

第 148～150 行,如果第 i 行第 j 列处的元素为目的地或工人在目的地,即游戏未完成,把游戏完成标志变量 bFinish 的值设为 False;

第 151 行,验证是否过关函数返回的标志变量 bFinish 的值;

第 153～158 行,定义画棋盘函数 drawQiPan(),在屏幕上画出 9×9 的游戏棋盘,并刷新画布。

推箱子游戏程序的第 10 部分如图 21-14 所示。

第 160～164 行,定义输出地图函数 print_map(),用两个 for 循环遍历并输出地图中的每一个元素;

第 166 行以下是推箱子游戏的主程序,创建画布,画布窗口大小是 292×292,背景为绿色;

第 167 行,绘制棋盘(已经取消);

第 168 行,深复制地图,为重新开始游戏做准备;

第 169 行,调用第 36 行的函数,绘制整个游戏区域的图形;

```
160    def print_map( ) :#输出map地图
161        for i in range(0,9) :      #0--9
162            for j in range(0,9) :  #0--9
163                print (map[i][j],end=' ')
164            print ('w')
165
166    cv = Canvas(root, bg = 'green', width = 292, height = 292)
167    #drawQiPan( )
168    myArray=copy.deepcopy(myArray1)
169    drawGameImage()
170    cv.bind("<KeyPress>", callback)
171    cv.pack()
172    cv.focus_set()        #将焦点设置到cv上
173    root.mainloop()
174
```

图 21-14　推箱子游戏程序的第 10 部分

第 170 行,绑定键盘事件,当按下某个键时调用第 49 行的响应函数 callback();

第 171 行,刷新画布;

第 172 行,将焦点设置到画布上;

第 173 行,进入游戏程序的主循环。

亲爱的读者,到这里为止,推箱子游戏程序剖析完成。

21.4　小结与练习

本章详细地剖析了推箱子游戏程序的工作原理,请根据你对程序的理解作出如下改动:

(1) 为推箱子游戏增加背景音乐;

(2) 修改推箱子游戏的地图。

第 22 章

设计人机对战黑白棋游戏

22.1 人机对战黑白棋游戏的玩法

黑白棋又称为翻转棋、反棋，游戏的画面如图 22-1 所示，在棋盘上有 64 个可以放置黑白棋子的方格。游戏的目标是使棋盘上己方的棋子数超过对手的棋子数。

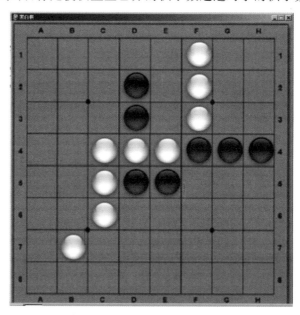

图 22-1　黑白棋游戏的画面

游戏开始时，棋盘上已经居中放好了四颗棋子。其中两颗是黑棋，另外两颗是白棋。当玩家的棋子在某一直线方向的首尾都包围了对手的棋子时，就可以翻转这些棋子的颜色，使它们成为玩家方的颜色。所有水平、垂直和对角方向的直线都可以包围对手的棋子。

走棋的规则是只能走包围并翻转对手的棋子的位置。每一回合都必须至少翻转一颗对手的棋子。如果玩家在棋盘上没有地方可以下子，则对手可以连下。双方都没有棋子可以下时，棋局结束。以棋子数目来计算胜负，棋子多的一方获胜。

在棋盘还没有下满时，如果一方的棋子已经被对方吃光，则棋局结束。将对手棋子吃光的一方获胜。

22.2 人机对战黑白棋游戏的设计思路

黑白棋游戏程序需要准备一张棋盘图片 chess_board.png 作为素材，如图 22-2 所示。

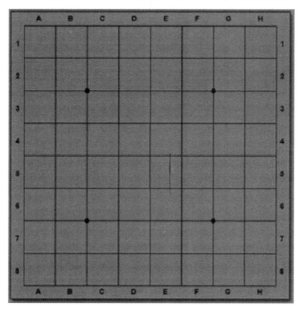

图 22-2 黑白棋游戏的棋盘

另外，我们还需要准备黑色棋子的图片 black.png 和白色棋子的图片 white.png，如图 22-3 所示。

图 22-3 黑色棋子和白色棋子的图片

人机对战黑白棋游戏的设计思路如图 22-4 所示。

22.3 人机对战黑白棋游戏程序的详细设计步骤

整个游戏程序比较长，以下分多个部分详细说明。

人机对战黑白棋游戏程序的第 1 部分如图 22-5 所示。

第 1~3 行是注释语句；

第 4 行，导入游戏库 Pygame、系统库 sys 和随机数库 random；

第 5 行，导入游戏库 Pygame 的所有相关模块；

第 7 行，定义背景颜色为黑色；

第 8 行，定义黑色常量 BLACK；

第 9 行，定义蓝色常量 BLUE；

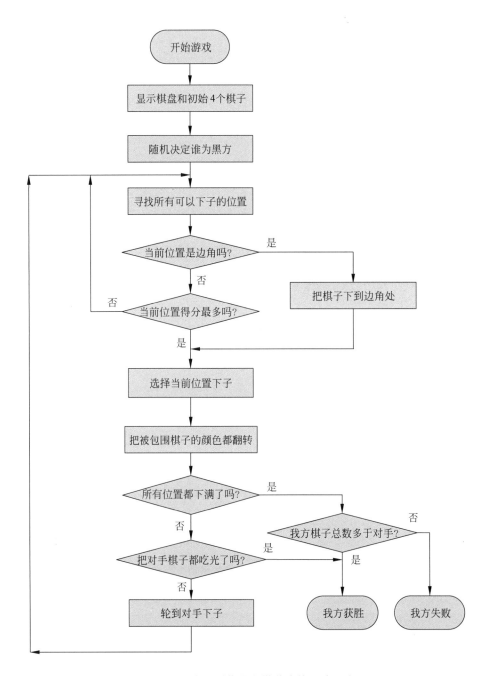

图 22-4 人机对战黑白棋游戏的设计思路

第 10 行,定义方格的宽度 CELLWIDTH 为 80 像素;

第 11 行,定义方格的高度 CELLWIDTH 为 80 像素;

第 12 行,定义棋子的宽度 PIECEWIDTH 为 78 像素;

第 13 行,定义棋子的高度 PIECEWIDTH 为 78 像素;

第 14 行,定义位于左上角棋子的 x 坐标 BOARDX 为 40;

第 15 行,定义位于左上角棋子的 y 坐标 BOARDY 为 40;

第 16 行,定义屏幕的刷新率 FPS 为 40 帧/秒;

```
 1    #
 2    #    人机对战黑白棋游戏程序
 3    #
 4    import pygame, sys, random
 5    from pygame.locals import *
 6
 7    BACKGROUNDCOLOR = (255, 255, 255)
 8    BLACK = (255, 255, 255)
 9    BLUE = (0, 0, 255)
10    CELLWIDTH = 80
11    CELLHEIGHT = 80
12    PIECEWIDTH = 78
13    PIECEHEIGHT = 78
14    BOARDX = 40
15    BOARDY = 40
16    FPS = 40
17
18    # 退出
19    def terminate():
20        pygame.quit()
21        sys.exit()
22
```

图 22-5　人机对战黑白棋游戏程序的第 1 部分

第 18～21 行,定义退出函数 terminate(),当调用这个函数时结束程序。

人机对战黑白棋游戏程序的第 2 部分如图 22-6 所示。

```
23    # 重置棋盘
24    def resetBoard(board):
25        for x in range(8):
26            for y in range(8):
27                board[x][y] = 'none'
28        # Starting pieces:
29        board[3][3] = 'black'
30        board[3][4] = 'white'
31        board[4][3] = 'white'
32        board[4][4] = 'black'
33
34    # 开局时建立新棋盘
35    def getNewBoard():
36        board = []
37        for i in range(8):
38            board.append(['none'] * 8)
39        return board
40
```

图 22-6　人机对战黑白棋游戏程序的第 2 部分

第 24 行,定义重置棋盘函数 resetBoard(),这个函数包括第 25～32 行的所有代码;

第 25～27 行,把棋盘上 8 行×8 列的所有方格中的棋子都清除;

第 28～32 行,在棋盘的中央放置 4 只初始棋子,实际效果如图 22-7 所示;

第 35 行,定义开局时调用的建立新棋盘的函数 getNewBoard(),这个函数包括第 35～39 行的所有代码;

第 36 行,把空列表[]赋值给 board 变量;

第 37 行,定义 for 循环,行号变量 i 是 0～7 之间的整数,每执行一次循环,i 的值加 1;

第 38 行,设置当前行为 8 个空格,并返回第 37 行,继续执行循环,直至清空整个棋盘;

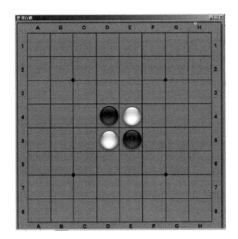

图 22-7　放置了 4 只初始棋子的棋盘

第 39 行是函数 getNewBoard()的最后一行,返回含有 64 个空格的列表 board。

人机对战黑白棋游戏程序的第 3 部分如图 22-8 所示。

```
41        # 判断当前坐标是否出界
42      def isOnBoard(x, y):
43          if (x >= 0) and (x <= 7) and (y >= 0) and (y <=7):
44              return True
45          else:
46              return False
47
48      # 判断当前位置是否是可行的下子位置,如果可行则返回要翻转的棋子列表
49      def isValidMove(board, tile, xstart, ystart):
50          # 如果该位置已经有棋子或者出界了,返回False
51          if not isOnBoard(xstart, ystart) or board[xstart][ystart] != 'none':
52              return False
53          # 临时将tile 放到指定的位置
54          board[xstart][ystart] = tile
55          if tile == 'black':
56              otherTile = 'white'
57          else:
58              otherTile = 'black'
```

图 22-8　人机对战黑白棋游戏程序的第 3 部分

第 42 行,定义判断当前坐标是否出界的函数 isOnBoard(),这个函数包括第 43~46 行的所有代码;

第 43~46 行,如果横坐标 x 大于或等于 0,并且小于或等于 7;同时纵坐标 y 大于或等于 0,并且小于或等于 7,即如果当前坐标(x,y)位于棋盘区域内,则函数返回 True(真);否则函数返回 False(假);

第 48 行是注释语句;

第 49 行,定义判断当前位置坐标(xstart,ystart)是否是可行的下子位置的函数 isValidMove(),如果可行,则返回需要翻转的棋子列表。这个函数包括第 50~94 行的所有代码;

第 50~52 行,如果该位置已经有棋子或者出界了,返回 False;

第 53~58 行,临时将测试用的棋子 tile 放到指定的位置,如果棋子 tile 为黑色,则把另

一只棋子 otherTile 设置为白色,否则把另一只棋子 otherTile 设置为黑色。

人机对战黑白棋游戏程序的第 4 部分如图 22-9 所示。

```
59        # 找出要被翻转的棋子
60        tilesToFlip = []
61        for xdirection, ydirection in [ [0, 1], [1, 1], [1, 0], [1, -1], [0, -1], [-1, -1], [-1, 0], [-1, 1] ]:
62            x, y = xstart, ystart
63            x += xdirection
64            y += ydirection
65            if isOnBoard(x, y) and board[x][y] == otherTile:
66                x += xdirection
67                y += ydirection
68                if not isOnBoard(x, y):
69                    continue
70                # 一直走到出界或不是对方棋子的位置
71                while board[x][y] == otherTile:
72                    x += xdirection
73                    y += ydirection
74                    if not isOnBoard(x, y):
75                        break
```

图 22-9 人机对战黑白棋游戏程序的第 4 部分

第 59 行为注释语句,说明以下多行代码用于找出要被翻转的棋子;

第 60 行,定义一个空列表 tilesToFlip,用于记录一串要被翻转的棋子的坐标;

第 61~64 行,以坐标(xstart,ystart)为起点,用 for 循环分别向 8 个方向移动,寻找可以下子的位置坐标;

第 65~67 行,如果移动后的位置在棋盘内并且是对方的棋子,则继续向前移动;

第 68、69 行,如果移动后的位置不在棋盘内,则跳回第 61 行执行下一轮循环,即在另一个方向继续寻找可以下子的位置坐标;

第 70~75 行,用 while 循环来判断,如果当前位置坐标(x,y)处是对方的棋子,则沿着当前方向继续往前移动,一直走到出界或者不是对方棋子的位置为止。

人机对战黑白棋游戏程序的第 5 部分如图 22-10 所示。

```
76            # 出界了, 则没有棋子要翻转OXXXXX
77            if not isOnBoard(x, y):
78                continue
79            # 是自己的棋子OXXXXXXO
80            if board[x][y] == tile:
81                while True:
82                    x -= xdirection
83                    y -= ydirection
84                    # 回到了起点则结束
85                    if x == xstart and y == ystart:
86                        break
87                    # 需要翻转的棋子
88                    tilesToFlip.append([x, y])
89        # 将前面临时放上的棋子去掉, 即还原棋盘
90        board[xstart][ystart] = 'none'
91        # 没有要被翻转的棋子, 则走法非法。翻转棋的规则。
92        if len(tilesToFlip) == 0:
93            return False
94        return tilesToFlip
95
```

图 22-10 人机对战黑白棋游戏程序的第 5 部分

第76～78行,如果当前位置出界了,则没有棋子要翻转;

第79～88行,如果当前位置是自己的棋子,则往后退,直至回到起点,并且把移动过程中经过的棋子都添加到需要翻转的棋子列表 tilesToFlip 中;

第89、90行,将第53行临时放在测试位置上的棋子去掉,即还原棋盘;

第91～93行,如果需要翻转的棋子列表 tilesToFlip 的长度为0,即没有找到要被翻转的棋子,则走法非法,不能翻转棋子,函数的结果返回 False(假);

第94行,从第49行开始到第94行为止,用于判断是否为可下子位置的函数 isValidMove() 设计完成。这个函数的返回结果是可以翻转的棋子列表。

人机对战黑白棋游戏程序的第6部分如图 22-11 所示。

```
96      # 获取可落子的位置
97      def getValidMoves(board, tile):
98          validMoves = []
99          for x in range(8):
100             for y in range(8):
101                 if isValidMove(board, tile, x, y) != False:
102                     validMoves.append([x, y])
103         return validMoves
104
```

图 22-11　人机对战黑白棋游戏程序的第 6 部分

第97行,定义获取可落子位置的函数 getValidMove(),包括第98～103行的所有代码;

第98行,定义可落子位置列表 validMoves,初始为空表;

第99行,用 for 循环遍历每一行;

第100行,用 for 循环遍历当前行的每一列;

第101、102行,调用第49行的寻找可下子位置函数 isValidMove(),并把找到的下子位置添加到可落子位置列表 validMoves 中;

第103行,返回可落子位置列表 validMoves。

人机对战黑白棋游戏程序的第7部分如图 22-12 所示。

```
105     # 获取棋盘上黑白双方的棋子总数
106     def getScoreOfBoard(board):
107         xscore = 0
108         oscore = 0
109         for x in range(8):
110             for y in range(8):
111                 if board[x][y] == 'black':
112                     xscore += 1
113                 if board[x][y] == 'white':
114                     oscore += 1
115         return {'black':xscore, 'white':oscore}
116
117     # 决定谁先走
118     def whoGoesFirst():
119         if random.randint(0, 1) == 0:
120             return 'computer'
121         else:
122             return 'player'
123
```

图 22-12　人机对战黑白棋游戏程序的第 7 部分

第 106 行,定义获取棋盘上黑白的棋子总数函数 getScoreOfBoard( ),包括第 107～115 行;

第 107 行,设置黑色棋子总数变量 xscore 的初值为 0;

第 108 行,设置白色棋子总数变量 oscore 的初值为 0;

第 109～114 行,用两个 for 循环遍历棋盘上每一个位置的棋子,如果当前棋子为黑色则把黑色棋子总数变量 xscore 的值加 1,如果当前棋子为白色则把白色棋子总数变量 oscore 的值加 1;

第 115 行,返回黑白两种棋子的总数;

第 118～122 行,定义决定谁先走函数 whoGoesFirst( ),调用随机函数随机生成 0 或 1 两个整数,如果结果为 0 则计算机先走,否则玩家先走。

人机对战黑白棋游戏程序的第 8 部分如图 22-13 所示。

```
124    # 将一个tile棋子放到(xstart, ystart)
125    def makeMove(board, tile, xstart, ystart):
126        tilesToFlip = isValidMove(board, tile, xstart, ystart)
127        if tilesToFlip == False:
128            return False
129        board[xstart][ystart] = tile
130        for x, y in tilesToFlip:      #tilesToFlip是需要翻转的棋子列表
131            board[x][y] = tile        #翻转棋子
132        return True
133
134    # 复制棋盘
135    def getBoardCopy(board):
136        dupeBoard = getNewBoard()
137        for x in range(8):
138            for y in range(8):
139                dupeBoard[x][y] = board[x][y]
140        return dupeBoard
141
```

图 22-13　人机对战黑白棋游戏程序的第 8 部分

第 125 行,定义将一个 tile 棋子放到(xstart,ystart)的函数 makeMove( ),这个函数包括第 126～132 行的所有代码;

第 126 行,调用第 49 行的寻找可下子位置函数 isValidMove( ),并把找到的要翻转的棋子列表赋值给变量 tilesToFlip;

第 127、128 行,如果没有找到可下子的位置,则返回 False;

第 129～132 行,用 for 循环遍历要翻转的棋子列表 tilesToFlip,翻转其中的所有棋子,最后返回 True;

第 135 行,定义复制棋盘函数 getBoardCopy( ),这个函数包括第 136～140 行的所有代码;

第 136 行,调用第 35 行的建立新棋盘函数 getNewBoard( ),并且把返回的结果赋值给列表变量 dupeBoard;

第 137～140 行,用两个 for 循环遍历棋盘上的每一只棋子,并复制到列表变量 dupeBoard 中,最后返回列表变量 dupeBoard 的值,即返回当前棋盘上所有棋子的颜色值。

人机对战黑白棋游戏程序的第 9 部分如图 22-14 所示。

```
142      # 当前位置是否在角上
143    def isOnCorner(x, y):
144        if (x == 0 and y == 0) or (x == 7 and y == 0) or (x == 0 and y == 7) or (x == 7 and y == 7):
145            return True
146        else:
147            return False
148
```

图 22-14　人机对战黑白棋游戏程序的第 9 部分

第 143 行,定义判断当前位置是否在角上的函数 isOnCorner(),这个函数包括第 144～147 行的所有代码;

第 144、145 行,如果当前位置在角上,则返回 True;

第 146、147 行,如果当前位置不在角上,则返回 False。

人机对战黑白棋游戏程序的第 10 部分如图 22-15 所示。

```
149      # 电脑下子算法
150    def getComputerMove(board, computerTile):
151        # 设置bestMove为全局变量
152        global bestMove
153        # 获取所有合法的下子位置
154        possibleMoves = getValidMoves(board, computerTile)
155        # 打乱所有合法的下子位置
156        random.shuffle(possibleMoves)
157        # [x, y]在角上, 则优先走, 因为角上的不会被再次翻转
158        for x, y in possibleMoves:
159            if isOnCorner(x, y):
160                return [x, y]
161        bestScore = -1
162        for x, y in possibleMoves:
163            dupeBoard = getBoardCopy(board)
164            makeMove(dupeBoard, computerTile, x, y)
165            # 按照分数选择走法, 优先选择翻转后分数最多的走法
166            score = getScoreOfBoard(dupeBoard)[computerTile]
167            if score > bestScore:
168                bestMove = [x, y]
169                bestScore = score
170        return bestMove
171
```

图 22-15　人机对战黑白棋游戏程序的第 10 部分

第 150 行,定义计算机下子算法函数 getComputerMove(),这个函数包括第 151～170 行的所有代码;

第 151、152 行,设置 bestMove 为全局变量;

第 153、154 行,获取所有合法的下子位置;

第 155、156 行,打乱所有合法的下子位置;

第 157～160 行,如果[x,y]在角上,则优先走,因为角上的棋子不会被再次翻转;

第 161 行,设置最佳得分变量 bestScore 的初值为−1;

第 162～170 行,遍历所有合法的下子位置,根据得分多少选择下子位置,优先选择翻转后得分最多的位置,并且返回最佳得分 bestScore。

人机对战黑白棋游戏程序的第 11 部分如图 22-16 所示。

第 172～178 行,定义判断游戏是否结束的函数 isGameOver(),如果仍有某个位置为空

```
172        # 判断游戏是否结束
173        def isGameOver(board):
174            for x in range(8):
175                for y in range(8):
176                    if board[x][y] == 'none':
177                        return False
178            return True
179
180        # 游戏主程序
181        pygame.init()
182        mainClock = pygame.time.Clock()
183        # 加载图片
184        boardImage = pygame.image.load('chess_board.png')
185        boardRect = boardImage.get_rect()
186        blackImage = pygame.image.load('black.png')
187        blackRect = blackImage.get_rect()
188        whiteImage = pygame.image.load('white.png')
189        whiteRect = whiteImage.get_rect()
190        basicFont = pygame.font.SysFont(None, 48)
191        gameoverStr = 'Game Over Score '
192        mainBoard = getNewBoard()
193        resetBoard(mainBoard)
194
```

图 22-16 人机对战黑白棋游戏程序的第 11 部分

白,则游戏尚未结束,返回 False;否则返回 True,即游戏结束;

第 180 行为注释行,说明以下为游戏的主程序;

第 181 行,初始化 Pygame;

第 182 行,设置 Pygame 的主时钟;

第 184 行,加载棋盘的图像 chess_board.png;

第 185 行,获取棋盘的区域;

第 186 行,加载黑色棋子的图像 black.png;

第 187 行,获取黑色棋子的区域;

第 188 行,加载白色棋子的图像 white.png;

第 189 行,获取白色棋子的区域;

第 190 行,设置 Pygame 显示的文字字体为默认字体,字号为 48;

第 191 行,设置游戏结束的提示文字为 Game Over Score;

第 192 行,调用第 35 行的建立新棋盘的函数 getNewBoard();

第 193 行,调用第 24 行的重置棋盘函数 resetBoard()。

人机对战黑白棋游戏程序的第 12 部分如图 22-17 所示。

第 195 行,调用谁先走函数 whoGoesFirst(),并把结果放到变量 turn 中;

第 196～201 行,如果变量 turn 的值为 player,则玩家为黑方,计算机为白方,即玩家先走;反之,则计算机为黑方,玩家为白方,即计算机先走;

第 202 行,在屏幕上显示先走的一方;

第 204 行,设置窗口大小为 720×720 像素;

第 205 行,设置窗口标题为"黑白棋";

第 206 行,设置变量 gameOver 的初值为 False,即未结束。

```
195    turn = whoGoesFirst()
196    if turn == 'player':
197        playerTile = 'black'
198        computerTile = 'white'
199    else:
200        playerTile = 'white'
201        computerTile = 'black'
202    print(turn,"先走!")
203    # 设置窗口
204    windowSurface = pygame.display.set_mode((boardRect.width, boardRect.height))
205    pygame.display.set_caption('黑白棋')
206    gameOver = False
207
```

图 22-17　人机对战黑白棋游戏程序的第 12 部分

人机对战黑白棋游戏程序的第 13 部分如图 22-18 所示。

```
208    # 游戏主循环
209    while True:
210        for event in pygame.event.get():
211            if event.type == QUIT:
212                terminate()
213            #鼠标事件
214            if gameOver == False and turn == 'player' and event.type == MOUSEBUTTONDOWN and event.button == 1:
215                x, y = pygame.mouse.get_pos()
216                col = int((x-BOARDX)/CELLWIDTH)      #换算棋盘坐标
217                row = int((y-BOARDY)/CELLHEIGHT)
218                if makeMove(mainBoard, playerTile, col, row) == True:
219                    if getValidMoves(mainBoard, computerTile) != []:
220                        turn = 'computer'
221
222            #电脑走棋
223            if (gameOver == False and turn == 'computer'):
224                x, y = getComputerMove(mainBoard, computerTile) #电脑AI走法
225                makeMove(mainBoard, computerTile, x, y)
226                savex, savey = x, y
227                # 玩家没有可行的走法了，则电脑继续，否则切换到玩家走
228                if getValidMoves(mainBoard, playerTile) != []:
229                    turn = 'player'
230        windowSurface.fill(BACKGROUNDCOLOR)
231        windowSurface.blit(boardImage, boardRect, boardRect)
232
```

图 22-18　人机对战黑白棋游戏程序的第 13 部分

第 209 行,定义游戏主循环,主循环包括第 209~254 行的所有代码;

第 210~212 行,如果单击了窗口右上角的关闭按钮,则调用第 19 行的退出函数 terminate(),从而退出游戏程序;

第 213~217 行,如果游戏结束状态变量 gameOver 的值为 False,轮到计算机下子,即 若变量 turn 的值为 computer,并且玩家单击了鼠标左键,则处理计算机的走法,获取当前鼠 标在窗口中的坐标(x,y),然后换算为棋盘坐标。其中,row 是棋盘的横坐标,col 是棋盘的 纵坐标;

第 218 行,调用第 125 行的移动棋子函数 makeMove()。如果能够将一个 tile 棋子放 到坐标(xstart,ystart)处,则执行第 219、220 行的代码;

第 219、220 行,调用第 97 行的获取可下子的位置 getValidMoves()。如果棋盘中存在 可以下子的位置,则下一步轮到计算机下子,把变量 turn 的值设置为 computer;

第 223~226 行,如果游戏结束状态变量 gameOver 的值为 False,变量 turn 的值为

computer，并且玩家单击了鼠标左键，则处理计算机的走法，即调用第 125 行的移动棋子函数 makeMove()，把棋子下到得分最多的位置，并保存下子处的坐标（x，y）；

第 228、229 行，玩家没有可行的走法了，则轮到计算机继续，否则切换到玩家走；

第 230 行，填充背景颜色；

第 231 行，用 blit 方法显示更新过的棋盘。

人机对战黑白棋游戏程序的第 14 部分如图 22-19 所示。

```
233         #重画所有的棋子
234         for x in range(8):
235             for y in range(8):
236                 rectDst = pygame.Rect(BOARDX+x*CELLWIDTH+2, BOARDY+y*CELLHEIGHT+2, PIECEWIDTH, PIECEHEIGHT)
237                 if mainBoard[x][y] == 'black':
238                     windowSurface.blit(blackImage, rectDst, blackRect)
239                 elif mainBoard[x][y] == 'white':
240                     windowSurface.blit(whiteImage, rectDst, whiteRect)
241
242         if isGameOver(mainBoard):        #游戏结束，显示双方棋子数量
243             scorePlayer = getScoreOfBoard(mainBoard)[playerTile]
244             scoreComputer = getScoreOfBoard(mainBoard)[computerTile]
245             outputStr = gameoverStr + str(scorePlayer) + ":" + str(scoreComputer)
246             text = basicFont.render(outputStr, True, BLACK, BLUE)
247             textRect = text.get_rect()
248             textRect.centerx = windowSurface.get_rect().centerx
249             textRect.centery = windowSurface.get_rect().centery
250             windowSurface.blit(text, textRect)
251
252         pygame.display.update()
253         mainClock.tick(FPS)
254
```

图 22-19　人机对战黑白棋游戏程序的第 14 部分

第 234～240 行，重新绘制所有棋子，用两个 for 循环遍历棋盘中每一行和每一列的所有棋子，如果棋盘矩阵元素 mainBoard[x][y]（即第 x 行第 y 列）的棋子为黑色，则绘制黑色棋子；否则，如果棋盘矩阵元素 mainBoard[x][y]（即第 x 行第 y 列）的棋子为白色，则绘制白色棋子；

第 242～250 行，调用第 173 行的判断游戏是否结束的函数 isGameOver()，如果游戏结束，则在窗口的中间显示"Game Over Score"和双方的最终得分；

第 252 行，刷新窗口；

第 253 行，更新时钟；

第 254 行，跳回到第 209 行，重复执行主循环。

亲爱的读者，到这里为止，人机对战黑白棋游戏程序全部剖析完成了，整个游戏的代码并不算太长，希望你能彻底弄懂其工作原理。

22.4　小结与练习

本章剖析了人机对战黑白棋游戏程序，请根据你对本程序的理解回答以下问题：

（1）在下棋时，为什么要抢先占领四个角？

（2）在人机对战的五盘棋中，你大约能赢计算机几盘？

第 23 章

设计人机对战五子棋游戏

23.1 人机对战五子棋游戏的玩法

如图 23-1 所示,五子棋的棋盘为 19 行×19 列。有黑色和白色两种棋子,双方轮流下子,当任意一方在棋盘上某个方向(横向、竖向或斜向)上连成五个棋子时,即可获胜。

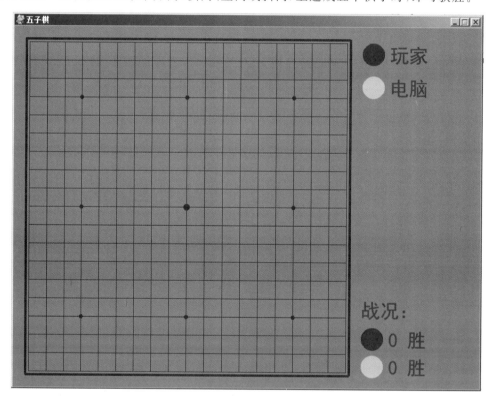

图 23-1　五子棋游戏的画面

五子棋的基本棋型包括五子连珠、活四、冲四、活三、眠三、活二和眠二等。

(1)五子连珠。如图 23-2 所示,黑白某一方在棋盘上的横向、竖向或者斜向中任一方向上连成连续五个棋子,称为五子连珠,即可获胜。

（2）活四。如图23-3所示,在连续的四子两侧都有可以形成五子连珠的下子位置,称为活四。当活四出现的时候,对手必然失败,因为他只能堵住两个进攻位置中的某一个。

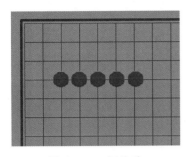

图 23-2　五子连珠

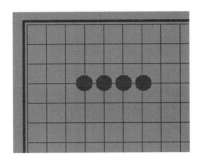

图 23-3　活四

（3）冲四。如图23-4所示,如果已经有四子,并且在一侧或中间某处有可以形成五子连珠的位置,则称为冲四。相比于活四,冲四的威胁比较小,因为只要堵住对方进攻的位置,对方就没法形成五子连珠了。在五子棋中,活四棋型比冲四棋型具有更大的优势,所以,我们在既能够形成活四又能够形成冲四时,应选择在能形成活四的位置落子。

（4）活三。如图23-5所示,如果已经有三子,再走一步就可以形成活四,则称为活三。活三棋型是五子棋进攻中最常见的一种,因为活三形成之后,如果对方不予理会的话,我方再下一子就可以将活三变成活四;而一旦出现活四,对方就没法再防守了。所以,当我们面对活三的时候,需要非常谨慎。在自己没有更好的进攻手段的情况下,需要进行防守,以防止对手形成可怕的活四棋型。

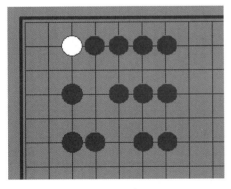

图 23-4　冲四

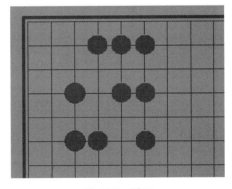

图 23-5　活三

（5）眠三。如图23-6所示,如果已经有三子,再走一步就可以形成冲四,则称为眠三。眠三棋型即使不去防守,对方下一步也只能形成冲四;而冲四的棋型则是来得及防守的。

（6）活二。如图23-7所示,如果已经有两子,再走一步就可以形成活三,则称为活二。在开局阶段,如果能形成较多的活二棋型,则再下一子就可以将活二变成活三,令对方防不胜防。

（7）眠二。如图23-8所示,如果已经有两子,再走一步就可以形成眠三,则称为眠二。

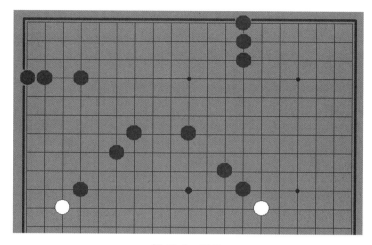

图 23-6　眠三

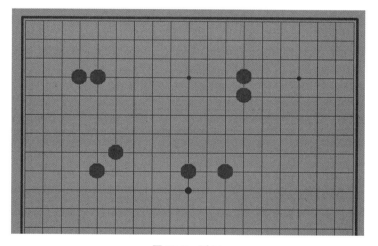

图 23-7　活二

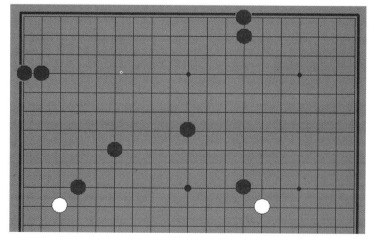

图 23-8　眠二

23.2 人机对战五子棋游戏的设计思路

人机对战五子棋游戏的设计思路如图 23-9 所示。

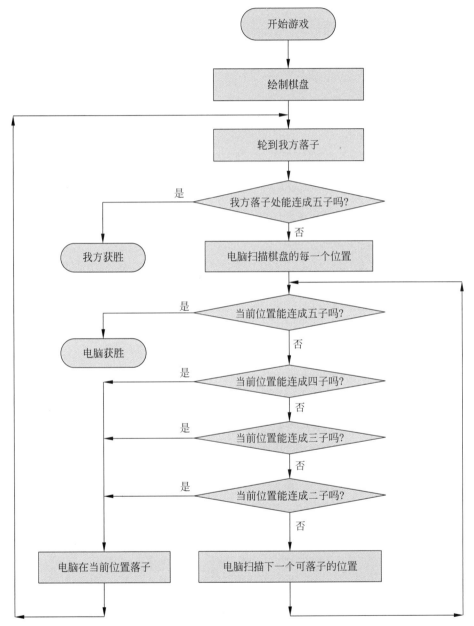

图 23-9 人机对战五子棋游戏的设计思路

23.3 人机对战五子棋游戏程序的详细设计步骤

本游戏程序不需要任何图片素材,而是直接用 Python 程序绘制棋盘和棋子。

整个游戏程序比较长，以下分多个部分详细说明。

人机对战五子棋游戏程序的第1部分如图23-10所示。

```python
1   import sys
2   import random
3   import pygame
4   from pygame.locals import *
5   import pygame.gfxdraw
6   from collections import namedtuple
7
8   Chessman = namedtuple('Chessman', 'Name Value Color')
9   Point = namedtuple('Point', 'X Y')
10  BLACK_CHESSMAN = Chessman('黑子', 1, (45, 45, 45))
11  WHITE_CHESSMAN = Chessman('白子', 2, (219, 219, 219))
12
13  offset = [(1, 0), (0, 1), (1, 1), (1, -1)]
14  SIZE = 30  # 棋盘每个点之间的间隔
15  Line_Points = 19  # 棋盘每行/每列点数
16  Outer_Width = 20  # 棋盘外宽度
17  Border_Width = 4  # 边框宽度
18  Inside_Width = 4  # 边框跟实际的棋盘之间的间隔
19  Border_Length = SIZE * (Line_Points - 1) + Inside_Width * 2 + Border_Width  # 边框线的长度
20  Start_X = Start_Y = Outer_Width + int(Border_Width / 2) + Inside_Width  # 网格线起点（左上角）坐标
21  SCREEN_HEIGHT = SIZE * (Line_Points - 1) + Outer_Width * 2 + Border_Width + Inside_Width * 2  # 游戏屏幕的高
22  SCREEN_WIDTH = SCREEN_HEIGHT + 200  # 游戏屏幕的宽
23
```

图 23-10　人机对战五子棋游戏程序的第 1 部分

第 1 行，导入系统库 sys；

第 2 行，导入随机数库 random；

第 3 行，导入游戏库 Pygame；

第 4 行，导入游戏库 Pygame 的 locals 模块；

第 5 行，导入游戏库 Pygame 的 gfxdraw 模块；

第 6 行，导入集合库 collections 的 namedtuple 模块；

第 8 行，定义一个代表下棋方的集合 Chessman。这个集合带有两个参数，第一个参数 Chessman 代表棋子的名称，第二个参数 Name Value Color 代表棋子的颜色；

第 9 行，定义一个代表落子位置的集合 Point。这个集合带有两个参数，第一个参数 Point 代表游戏区，第二个参数 X　Y 代表游戏区坐标；

第 10 行，创建一个黑子集合变量 BLACK_CHESSMAN；

第 11 行，创建一个白子集合变量 WHITE_CHESSMAN；

第 13 行，创建方向变量 offset，包括右方、上方、右上方、右下方共四个方向，用于扫描棋盘中可以下子的位置；

第 14 行，定义棋盘每个点之间的间隔 SIZE；

第 15 行，定义棋盘每行和每列的点数 Line_Points；

第 16 行，定义棋盘外的宽度 Outer_Width；

第 17 行，定义边框宽度 Border_Width；

第 18 行，定义边框与实际的棋盘之间的间隔 Inside_Width；

第 19 行，定义边框线长度 Border_Length；

第 20 行，定义网格线左上角坐标 Start_X 和 Start_Y；

第 21 行，定义游戏屏幕的高度 SCREEN_HEIGHT；

第 22 行，定义游戏屏幕的宽度 SCREEN_WIDTH。

人机对战五子棋游戏程序的第 2 部分如图 23-11 所示。

```
24    Stone_Radius = SIZE // 2 - 3              # 小棋子半径
25    Stone_Radius2 = SIZE // 2 + 3             # 大棋子半径
26    Checkerboard_Color = (0xE3, 0x92, 0x65)  # 棋盘颜色
27    BLACK_COLOR = (0, 0, 0)
28    WHITE_COLOR = (255, 255, 255)
29    RED_COLOR = (200, 30, 30)
30    BLUE_COLOR = (30, 30, 200)
31
32    RIGHT_INFO_POS_X = SCREEN_HEIGHT + Stone_Radius2 * 2 + 10
33
34
35    def print_text(screen, font, x, y, text, fcolor=(255, 255, 255)):
36        imgText = font.render(text, True, fcolor)
37        screen.blit(imgText, (x, y))
38
39
40    def _get_next(cur_runner):
41        if cur_runner == BLACK_CHESSMAN:
42            return WHITE_CHESSMAN
43        else:
44            return BLACK_CHESSMAN
45
46
```

图 23-11　人机对战五子棋游戏程序的第 2 部分

第 24 行,定义小棋子半径 Stone_Radius;

第 25 行,定义大棋子半径 Stone_Radius2;

第 26 行,定义棋盘颜色 Checkerboard_Color;

第 27 行,定义黑色 BLACK_COLOR;

第 28 行,定义白色 WHITE_COLOR;

第 29 行,定义红色 RED_COLOR;

第 30 行,定义蓝色 BLUE_COLOR;

第 32 行,定义右边信息栏的坐标 RIGHT_INFO_POS_X;

第 35～37 行,定义输出文本函数 print_text(),这个函数包含 screen、font、x、y、text、fcolor 等参数,功能是在屏幕 screen 的坐标(x,y)处用白色字体 font 显示文本 text;

第 40～44 行,定义判断下一步轮到哪一方走子的函数_get_next(),如果当前轮到黑方走子,则下一步轮到白方走子;反之,如果当前轮到白方走子,则下一步轮到黑方走子。

人机对战五子棋游戏程序的第 3 部分如图 23-12 所示。

第 48 行,定义画棋盘函数_draw_checkerboard();

第 50 行,填充棋盘背景颜色;

第 52 行,画棋盘网格线外的边框;

第 54～57 行,画水平网格线;

第 58～61 行,画竖直网格线;

第 63～70 行,调用游戏库 Pygame 中的 gfxdraw 模块绘制星位和天元的黑色圆圈。如果网格坐标为星位(即图 23-1 中的 8 个黑色小圆圈位置),则画一个半径为 3 的黑色小圆圈并填充黑色;如果网格坐标为天元(即棋盘中心处),则画一个半径为 5 的黑色大圆圈并填充黑色。在这里,如果使用游戏库 Pygame 的 draw.circle 来绘制圆形棋子,得到的圆形轮廓会有锯齿,不够圆滑,所以使用游戏库 Pygame 的 gfxdraw 模块来绘制星位和天元。

```
47      # 画棋盘
48      def _draw_checkerboard(screen):
49          # 填充棋盘背景色
50          screen.fill(Checkerboard_Color)
51          # 画棋盘网格线外的边框
52          pygame.draw.rect(screen, BLACK_COLOR, (Outer_Width, Outer_Width, Border_Length, Border_Length), Border_Width)
53          # 画网格线
54          for i in range(Line_Points):
55              pygame.draw.line(screen, BLACK_COLOR,
56                               (Start_Y, Start_Y + SIZE * i),
57                               (Start_Y + SIZE * (Line_Points - 1), Start_Y + SIZE * i), 1)
58          for j in range(Line_Points):
59              pygame.draw.line(screen, BLACK_COLOR,
60                               (Start_X + SIZE * j, Start_X),
61                               (Start_X + SIZE * j, Start_X + SIZE * (Line_Points - 1)), 1)
62          # 画星位和天元
63          for i in (3, 9, 15):
64              for j in (3, 9, 15):
65                  if i == j == 9:
66                      radius = 5
67                  else:
68                      radius = 3
69                  pygame.gfxdraw.aacircle(screen, Start_X + SIZE * i, Start_Y + SIZE * j, radius, BLACK_COLOR)
70                  pygame.gfxdraw.filled_circle(screen, Start_X + SIZE * i, Start_Y + SIZE * j, radius, BLACK_COLOR)
71
```

图 23-12　人机对战五子棋游戏程序的第 3 部分

人机对战五子棋游戏程序的第 4 部分如图 23-13 所示。

```
72
73      # 画棋子
74      def _draw_chessman(screen, point, stone_color):
75          # pygame.draw.circle(screen, stone_color, (Start_X + SIZE * point.X, Start_Y + SIZE * point.Y), Stone_Radius)
76          pygame.gfxdraw.aacircle(screen, Start_X + SIZE * point.X, Start_Y + SIZE * point.Y, Stone_Radius, stone_color)
77          pygame.gfxdraw.filled_circle(screen, Start_X + SIZE * point.X, Start_Y + SIZE * point.Y, Stone_Radius, stone_color)
78
79
80      # 画左侧信息显示
81      def _draw_left_info(screen, font, cur_runner, black_win_count, white_win_count):
82          _draw_chessman_pos(screen, (SCREEN_HEIGHT + Stone_Radius2, Start_X + Stone_Radius2), BLACK_CHESSMAN.Color)
83          _draw_chessman_pos(screen, (SCREEN_HEIGHT + Stone_Radius2, Start_X + Stone_Radius2 * 4), WHITE_CHESSMAN.Color)
84
85          print_text(screen, font, RIGHT_INFO_POS_X, Start_X + 3, '玩家', BLUE_COLOR)
86          print_text(screen, font, RIGHT_INFO_POS_X, Start_X + Stone_Radius2 * 3 + 3, '电脑', BLUE_COLOR)
87
88          print_text(screen, font, SCREEN_HEIGHT, SCREEN_HEIGHT - Stone_Radius2 * 8, '战况: ', BLUE_COLOR)
89          _draw_chessman_pos(screen, (SCREEN_HEIGHT + Stone_Radius2, SCREEN_HEIGHT - int(Stone_Radius2 * 4.5)), BLACK_CHESSMAN.Color)
90          _draw_chessman_pos(screen, (SCREEN_HEIGHT + Stone_Radius2, SCREEN_HEIGHT - Stone_Radius2 * 2), WHITE_CHESSMAN.Color)
91          print_text(screen, font, RIGHT_INFO_POS_X, SCREEN_HEIGHT - int(Stone_Radius2 * 5.5) + 3, f'{black_win_count} 胜', BLUE_COLOR)
92          print_text(screen, font, RIGHT_INFO_POS_X, SCREEN_HEIGHT - Stone_Radius2 * 3 + 3, f'{white_win_count} 胜', BLUE_COLOR)
93
94
```

图 23-13　人机对战五子棋游戏程序的第 4 部分

第 74～77 行,定义绘制棋子的函数_draw_chessman(),在网格坐标 point 处绘制圆形的棋子。在这里,原来在第 75 行使用游戏库 Pygame 的 draw.circle 来绘制棋子,但是得到的圆的轮廓有锯齿,不够圆滑,所以改为在第 76、77 行调用游戏库 Pygame 中的 gfxdraw 模块来画圆圈并填充颜色,从而改善画圆形棋子的效果;

第 81 行,定义输出信息的函数_draw_left_info(),这个函数包括第 82～92 行的所有语句;

第 82 行,如图 23-1 所示,在屏幕的右上角画一个黑色的大圆圈;

第 83 行,如图 23-1 所示,在屏幕的右上角的下一行画一个白色的大圆圈;

第 85 行,如图 23-1 所示,在屏幕右上角的黑色大圆圈右边显示蓝色的"玩家"二字;

第 86 行,如图 23-1 所示,在屏幕右上角的白色大圆圈右边显示蓝色的"电脑"二字;

第 88 行,如图 23-1 所示,在屏幕右下角显示蓝色的"战况:"字样;

第 89 行,如图 23-1 所示,在屏幕的右下角画一个黑色的大圆圈;

第 90 行,如图 23-1 所示,在屏幕的右下角的下一行画一个白色的大圆圈;

第 91 行,如图 23-1 所示,在屏幕右下角黑色大圆圈的右边显示黑方获胜的次数;

第 92 行,如图 23-1 所示,在屏幕右下角白色大圆圈的右边显示白方获胜的次数。

人机对战五子棋游戏程序的第 5 部分如图 23-14 所示。

```
95    def _draw_chessman_pos(screen, pos, stone_color):
96        pygame.gfxdraw.aacircle(screen, pos[0], pos[1], Stone_Radius2, stone_color)
97        pygame.gfxdraw.filled_circle(screen, pos[0], pos[1], Stone_Radius2, stone_color)
98
99    # 根据鼠标点击位置，返回游戏区坐标
100   def _get_clickpoint(click_pos):
101       pos_x = click_pos[0] - Start_X
102       pos_y = click_pos[1] - Start_Y
103       if pos_x < -Inside_Width or pos_y < -Inside_Width:
104           return None
105       x = pos_x // SIZE
106       y = pos_y // SIZE
107       if pos_x % SIZE > Stone_Radius:
108           x += 1
109       if pos_y % SIZE > Stone_Radius:
110           y += 1
111       if x >= Line_Points or y >= Line_Points:
112           return None
113       return Point(x, y)
114
```

图 23-14 人机对战五子棋游戏程序的第 5 部分

第 95～97 行,定义在屏幕上的坐标 pos 处绘制棋子的函数_draw_chessman_pos();

第 100～113 行,定义获取鼠标点击位置函数_get_clickpoint()。如果玩家用鼠标点击的位置位于棋盘的有效区域内,则根据鼠标点击位置坐标(pos_x,pos_y),计算并返回游戏区坐标 Point(x,y)。

人机对战五子棋游戏程序的第 6 部分如图 23-15 所示。

```
115   class Checkerboard:
116       def __init__(self, line_points):
117           self._line_points = line_points
118           self._checkerboard = [[0] * line_points for _ in range(line_points)]
119
120       def _get_checkerboard(self):
121           return self._checkerboard
122
123       checkerboard = property(_get_checkerboard)
124
125       # 判断是否可落子
126       def can_drop(self, point):
127           return self._checkerboard[point.Y][point.X] == 0
128
129       def drop(self, chessman, point):
130           # 定义落子函数，其中：参数chessman代表落子方，参数point代表落子位置
131           # return: 若该子落下之后即可获胜，则返回获胜方，否则返回 None
132           print(f'{chessman.Name} ({point.X}, {point.Y})')
133           self._checkerboard[point.Y][point.X] = chessman.Value
134           if self._win(point):
135               print(f'{chessman.Name}获胜')
136               return chessman
137
```

图 23-15 人机对战五子棋游戏程序的第 6 部分

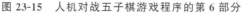

　　第 115 行,定义棋盘类 Checkerboard,棋盘类用于响应玩家的落子事件,其中包含了初始化函数 __init__()、获取当前棋盘状态函数 _get_checkboard()、判断是否可以落子函数 can_drop()、落子函数 drop()、判断是否获胜函数 _win() 和判断某个方向的连子总数是否达到五子的函数 _get_count_on_direction() 等函数;

　　第 116～118 行,定义棋盘类的初始化函数 __init__(),清空棋盘上的所有棋子;

　　第 120～123 行,定义获取当前棋盘状态函数 _get_checkboard();

　　第 125～127 行,定义判断是否可以落子函数 can_drop()。如果当前鼠标点击的位置 point(x,y) 没有棋子,则可以落子,返回逻辑值真 True;

　　第 129 行,定义落子函数 drop();

　　第 130、131 行为注释语句,说明落子函数中,参数 chessman 代表落子方,参数 point 代表落子位置;

　　第 132 行,输出当前谁落子以及落子的棋盘坐标;

　　第 133 行,获取落子的位置坐标;

　　第 134～136 行,如果落子位置能连成五子,则显示落子方取胜,并返回落子方。

　　人机对战五子棋游戏程序的第 7 部分如图 23-16 所示。

```
138         # 判断是否获胜
139         def _win(self, point):
140             cur_value = self._checkerboard[point.Y][point.X]
141             for os in offset:
142                 if self._get_count_on_direction(point, cur_value, os[0], os[1]):
143                     return True
144
145         def _get_count_on_direction(self, point, value, x_offset, y_offset):
146             count = 1
147             for step in range(1, 5):
148                 x = point.X + step * x_offset
149                 y = point.Y + step * y_offset
150                 if 0 <= x < self._line_points and 0 <= y < self._line_points and self._checkerboard[y][x] == value:
151                     count += 1
152                 else:
153                     break
154             for step in range(1, 5):
155                 x = point.X - step * x_offset
156                 y = point.Y - step * y_offset
157                 if 0 <= x < self._line_points and 0 <= y < self._line_points and self._checkerboard[y][x] == value:
158                     count += 1
159                 else:
160                     break
161             return count >= 5
162
```

图 23-16　人机对战五子棋游戏程序的第 7 部分

　　第 139～143 行,判断是否获胜函数 _win() 遍历落子位置的向右、向下、右上、右下的四个方向及其反方向,如果能连成五子,则当前落子方胜,返回逻辑值真 True;

　　第 145 行,定义判断某个方向是否达到五子的函数 _get_count_on_direction(),这个函数包括第 146～161 行的所有代码;

　　第 146 行,定义计数变量 count,初值为 1;

　　第 147～153 行,从当前落子位置坐标开始,顺着指定方向向前移动。如果棋子的颜色相同,则把计数变量 count 的值加 1,直到棋子颜色不同为止;

　　第 154～160 行,从当前落子位置坐标开始,顺着指定方向的反方向向前移动。如果棋

子的颜色相同,则把计数变量 count 的值加 1,直到棋子颜色不同为止;

第 161 行,如果计数变量 count 的值大于或等于 5,即落子位置可以连成五子,则落子方获得胜利,返回逻辑值真(True)。

人机对战五子棋游戏程序的第 8 部分如图 23-17 所示。

```
163   class AI:
164       def __init__(self, line_points, chessman):
165           self._line_points = line_points
166           self._my = chessman
167           self._opponent = BLACK_CHESSMAN if chessman == WHITE_CHESSMAN else WHITE_CHESSMAN
168           self._checkerboard = [[0] * line_points for _ in range(line_points)]
169
170       def get_opponent_drop(self, point):
171           self._checkerboard[point.Y][point.X] = self._opponent.Value
172
```

图 23-17 人机对战五子棋游戏程序的第 8 部分

第 163 行,定义人工智能类 AI。这个类代码很长,包括第 164~348 行的所有代码,定义了初始化函数 __init__()、获取对手落子坐标函数 get_opponent_drop()、人工智能落子函数 AI_drop()、获取落子位置得分函数 _get_point_score()、获取指定方向得分函数 _get_direction_score() 和判断指定位置处在指定方向上是我方子、对方子还是空的函数 _get_stone_color();

第 164~168 行,定义人工智能类的初始化函数 __init__(),即计算机方先走子时的处理。设置棋盘行数变量的初值为 19,设置落子方为计算机方,如果我方执白子则对方执黑子,反之,如果我方执黑子则对方执白子,并清空整个棋盘;

第 170、171 行,定义获取对方落子坐标的函数 get_opponent_drop(),返回对方在棋盘中落子的坐标。

人机对战五子棋游戏程序的第 9 部分如图 23-18 所示。

```
173       def AI_drop(self):
174           point = None
175           score = 0
176           for i in range(self._line_points):
177               for j in range(self._line_points):
178                   if self._checkerboard[j][i] == 0:
179                       _score = self._get_point_score(Point(i, j))
180                       if _score > score:
181                           score = _score
182                           point = Point(i, j)
183                       elif _score == score and _score > 0:
184                           r = random.randint(0, 100)
185                           if r % 2 == 0:
186                               point = Point(i, j)
187           self._checkerboard[point.Y][point.X] = self._my.Value
188           return point
189
190       def _get_point_score(self, point):
191           score = 0
192           for os in offset:
193               score += self._get_direction_score(point, os[0], os[1])
194           return score
195
```

图 23-18 人机对战五子棋游戏程序的第 9 部分

第 173 行,定义人工智能落子函数 AI_drop(),这个函数包括第 174~188 行的所有代码;

第 174 行,定义落子坐标变量 point,初值为空;

第 175 行,定义落子位置的得分,初值为 0;

第 176 行,用 for 循环遍历棋盘中的每一行;

第 177 行,用 for 循环遍历棋盘某一行中的每一列;

第 178、179 行,如果当前位置可以落子,则计算在当前位置落子的得分;

第 180~188 行,计算所有可落子位置的得分 score,并把得分最高的位置作为最佳落子位置;

第 189~194 行,定义计算落子处总得分的函数_get_point_score(),扫描落子位置在各个方向上的得分,并计算总得分。

人机对战五子棋游戏程序的第 10 部分如图 23-19 所示。

```
196        # 判断指定位置处在指定方向上是我方子、对方子、空
197    def _get_stone_color(self, point, x_offset, y_offset, next):
198        x = point.X + x_offset
199        y = point.Y + y_offset
200        if 0 <= x < self._line_points and 0 <= y < self._line_points:
201            if self._checkerboard[y][x] == self._my.Value:
202                return 1
203            elif self._checkerboard[y][x] == self._opponent.Value:
204                return 2
205            else:
206                if next:
207                    return self._get_stone_color(Point(x, y), x_offset, y_offset, False)
208                else:
209                    return 0
210        else:
211            return 0
212
```

图 23-19　人机对战五子棋游戏程序的第 10 部分

第 197~211 行,定义判断指定位置处在指定方向上是我方子、对方子还是空的函数_get_stone_color()。如果为我方子,则函数的返回值为 1;如果为对方子,则函数的返回值为 2;如果没有棋子,则函数的返回值为 0。

人机对战五子棋游戏程序的第 11 部分如图 23-20 所示。

第 213 行,定义落子位置指定方向上的得分函数_get_direction_score(),这个函数的代码很长,包括第 214~348 行的所有语句;

第 214 行,定义变量 count,用于保存落子处我方连续子数,初始值为 0;

第 215 行,定义变量_count,用于保存落子处对方连续子数,初始值为 0;

第 216 行,定义变量 space,用于保存我方连续子中有无空格,初始值为 None,即没有空格;

第 217 行,定义变量_space,用于保存对方连续子中有无空格,初始值为 None,即没有空格;

第 218 行,定义变量 both,用于保存我方连续子两端有无阻挡,初始值为 0,即没有阻挡;

```
213        def _get_direction_score(self, point, x_offset, y_offset):
214            count = 0          # 落子处我方连续子数
215            _count = 0         # 落子处对方连续子数
216            space = None       # 我方连续子中有无空格
217            _space = None      # 对方连续子中有无空格
218            both = 0           # 我方连续子两端有无阻挡
219            _both = 0          # 对方连续子两端有无阻挡
220
221            # 变量flag是旁边标志，如果是 1 表示旁边是我方子，2 表示旁边是敌方子
222            flag = self._get_stone_color(point, x_offset, y_offset, True)
223            if flag != 0:
224                for step in range(1, 6):
225                    x = point.X + step * x_offset
226                    y = point.Y + step * y_offset
227                    if 0 <= x < self._line_points and 0 <= y < self._line_points:
228                        if flag == 1:
229                            if self._checkerboard[y][x] == self._my.Value:
230                                count += 1
231                                if space is False:
232                                    space = True
233                            elif self._checkerboard[y][x] == self._opponent.Value:
234                                _both += 1
235                                break
```

图 23-20　人机对战五子棋游戏程序的第 11 部分

第 219 行，定义变量 _both，用于表示对方连续子两端有无阻挡，初始值为 0，即没有阻挡；

第 222 行，获取指定方向的旁边棋子标志变量 flag。1 表示旁边是我方子，2 表示旁边是对方子；

第 223～227 行，如果旁边棋子标志变量 flag 不等于 0，则沿指定方向扫描棋盘；

第 228～235 行，如果旁边棋子是我方棋子，则沿指定方向计算我方连续子数，并把结果保存到变量 count 中；如果我方连续子中有空格，则把变量 space 设置为真（True）。

人机对战五子棋游戏程序的第 12 部分如图 23-21 所示。

```
236                        else:
237                            if space is None:
238                                space = False
239                            else:
240                                break    # 遇到第二个空格退出
241                        elif flag == 2:
242                            if self._checkerboard[y][x] == self._my.Value:
243                                _both += 1
244                                break
245                            elif self._checkerboard[y][x] == self._opponent.Value:
246                                _count += 1
247                                if _space is False:
248                                    _space = True
249                            else:
250                                if _space is None:
251                                    _space = False
252                                else:
253                                    break
```

图 23-21　人机对战五子棋游戏程序的第 12 部分

第 236～240 行，如果我方连续子中没有空格，则把变量 space 设置为假（False）；如果我方连续子中有空格，则退出循环；

第 241～249 行，如果旁边棋子是对方棋子，则沿指定方向计算对方连续子数，并把结果保存到变量 _count 中；如果对方连续子中有空格，则把变量 _space 设置为真（True），并退出循环；

第 250～253 行，如果对方连续子中没有空格，则把变量 _space 设置为假（False），并退出循环。

人机对战五子棋游戏程序的第 13 部分如图 23-22 所示。

```
254              else:
255                  # 遇到边也就是阻挡
256                  if flag == 1:
257                      both += 1
258                  elif flag == 2:
259                      _both += 1
260
261          if space is False:
262              space = None
263          if _space is False:
264              _space = None
265
```

图 23-22　人机对战五子棋游戏程序的第 13 部分

第 254～259 行，如果沿指定方向是我方棋子但遇到棋盘边沿（阻挡），则把变量 both 的值加 1；否则，如果沿指定方向是对方棋子但遇到棋盘边沿（阻挡），则把变量 _both 的值加 1；

第 261、262 行，如果变量 space 的值为 False，则把变量 space 的值置为 None，即我方在指定方向的连续子之间没有空格；

第 263、264 行，如果变量 _space 的值为 False，则把变量 _space 的值置为 None，即对方在指定方向的连续子之间没有空格。

人机对战五子棋游戏程序的第 14 部分如图 23-23 所示。

```
266              _flag = self._get_stone_color(point, -x_offset, -y_offset, True)
267          if _flag != 0:
268              for step in range(1, 6):
269                  x = point.X - step * x_offset
270                  y = point.Y - step * y_offset
271                  if 0 <= x < self._line_points and 0 <= y < self._line_points:
272                      if _flag == 1:
273                          if self._checkerboard[y][x] == self._my.Value:
274                              count += 1
275                              if space is False:
276                                  space = True
277                          elif self._checkerboard[y][x] == self._opponent.Value:
278                              _both += 1
279                              break
280                          else:
281                              if space is None:
282                                  space = False
283                              else:
284                                  break    # 遇到第二个空格退出
```

图 23-23　人机对战五子棋游戏程序的第 14 部分

第 266 行，获取反方向的旁边棋子标志变量 _flag。1 表示旁边是我方子，2 表示旁边是对方子；

第267～270行,如果反方向旁边棋子标志变量_flag不等于0,则沿反方向扫描棋盘;

第270～274行,如果反方向旁边棋子是我方棋子,则沿反方向计算我方连续子数,并把结果保存到变量count中;

第275、276行,如果变量space的值为False,则把变量space的值置为True,即我方在反方向的连续子之间有空格;

第277～279行,如果反方向旁边棋子是对方棋子,则把变量_both的值加1,即我方在反方向有阻挡,并退出循环;

第281～284行,如果变量space的值为None,则把变量space的值置为False,即我方在反方向的连续子之间有空格,否则退出循环。

人机对战五子棋游戏程序的第15部分如图23-24所示。

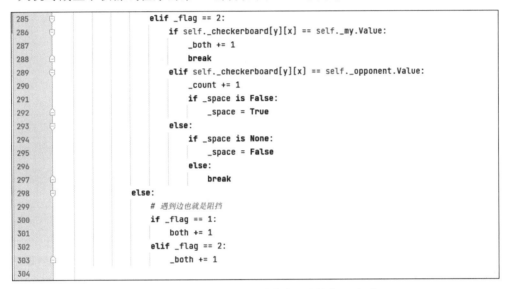

```
285           elif _flag == 2:
286               if self._checkerboard[y][x] == self._my.Value:
287                   _both += 1
288                   break
289               elif self._checkerboard[y][x] == self._opponent.Value:
290                   _count += 1
291                   if _space is False:
292                       _space = True
293                   else:
294                       if _space is None:
295                           _space = False
296                       else:
297                           break
298           else:
299               # 遇到边也就是阻挡
300               if _flag == 1:
301                   both += 1
302               elif _flag == 2:
303                   _both += 1
304
```

图 23-24　人机对战五子棋游戏程序的第15部分

第285～288行,如果反方向的旁边棋子为对方棋子,当前位置是我方棋子,则把变量_both的值加1,并退出循环;

第289～292行,如果反方向的旁边棋子为对方棋子,当前位置也是对方棋子,则把对方落子数变量_count的值加1;

第293～297行,如果反方向的旁边位置没有棋子,且变量_space的值为False,即在反方向中有空格,则把变量_space的值置为True;如果在反方向中没有空格,则退出循环;

第298～301行,如果反方向相邻子是我方棋子,则把变量both的值加1;

第302、303行,如果反方向相邻子是对方棋子,则把变量_both的值加1。

人机对战五子棋游戏程序的第16部分如图23-25所示。

第305～348行,用于计算在当前位置落子后在八个方向上的总得分score;

第305行,设置变量score的初值为0;

第306、307行,如果我方能连成4子,即棋型为活四,得10000分;

第308、309行,如果对方能连成4子,即棋型为活四,得9000分;

第310～314行,如果我方能连成3子,则根据变量both的值来决定得分:如果both的

```
305          score = 0
306          if count == 4:
307              score = 10000
308          elif _count == 4:
309              score = 9000
310          elif count == 3:
311              if both == 0:
312                  score = 1000
313              elif both == 1:
314                  score = 100
315              else:
316                  score = 0
317          elif _count == 3:
318              if _both == 0:
319                  score = 900
320              elif _both == 1:
321                  score = 90
322              else:
323                  score = 0
```

图 23-25　人机对战五子棋游戏程序的第 16 部分

值为 0，即两边都为空，棋型为活三，可得 1000 分；如果 both 的值为 1，即有一边被堵住了，可得 100 分；否则，如果两边都被堵住了，则得 0 分；

第 315～323 行，如果对方能连成 3 子，则根据变量_both 的值来决定得分：如果_both 的值为 0，即两边都为空，棋型为活三，可得 900 分；如果_both 的值为 1，即有一边被堵住了，可得 90 分；否则，如果两边都被堵住了，则得 0 分。

人机对战五子棋游戏程序的第 17 部分如图 23-26 所示。

```
324          elif count == 2:
325              if both == 0:
326                  score = 100
327              elif both == 1:
328                  score = 10
329              else:
330                  score = 0
331          elif _count == 2:
332              if _both == 0:
333                  score = 90
334              elif _both == 1:
335                  score = 9
336              else:
337                  score = 0
338          elif count == 1:
339              score = 10
340          elif _count == 1:
341              score = 9
342          else:
343              score = 0
344
345          if space or _space:
346              score /= 2
347
348          return score
```

图 23-26　人机对战五子棋游戏程序的第 17 部分

第 324～330 行，如果我方能连成 2 子，且变量 both 的值为 0，即两边都为空，可得 100 分；如果我方能连成 2 子，且 both 的值为 1，即有一边被堵住了，可得 10 分；否则，如果两边都被堵住了，则得 0 分；

第 331～337 行,如果对方能连成 2 子,且变量_both 的值为 0,即两边都为空,可得 90 分;如果对方能连成 2 子,且变量_both 的值为 1,即有一边被堵住了,可得 9 分;否则,如果两边都被堵住了,则得 0 分;

第 338～343 行,如果我方只有 1 子,则得 10 分;如果对方只有 1 子,则得 9 分;否则得 0 分;

第 345、346 行,如果变量 space 的值与变量_space 相等,即双方的空格数相等,则得分折半;

第 348 行,返回 score 的值。从第 213 行到此,整个函数_get_direction_score()完成。

人机对战五子棋游戏程序的第 18 部分如图 23-27 所示。

```
349
350
351    def main():
352        pygame.init()
353        screen = pygame.display.set_mode((SCREEN_WIDTH, SCREEN_HEIGHT))
354        pygame.display.set_caption('五子棋')
355
356        font1 = pygame.font.SysFont('SimHei', 32)
357        font2 = pygame.font.SysFont('SimHei', 72)
358        fwidth, fheight = font2.size('黑方获胜')
359
360        checkerboard = Checkerboard(Line_Points)
361        cur_runner = BLACK_CHESSMAN
362        winner = None
363        computer = AI(Line_Points, WHITE_CHESSMAN)
364
365        black_win_count = 0
366        white_win_count = 0
367
```

图 23-27　人机对战五子棋游戏程序的第 18 部分

第 351 行,定义整个游戏的主函数 main(),这个函数包括第 352～418 行的所有代码;

第 352 行,初始化 Pygame;

第 353 行,设置窗口的宽度和高度;

第 354 行,设置窗口的标题为“五子棋”;

第 356 行,设置用于文字显示的第一种字体 font1 为“SimHei”,字号为 32;

第 357 行,设置用于文字显示的第二种字体 font2 为“SimHei”,字号为 72;

第 358 行,设置显示“黑方获胜”所用的变量对 fwidth,fheight;

第 360 行,初始化棋盘类 Checkboard,并把结果存放到 checkboard 中;

第 361 行,设置当前落子方变量 cur_runner 为 BLACK_CHESSMAN,即黑方;

第 362 行,设置获胜方变量 winner 为空 None,即刚开始玩游戏时没有获胜方;

第 363 行,初始化人工智能类 AI,并将结果赋值给变量 computer;

第 365 行,设置黑方连子数变量 black_win_count 的初始值为 0;

第 366 行,设置白方连子数变量 white_win_count 的初始值为 0。

人机对战五子棋游戏程序的第 19 部分如图 23-28 所示。

```
368          while True:
369              for event in pygame.event.get():
370                  if event.type == QUIT:
371                      sys.exit()
372                  elif event.type == KEYDOWN:
373                      if event.key == K_RETURN:
374                          if winner is not None:
375                              winner = None
376                              cur_runner = BLACK_CHESSMAN
377                              checkerboard = Checkerboard(Line_Points)
378                              computer = AI(Line_Points, WHITE_CHESSMAN)
```

图 23-28 人机对战五子棋游戏程序的第 19 部分

第 368 行,创建一个永不停止的主循环;

第 369～371 行,检测 Pygame 的鼠标事件。如果玩家单击了"关闭窗口"按钮,则退出游戏程序;

第 372～378 行,检测 Pygame 的键盘事件,如果玩家按下了 Enter 键发出 RETURN 指令,则判断某一方是否赢了,也就是判断变量 winner 的值是否不为空。如果不为空,即某一方赢了,则执行游戏的初始化处理,准备下一轮游戏,重置获胜方变量 winner 为空(None),即刚开始玩游戏时没有获胜方;重置当前落子方变量 cur_runner 为 BLACK_CHESSMAN,即黑方;初始化棋盘类 Checkboard,并把结果存放到 checkboard 中;最后初始化人工智能类 AI,并将结果赋值给变量 computer。

人机对战五子棋游戏程序的第 20 部分如图 23-29 所示。

```
379                  elif event.type == MOUSEBUTTONDOWN:
380                      if winner is None:
381                          pressed_array = pygame.mouse.get_pressed()
382                          if pressed_array[0]:
383                              mouse_pos = pygame.mouse.get_pos()
384                              click_point = _get_clickpoint(mouse_pos)
385                              if click_point is not None:
386                                  if checkerboard.can_drop(click_point):
387                                      winner = checkerboard.drop(cur_runner, click_point)
388                                      if winner is None:
389                                          cur_runner = _get_next(cur_runner)
390                                          computer.get_opponent_drop(click_point)
391                                          AI_point = computer.AI_drop()
392                                          winner = checkerboard.drop(cur_runner, AI_point)
393                                          if winner is not None:
394                                              white_win_count += 1
395                                          cur_runner = _get_next(cur_runner)
396                                      else:
397                                          black_win_count += 1
398                                  else:
399                                      print('超出棋盘区域')
400
```

图 23-29 人机对战五子棋游戏程序的第 20 部分

第 379～384 行,检测 Pygame 的鼠标事件,如果玩家单击,则获取鼠标单击的具体位置,并转换为棋盘坐标,即坐标变量 click_point;

第 385～387 行,如果当前棋盘坐标处没有棋子,则判断落子方是否能赢。如果能赢,则把结果保存到赢方变量 winner 中;

第 388～391 行,如果双方都没有赢,即赢方变量 winner 的值为空,则下一步轮到玩家

落子,然后调用人工智能落子函数 computer. AI_drop(),让计算机在最佳位置落子;

第 392~397 行,判断计算机落子后能否赢,如果计算机为赢方,则把白子赢的局数变量 white_win_count 的值加 1;否则玩家为赢方,把黑子赢的局数变量 black_win_count 的值加 1;

第 398、399 行,如果鼠标点击的位置不在棋盘区域内,则显示"超出棋盘区域"。

人机对战五子棋游戏程序的第 21 部分如图 23-30 所示。

```
401        # 画棋盘
402        _draw_checkerboard(screen)
403
404        # 画棋盘上已有的棋子
405        for i, row in enumerate(checkerboard.checkerboard):
406            for j, cell in enumerate(row):
407                if cell == BLACK_CHESSMAN.Value:
408                    _draw_chessman(screen, Point(j, i), BLACK_CHESSMAN.Color)
409                elif cell == WHITE_CHESSMAN.Value:
410                    _draw_chessman(screen, Point(j, i), WHITE_CHESSMAN.Color)
411
412        _draw_left_info(screen, font1, cur_runner, black_win_count, white_win_count)
413
414        if winner:
415            print_text(screen, font2, (SCREEN_WIDTH - fwidth) // 2, (SCREEN_HEIGHT - fheight) // 2, winner.Name + '获胜',
416                       RED_COLOR)
417
418        pygame.display.flip()
419
420
421
422    if __name__ == '__main__':
423        main()
424
```

图 23-30　人机对战五子棋游戏程序的第 21 部分

第 402 行,调用第 48 行的函数_draw_checkboard()绘制棋盘;

第 405~410 行,绘制棋盘上已有的棋子;

第 412 行,在屏幕的右下角显示双方的战况,即双方已赢的局数;

第 414~416 行,如果某一方获胜,则在屏幕的中间显示获胜方;

第 418 行,刷新屏幕;

第 419 行,跳回第 368 行,重复执行主循环;

第 422、423 行,当启动这个游戏程序时,调用主函数 main()。

到这一步为止,整个人机对战五子棋游戏 Python 程序剖析完毕。

23.4　小结与练习

在本章中,我们详细地剖析了人机对战五子棋游戏 Python 程序,请根据你的理解说明在本程序中计算机运用人工智能算法寻找最佳落子位置的工作原理。

参 考 文 献

[1] HARBOUR J S. Python 游戏编程入门[M].李强,译.北京:人民邮电出版社,2005.

[2] BLUM R,BRESNAHAN C.树莓派 Python 编程入门与实战[M].王超,马立新,译.北京:人民邮电出版社,2015.

[3] SWEIGART A. Python 和 Pygame 游戏开发指南[M].李强,译.北京:人民邮电出版社,2015.

[4] 夏敏捷.HTML5 网页游戏设计从基础到开发[M].北京:清华大学出版社,2018.

[5] SAUNDERS M.Python 趣味编程入门[M].姚军,译.北京:人民邮电出版社,2018.

[6] 叶维忠.Python 编程从入门到精通[M].北京:人民邮电出版社,2018.

[7] GADDIS T.Python 程序设计基础[M].苏小红,叶麟,袁永峰,译.北京:机械工业出版社,2019.

[8] 王英英.Python 3.7 从入门到精通(视频教学版)[M].北京:清华大学出版社,2019.

[9] 张学建.Python 学习笔记从入门到实战[M].北京:中国铁道出版社,2019.

[10] 王春艳.轻松学 Python 爬虫、游戏与架站[M].北京:清华大学出版社,2019.

[11] 李强,李若瑜.Python 少儿趣味编程[M].北京:人民邮电出版社,2019.

[12] 王德庆.用 Python 玩转树莓派和 MegaPi[M].北京:清华大学出版社,2019.

[13] 夏敏捷,尚展垒.Python 游戏设计案例实战[M].北京:人民邮电出版社,2019.

[14] 王征,李晓波.Python 趣味编程入门与实战[M].北京:中国铁道出版社,2019.

[15] 郑秋生,夏敏捷.Python 项目案例开发从入门到实战:爬虫、游戏和机器学习[M].北京:清华大学出版社,2019.

[16] ALEX,武沛齐,王战山.Python 编程基础(视频讲解版)[M].北京:人民邮电出版社,2020.

[17] 童晶,童雨涵.Python 游戏趣味编程[M].北京:人民邮电出版社,2020.

[18] 张彦.Python 青少年趣味编程(微课视频版)[M].北京:中国水利水电出版社,2020.

[19] 明日科技.Python 趣味案例编程[M].长春:吉林大学出版社,2020.

[20] 车洪.零基础入门 Python 游戏,玩转 Pygame 和 Cocos2d[M].北京:清华大学出版社,2020.

[21] 云尚科技.Python 入门很轻松(微课超值版)[M].北京:清华大学出版社,2020.

[22] TACKE A B.Python 青少年趣味编程[M].伍俊舟,译.北京:电子工业出版社,2020.

[23] 余智豪,余泽龙.树莓派趣学实战 100 例[M].北京:清华大学出版社,2020.

[24] 何青.趣学 Python 游戏编程[M].北京:清华大学出版社,2020.

[25] 贾炜.案例学 Python 青少年编程从入门到精通[M].北京:北京大学出版社,2021.

[26] 阿尔蒂·耶鲁玛莱.轻松学 Python[M].周子衿,陈子鸥,译.北京:清华大学出版社,2020.

[27] 安俊秀,侯海洋,靳宇倡.Python3 从入门到精通[M].北京:人民邮电出版社,2021.

[28] 张帆.Python 零基础项目开发快速入门(完全自学微视频版)[M].北京:中国水利水电出版社,2021.

[29] 骆焦煌,骆毅林.中学生 Python 程序设计基础教程[M].北京:清华大学出版社,2021.

[30] 张有菊.Python 游戏开发从入门到精通[M].北京:机械工业出版社,2021.

[31] 明日科技.Python 程序设计[M].北京:人民邮电出版社,2021.

[32] 陈强.Python 项目开发实战[M].北京:清华大学出版社,2021.

[33] 孔祥盛,王芸,聂萌瑶,等.Python 实战教程[M].北京:人民邮电出版社,2022.

[34] 林子雨,赵江声,陶继平.Python 程序设计基础教程[M].北京:人民邮电出版社,2022.